アインシュタインvs.量子力学

ミクロ世界の実在をめぐる熾烈な知的バトル

森田 邦久
Kunihisa Morita

化学同人

目 次

第II部 量子力学の誕生

■量子力学年表

一八七九年	六月	シュテファンが黒体放射の全エネルギーは温度の四乗に比例することを実験的に発見
一八八四年		ボルツマンがシュテファンの実験的発見を理論的に根拠づける
一八九三年	二月	ヴィーンの変位則（黒体放射スペクトルの一般的な形）
一八九六年	六月	ヴィーンの式（黒体放射スペクトル分布をあらわす式）
一八九七年	四月	J・J・トムソンによる電子の発見
一九〇〇年	四月	ケルヴィン卿の「二つの雲」の講演
	六月	レイリーが、黒体放射が温度の自乗に比例することを示す
	九月	ヴィーンの式は遠赤外線領域では成り立たないことが実験的に示される
	十月	プランクの式（黒体放射スペクトル分布の実験結果に合う）
	十二月	プランクの作用量子仮説（エネルギーは不連続な値をもつ）
一九〇五年	五月	レイリーが、レイリーの式の係数を示す
	六月	アインシュタインの光量子論文（この論文でレイリー＝ジーンズの式を係数も含めて正確に導出）
	六月	ジーンズがレイリーの発表した式の係数の誤りを指摘（レイリー＝ジーンズの式）
一九〇六年十二月		アインシュタインの比熱モデル（量子仮説を用いた固体比熱の計算）

一九一〇年	十二月	ラザフォードの原子モデル（原子核の存在を実験的に証明）
一九一三年	七月	ボーアの原子内部構造論（量子飛躍の発見、原子スペクトル問題を解決）
一九一六年	七月	アインシュタインの放射理論（量子仮説とボーアの理論を結ぶ）
一九二〇年	四月	アインシュタインとボーア、はじめて出会う
一九二二年	六月	ボーア祭
一九二三年	五月	コンプトン効果（物質によって散乱されたX線の波長が入射時より長くなる現象）
	九月	ド・ブロイの物質波（光だけでなく、物質にも粒子と波の二重性があることを指摘）
一九二四年	二月	BKS提案（光子を否定するために、エネルギー保存則、因果律を否定）
	六月	ボースがアインシュタインへ自分の発見について手紙を書く（ボースは、光の粒子性だけを用いてプランクの式を導出。「ボース＝アインシュタイン凝縮」の予言へ）
一九二五年	四月	ガイガー＝ボーテの実験（BKS提案が反証される）
	九月	ハイゼンベルクの行列力学
	十二月	シュレーディンガー方程式（「波動力学」の完成へ）
一九二六年	七月	ボルンの確率解釈（波動関数の自乗を状態確率として解釈）
	十二月	アインシュタイン、ボルンへの手紙で、「神はサイコロを振らない」と述べる
一九二七年	一月	デイヴィッドソン＝ガーマーの実験（物質の波動性の証明）
	五月	ハイゼンベルクの不確定性関係「ガンマ線顕微鏡の思考実験」
	九月	ボーアのコモ講演「相補性原理」
	十月	第五回ソルヴェイ会議「可変式二重スリット」（量子力学は統計的記述だと批判）

一九三〇年	十月	第六回ソルヴェイ会議「アインシュタインの光子箱」（光子の到着時刻とエネルギーの予測は可能とする量子力学批判）
一九三五年	五月	EPR論文（「物理的実在の量子力学的記述は完全だと考えられるか」）
	十月	ボーアのEPRへの反対論文
一九四八年	十一月	アインシュタイン「量子力学と実在」論文（アインシュタインのジレンマ）
一九五一年	二月	ボーム『量子論』（EPR思考実験のスピン版）
一九五五年	四月	アインシュタイン、七十六歳で死去
一九五七年	七月	エヴェレット三世、多世界解釈
一九六二年	十一月	ボーア、七十七歳で死去
一九六四年	二月	アハラノフら「ABL規則」（時間対称的な量子力学）
	十一月	ベルの不等式（量子力学には非局所相関がありうる）
一九六七年	十一月	コッヘン＝シュペッカーの定理（状況に依存した隠れた変数理論の否定）
一九八二年		アスペの実験（ベルの不等式の破れを実証）
二〇〇三年	一月	小澤の不等式（非可換な物理量の同時測定は可能）

はじめに

アルベルト・アインシュタイン（一八七九〜一九五五年）といえば、最も名前の知られた物理学者といっても過言ではないだろう。漫画などで描かれる、白衣を着た、白髪頭の口髭を蓄えている老人姿の「博士」はアインシュタインを直接・間接にモデルにしていると思われる（下写真参照）。『バック・トゥ・ザ・フューチャー』のブラウン博士や『鉄腕アトム』のお茶の水博士などは典型例であろう。

晩年のアインシュタイン
Photo by National Archives and Records Administration, courtesy AIP Emilio Segrè Visual Archives

そして、アインシュタインといえば、ほとんどの人が思い浮かべるのが相対性理論である。彼はほぼ独力でニュートン力学の世界観をひっくり返すこの理論をつくりあげたのであった。しかし一方で、彼は、相対性理論と並ぶ現代物理学の柱である量子力学に強く反対した人物としても――相対性理論の創始者としてほどではないにしろ――有名である。

これら二つの側面は一見、相反するように見える。一方では既存の世界観をひっくり返しながら、もう一方では既存の世界観をかたくなに守って新しい世界観を受け入れようとしないように見えるからだ(じっさい友人の物理学者にそのことを指摘されている[1])。

それゆえ、相対性理論をつくりあげたころのアインシュタインはまだ若かったので柔軟な頭脳をもっていたが、量子力学に反対するアインシュタインは、年老いて新しい理論を受け入れることができなかったのだといわれることもある。だが、彼は一九一六年にすでに量子論に対する疑念を述べていた。アインシュタインは一八七九年生まれなので、当時まだ三十七歳であり、年寄りとはいくらなんでもいえない。

では、なぜアインシュタインは量子力学を受け入れることができなかったのか? 量子力学への不満をあらわしているとされる彼の言葉として有名なものに、「神はサイコロを振らない」「だれも見ていないときには月は存在しないのか」「気味の悪い遠隔作用」といったものがある。これらはそれぞれ、量子力学の非因果性、非実在性、非局所性に対する不満をあらわしている(最後の「非局所性」というのは、空間的に離れた場所のあいだに光速を超えた速さで影響が伝わることである)。アインシュタインがこれらを受け入れることができなかったのは、古い世界観に固執していたからではなく、これらを認めることは物理学そのものを不可能にすることになるからであった。

なぜこれらを認めることが物理学を不可能にすることになるのかは本文（第10章）でくわしく述べるが、ここでいっておきたいのは、アインシュタインが相対性理論をつくった動機と、量子力学に反対した動機には類似点があるということだ。彼が相対性理論をつくろうとした理由は、当時の電磁気学が、同じ現象に対しても視点により異なる説明が必要な理論構造だったことにある。視点により説明が異なれば、（客観性が保証されず）物理学は成り立たない。

つまり、アインシュタインは、「そもそも物理理論が物理理論であるためには、その理論がどのような条件を満たしていなければならないのか」という視点から、相対性理論をつくる必要性を感じ、そして、量子力学に反対する必要性を感じたのである。

本書の目的は二つある。一つ目は、アインシュタインの思考実験を通して量子力学の本質について理解を深めることである。アインシュタインの思考実験による量子力学への批判はすべて量子力学側によって跳ね返されたとされることが多いが、本当にそうなのだろうか？　その意義をもう一度問い直したい。二つ目は、アインシュタインがめざしたのとは別の方向ではあるが、量子力学から不気味な遠隔作用を消し去り、神にサイコロ遊びを止めさせ、だれも見ていないときでも月の実在を保証することである。それは、現在の状態が、過去だけではなく未来の状態からも決定されるのだと考えることによって可能になる。

本書は四部構成となっている。第I部では、量子論創成期の一九〇五～一九二五年を扱う（一九〇五年以前は序章で扱う）。このころは、アインシュタインも積極的に量子論の建設に関わっていた――むしろけん引していたといってもよい。しかし、量子論が発展するにしたがい、いよいよ姿をあらわし始める「因果律の放棄」に対して反発を感じ始めるのである。

第Ⅱ部では、量子力学完成期（一九二五～一九二七年）について見ていく。それまでは確率が姿を見せたといっても、現象論的なレベルでの導入であったが、ボルンの確率解釈により、原理的なレベルで確率が導入され、アインシュタインの反発も強まっていく。

第Ⅲ部は本書の一つの目のクライマックスである（一九二七年以降）。アインシュタインが巧妙な思考実験を次々と提案し量子力学を批判するのだが、それに対し、量子力学側もみごとな反論を示す。この論争は、科学史上まれに見る、科学的にも哲学的にも意義深い論争である。もっとも、量子力学側としてアインシュタインの挑戦を受けて立つのは、ほとんどがニールス・ボーアの役割であった。ボーアは、量子力学の父とも呼ばれ、量子論発展期に大きな役割を果たしたので、第Ⅰ部・第Ⅱ部でも彼の業績に多くの頁を割いている。それゆえ、ボーアは、本書の第二の主人公であるといってよい。

第Ⅳ部は本書の二つ目のクライマックスである。アインシュタインが問題視した非因果性、非実在性、非局所性について、本当に量子力学ではこれらが不可避なのか、「解釈」によって避けることができないのかということについて議論する。

ところで、本書では「量子論」という言葉と「量子力学」という言葉が混在している。読者が混乱せぬよう、ここで簡単にこれらの用語について説明しておく。量子力学とは、一九二五年のハイゼンベルクによる行列力学およびシュレーディンガーの波動力学によって完成させられた力学体系を指している。

その一方で、量子論とは、いわゆる「量子仮説」（これが何かは本文で説明する）を基礎とする理論全体を指している。それゆえ、量子力学だけではなく、初期のまだ体系立てられていない理論群も「量子論」に含まれる。また、量子仮説をとり入れていない物理理論（力学）を、「古典論（古典力学）」という。

アインシュタインは、本書でおいおい見ていくように、量子力学については、量子仮説を否定するわけではないので、量子論に反対したとはいい難いだろう。だが、量子力学についていては、それを完全だと認めることは、非因果性、非実在性、非局所性を認めることになるので、反対していたのである（ただし、第12章で論じるように、私は、量子力学を完全であると認めても、非因果性、非実在性、非局所性を避けることができると思う）。

なお、物理学の知識のない読者にも読んでいただけるように、本文中からは極力、数式を排除した。しかし、物理学の知識のある読者にとっては数式があるほうがかえって理解しやすい場合もあると思うので、適宜、章末の注や巻末の付録解説で数式を用いた補足を行っている。また、本文と関連はあるが、なくても本筋を損なわないような議論も注で示しているので、興味がある読者はぜひ注も見ていただきたい。

（1）一九二七年の第五回ソルヴェイ会議で、パウル・エーレンフェストは、「アインシュタイン、私は君のために恥ずかしいよ。なぜなら、君は、相対性理論に反対した君の敵対者たちがやったのとまさに同じように、新しい量子論に反対する議論をしているじゃないか」とアインシュタインを諌めたという（第7章参照）。

序章

古典論の危機と量子論の誕生

古典力学を覆う二つの雲

十九世紀最後の年であり、量子論が誕生した年でもある一九〇〇年の四月、当時の物理学界の大御所であるウィリアム・トムソン（ケルヴィン卿）は、ある講演で次のように述べた。

> 熱や光も運動の様相であるとする**力学理論の美しさと明晰さは、現在、二つの雲によって覆われている。**一つは、〔オーギュスタン・ジャン・〕フレネルとトーマス・ヤングが発展させた光の波動論における次の問い——すなわち、「エーテルのような弾性体の中をどのようにして地球が運動するのか？」という問いである。もう一つは、エネルギー分配に関するマクスウェル＝ボルツマンの学説である。[1]

もちろんケルヴィン卿は、この時点では、これら二つの雲もやがてとり除かれるだろうと考えていた。

物理学の基礎的な部分は完成し、あとは応用問題が残されているだけだと信じられていた当時の風潮を

よくあらわす台詞である。

ところが、一つ目の雲は相対性理論へと、二つ目の雲は以下で見るように量子論へとつながり、十九世紀までの物理学を根本から覆すことになる。そしてこの両方にわれらが主人公アインシュタインは関わることになるのだ。

もう一つ、当時の風潮をよくあらわすエピソードを挙げておこう。「量子論の父」と呼ばれるマックス・プランクは、大学生のとき、はじめは数学をやっていたが、やがて物理学に興味を示すようになる。ところが、彼の師は、物理学はほぼ完成しており、もはや研究に値するような新奇な発見は望めないとして彼を押しとどめようとしたのである[2]。

物理学の主な分野として、力学、電磁気学、熱力学の三つがあるが、このころまでにこれらはすべて体系化されていた。そして、原子や分子はニュートン力学に従うという前提のもと、これらを集団として統計的に扱い熱力学の諸法則を導き出す「**気体分子運動論**」がある程度の成功を収め、熱力学は力学へと還元できるかに思われていた時期でもあった。

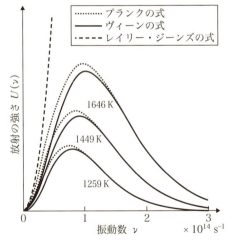

また、電磁気学も力学に還元できるのではないかと期待されていた。光が電磁波の一種であることは当時すでにわかっていた。ところで、「波」とは、何か実体があるものではなく、「媒質」と呼ばれる物質を運動が伝わる「現象」である。たとえば、音は空気が、海の波は海水が媒質であり、音も海の波もそれ自身は何か実体をもったものではない。すると、「電磁波を伝えるための媒質はなにか」が問題になる。そこで、「**エーテル**」という空間中にあまねく存在する物質があり、これが電磁波の媒質だとさ

れていた。

このころまでには、音や海の波などといった一般的な波に関する諸現象は、媒質の力学的ふるまいとして力学へ還元されていた。そのため、電磁波が波だとすると、電磁気学的な現象もエーテルの力学的ふるまいによって説明できるのではないか――それゆえ、電磁気学も力学に還元できるのではないか、と思われていたわけである。

このような背景から、「やがて、(古典)力学ですべてが説明されるに違いない」という空気が当時の物理学界に漂っていたのは無理からぬことであった(ただし、エルンスト・マッハやヴィルヘルム・オストワルトなど、このような力学的世界観に反対する科学者・科学哲学者たちもいた)。

だが一方で、電磁気学の力学への還元についても、熱力学の力学への還元についても、問題は残っていた。それらが、章の最初に述べた「ケルヴィン卿の二つの雲」なのである。

そして、エーテル中の地球の運動を検出するという「一つ目の雲」の問題は、エーテルの存在の否定へとつながり、電磁気学の古典力学への還元の夢を絶つことになる(そして、相対性理論が登場する)[3]。

「二つの目の雲」である「エネルギー分配に関するマクスウェル＝ボルツマンの原理」(一般には「**等分配の法則**[4]」といわれる)は、熱力学の古典力学への還元において問題となる。等分配の法則は、ルードヴィヒ・ボルツマンが気体の分子運動論を用いて証明した古典力学の一つの重要な成果であるとみなされていたが、**この法則が破れていることがあるのではないか**という疑問がこのころ浮上してきたのだ。

等分配の法則を利用すれば、気体や固体の比熱を理論的に求めることができる。たとえば、一八七一年には、ボルツマンが等分配の法則を用いて固体比熱を理論的に導き、これは当時知られていた実験結果とはよく合った。また、気体比熱の法則もやはり等分配の法則から理論的に導くことができた。ところが、等分配の法則を用いて理論的に導き出されたこれらの法則は、その後（一九〇〇年ごろ）の実験技術の発展によって、実験とズレがあることがわかるようになってきた。それゆえ、等分配の法則の破れが疑われ始めたのである。

やがて、じっさいに等分配の法則が破れていることが明らかになるのだが、予想外の研究からであった。それが、黒体放射のスペクトル分布に関するプランクの研究である（ケルヴィン卿の念頭にあったのは、気体比熱であって、黒体放射のスペクトル分布ではなかった）。この研究が古典論を覆し、量子論への道を拓くのである。

黒体放射のスペクトル分布

すべての物体はその温度に応じて光（電磁波）を放出することがわかっている。これを「**熱放射**」という。たとえば、生きた恒温動物はその体温に応じた赤外線（電磁波の一種）を放出しているので、暗闇でもその姿を赤外線カメラで見ることができる。白熱電球が明るくなるのも熱放射のためである。この熱放射の強さの、ある温度における振動数ごとの分布を「**スペクトル分布**」という。

ところで、外部から入射した光（電磁波）をあらゆる波長で完全に吸収し、また放出できる理想的な物体のことを「**黒体**」という。そして、黒体が、吸収される放射と放出される放射がつり合っている平衡状態にあるときの熱放射をとくに「**黒体放射**」という[5]。実験で得られた黒体放射のスペクトル分布を図0・1に示す[6]。

ジョン・ストラット（レイリー卿）は、一九〇〇年六月に、等分配の法則を用いて、黒体のスペクトル分布が振動数の自乗と温度に比例することを示した。しかし、これは低振動数のわずかな領域では実験結果とよく合うが、図0・1を見れば明らかなように、振動数が高くなるとまったく合わない。このころにはすでに十分な実験データがあったので、レイリー自身は理論と実験にズレがあることに気づいており、このとき発表された式は、じつは等分配の法則を用いたやりかただけでは出てこないはずの形になっていた。レイリーは、この論文に一九〇二年につけられた追記で、自分のものより、あとで説明するプランクの式のほうが実験によく合うことを認めている[7]。

また、一九〇〇年の時点では式に係数がなかったが、レイリーは一九〇五年五月に係数をつけたものを発表する。しかし、それにはまちがいがあり、六月にジェイムズ・ジーンズが正しい係数を与える[8]。

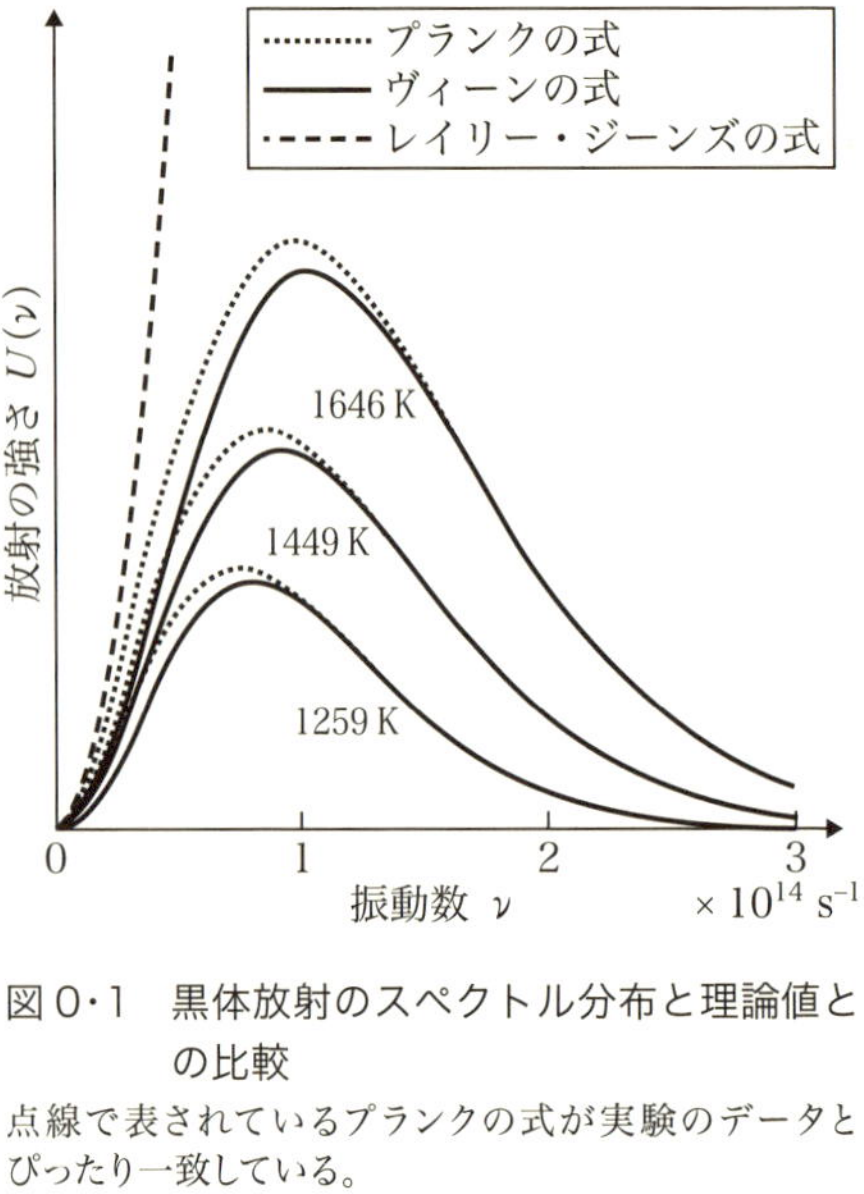

図0・1　黒体放射のスペクトル分布と理論値との比較

点線で表されているプランクの式が実験のデータとぴったり一致している。

アインシュタインはそれとは独立に、同年三月（出版は六月）に正しい係数を求めている。[9] しかし、なぜかこの式は、一般には「レイリー＝ジーンズの式[10]」と呼ばれ、アインシュタインの名はない。

量子論誕生前夜

ここで、少し時間を巻き戻して、量子論の始まりを告げる一九〇〇年の「**プランクの式**」が登場するまでの、黒体放射のスペクトル分布をめぐる歴史を追って行こう。時代が行き来するので、読者の便のために、8頁に簡単な歴史を年表として掲載しておいた。

一八七九年にはすでにヨーゼフ・シュテファンによって、黒体放射の全エネルギーは温度の四乗に比例することが実験的に確かめられていた。この法則は一八八四年にボルツマンによって理論的に導かれる（**シュテファン＝ボルツマンの法則**[11]）。ただし、あくまで比例するということのみで、係数はこの時点では導けなかった。この比例定数を理論的に決定するには量子論が登場するのを待たなければならない。しかし当時は、比例定数の理論的決定も古典論でいずれできると考えられており、このボルツマンの成果も、マクスウェル電磁気学と気体分子運動論を組み合わせた輝かしい成果だとみなされた。[12]

さらに、ヴィルヘルム・ヴィーンは、シュテファン＝ボルツマンの法則を用いて黒体放射のエネルギースペクトルの一般的な形を一八九三年に示した。これを「**ヴィーンの変位則**」という。[13] この法則は実験的に正しいことが検証されたので、残された問題は、より具体的なスペクトル分布の式を求めてやることだけだったが、これがじつは量子論を使わなければ無理なのである（だが、もちろん当時の人たちはそれを知らず、ここまで来たらゴールまであと一歩だと思っていた)。そして、一八九六年に、ヴィーンは、スペクトル分布をあらわす式である「**ヴィーンの式**[14]」を得る。この式は、理論的根拠は薄いものの、当時の実験によく合う式であり、黒体放射のスペクトル分布の問題はこれで解けたと思われていた。

ところが、一八九九年二月に、低い振動数領域では実験と合わないかもしれないという実験結果が報告される。このあと何人もの物理学者たちが追試をするのだが、やはりヴィーンの式は合っているのではないかという結果も出てきて、なかなか結論が出なかった。しかし最終的には、**低い振動数の領域ではヴィーンの法則は成り立たない**と結論づけられる(図0・1参照)。一九〇〇年九月のことであった。

実験物理学者のハインリヒ・ルーベンスは、同年十月七日の昼に、高い温度で低い振動数の領域ではヴィーンの式は成り立たず、その領域ではスペクトル分布がどうやら温度に比例しているようだということをプランクに教えた。その日の夕方、プランクは、この最新の実験結果を含めたスペクトル分布をあらわす式を探し始め、ついに「プランクの式」を見いだした。プランクはすぐにルーベンスに手紙を書き、夜中にそれを投函する。数日後に、ルーベンスはプランクのもとにやってきて、**プランクの式は実験と完璧に合う**ことを伝えた。

十月十九日、プランクは、ドイツ物理学会で自分の得た式を報告し、それが自分の知っている限りの実験結果とぴったり合うことを述べる。その後、ルーベンスらが行った実験でもやはりプランクの式が成立していることがわかった[15]。

プランクの量子仮説

とはいえ、このままではプランクの式は「たまたま実験によく合う式」に過ぎない。この式のより深い理論的根拠はなんだろうか。こうして、この式の根拠を求めるプランクの奮闘がはじまる。そして、この奮闘の結果こそが、彼に「量子論の父」と呼ばれる名誉を与えるのである。

彼自身の言葉によると、その後の六週間におよぶ努力は「人生でもっとも厳しい仕事だった」という。だが、「どんなに高い代償を払ってでも、理論的な解釈を見つけなければならない。そのためにはこれまで自分が確信してきたどの物理法則でも犠牲にする用意がある」と覚悟を決めて突き進み、ついに一九〇〇年十二月十二日、量子論への道を切り拓いた(16)。まさに十九世紀が終わり、二十世紀が始まろうとしているときであった。

プランクの式を理論的に導出するには、「**エントロピー**」という量を求めてやればよいことはわかっていた。そして、エントロピーを求めるためには、「いま考えているマクロな状態を実現するようなミクロな状態の数」を求めればよい。それはどのようにすれば求まるのだろうか。くわしい求めかたは付録解説Aを見てもらうことにして、ここでは要点だけを簡潔に述べる(以下の説明がよくわからなかったら、次々ページの「さて、ともかくそのようにして」まで飛ばしてしまっても差し支えない)。

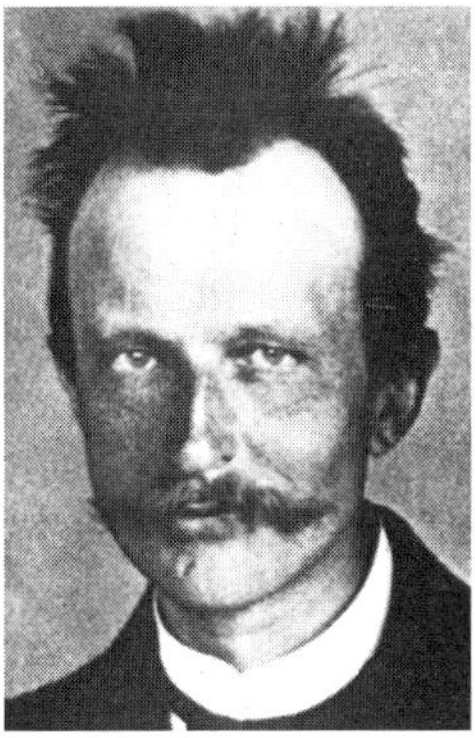

量子仮説を発見したころのマックス・プランク

プランクは、各振動数の光とエネルギーのやりとりをする荷電した調和振動子[17]を考えた（これを彼は「**共鳴子**」と呼んだ）。すると、「いま考えているマクロな状態を実現するようなミクロな状態の数」は、具体的には「空洞内の共鳴子と光が平衡状態になっていて、かつ共鳴子の全エネルギーがUになっているとき、各共鳴子へエネルギーを割り振るやりかたの数」ということになる。前半が「マクロな状態」で後半（各共鳴子へどのようにエネルギーが割り振られるか）が「ミクロな状態」である。では、最終的にプランクがたどりついた「各共鳴子へエネルギーを割り振るやりかた」とはどのようなものだったのだろうか。彼の文章を引用しよう。

さてN個の共鳴子が全体として振動エネルギーUをもつことの確率W（これが上でいっている「ミクロな状態の数」である）を見いだすことが問題である。このためには、Uを無限に分割可能な連続したものと考えるのではなく、**離散的な、整数個の有限で等しい部分からなる量と考える**ことが必要である。そのような一つの部分をエネルギー要素εと呼ぶなら、それにより次のように置かねばならない。

$$U = P\varepsilon$$

Pは整数で、一般には大きな数を意味するが、εの値は決めないでなおそのままにしておく。[18]

そしてP個のエネルギー要素（**エネルギー量子**）εをN個の共鳴子に割り振るやりかたがWというこ

とになるわけであるが、この割り振りかたもまた画期的なものであった。それぞれのエネルギー要素は区別がつかないものとして分配したのである。プランクといえば、エネルギーを、「制限なしに分割可能な連続したものと考えるのではなく、離散的な、整数個の有限な等しい部分からなる量」であるとしたエネルギー量子の考えかたばかりが注目されるが、この分配のしかたは、のちのボース＝アインシュタイン統計にもつながるものであった。

さて、ともかくそのようにして得たエントロピーと、プランクの式から逆にたどって得たエントロピーとを比べることにより、**エネルギーの最小単位が$h\nu$となることがわかった。**νは振動数をあらわし、hは、量子論におけるもっとも重要な定数であり、「**プランク定数**」と呼ばれる。

こうして、エネルギーが不連続な値をもつことが明らかになったが、これを「**（プランクの）量子仮説**」という。ちなみに、振動数（ν）が十分に低いときはエネルギーの最小単位が十分に小さくなるので、エネルギーが連続であるかのようにふるまうことになり（つまり古典的になるので）、レイリー＝ジーンズの式となる。[19] また、温度が高くなると、kT（kはボルツマン定数という熱・統計力学において重要な定数、Tは温度）に比べて相対的に$h\nu$が小さくなるので、やはりレイリー＝ジーンズの式になる。

プランクは一九〇一年にプランク定数の値を求め、そこからさらに、ボルツマン定数や水素原子の質量、電気素量（電気量の最小単位）などの値も求めた。ボルツマン定数の値を求めたのは彼がはじめてであった。

プランクは当時七歳の息子エルヴィンとの散歩中に、「父さんはニュートン以降もっとも偉大な物理学上の発見をしたよ」と語ったという。[20] ただ、プランクはこの時点ではどうやら量子仮説の重大性を認識していなかったようなので、ここでいう「偉大な発見」は量子仮説でなく、ボルツマン定数の特殊な性格を明らかにしたことではないかとされている。それにしては大仰に思えるかもしれないが、エルヴィンの記憶によるものなので、実際はこのような表現ではなかった可能性はある。[21]

量子仮説に対する反応

プランクの式自体は実験によく合うとして受け入れられた一方で、プランクの式の理論的根拠となるはずの量子仮説のほうはしばらくのあいだ無視されることになる。

たとえば、すでに述べたように、一九〇五年にレイリーは、係数つきのレイリー＝ジーンズの式を発表する。その論文のなかで、プランクの式のほうがレイリー＝ジーンズの式より実験によく合うことについては言及していても、量子仮説にはまったく触れていない。[22] また、ジーンズの論文でも、自分の得た式はレイリーが得たものとは異なるけれど、プランクの式の低振動領域での極限に等しい（ので自分のほうが正しい）と述べているだけにとどまる。[23]

つまり、レイリーもジーンズも、プランクの式が実験的に正しいことは認めており、それを自身が理論的に得た式の検証としても利用しているが、一方で、量子仮説についてはまったく信じていない――というよりも、批判も含め言及に値するものだとすら考えていなかった。[24] それゆえ、まだまだ、「物理学の基礎が揺るがされている」という認識はなかった。[25]

そもそもプランク自身からして、量子仮説には重大な物理的意義はなく、たんなる数学的なテクニックに過ぎないと認識していたようだ。[26] じっさい、エントロピーの計算の際にとりあえずエネルギーを不連続なものとして計算する手法はボルツマンもとっており、プランクとしてはそのボルツマンの手法をまねただけのつもりだったようである。ただ、ボルツマンの場合は、あとでεを0の極限へともっていったのだが、プランクの場合は、もちろんそれをするとプランクの式が導き出せないので、有限のままにせざるをえなかった。しかし、それが物理的な意義のあることだとは思っていなかったのである。

「量子論の始まり」はいつか？

プランクの論文から五年後（一九〇五年）に、アインシュタインは、光が粒子であるともみなせるという「**光量子仮説**」を発表する（プランクの量子仮説は「エネルギーが不連続な値をとる」という仮説）。ただ、このころはアインシュタインもまだプランクの手法に対して疑念を抱いており、その論文では、次章で解説するように、ヴィーンの式にもとづいて議論している。

だが、翌一九〇六年には、プランクが暗黙の裡に光量子仮説を用いていた――つまり、**「プランクの量子仮説」を認めることは「光量子仮説」も認めることになる**ということを示し、**それまではたんに数学的な虚構だと思われていたエネルギー量子に実体を与える**のである。

科学史家のトマス・クーンは、この時点をもって「量子論の始まり」であるとする。[27] なぜなら、クーンによると、アインシュタインは一九〇二年からプランクとは独立に黒体放射の研究をしていたので、たとえプランクがいなくともプランクの式を発見したであろうからだ（それに、繰り返すが、プランク自身は量子仮説の革命的意義をよく理解できていなかった）[28]。とはいえ、仮にそれが正しくても、現実の科学史においてプランクの業績が重要であることは変わらないし、従来どおり、一九〇〇年が「量子論の始まり」でよいと私は思う。

さて、第3章で解説するが、その後、アインシュタインは、ボース＝アインシュタイン統計や誘導放射の理論などによって何度かプランクの式を導出し、そのたびに量子論への理解を深めていくこととなる。つまり、それほどこのプランクの式は量子論にとって本質的なものなのである。

ところで、すでに述べたように、等分配の法則が成り立つという前提で理論的に導かれた固体比熱は、低温領域では実験結果と合わない。だがこれも、量子仮説を使えば、より実験と合うような法則が導けるのではないだろうか？　アインシュタインは一九〇六年にそのアイデアに至り、量子仮説を用いて固体比熱を計算し、低温領域における実験結果とよく合う式を見いだした[29]。低温で古典論が破たんするのは、熱運動による効果がエネルギー量子に比べ十分に小さくなる（$kT \ll h\nu$）ことで量子効果が顕著になるからである。黒体放射のスペクトルの低温・高振動領域で古典論が破たんしたのと同じ理由である。

まとめ

◆黒体放射のスペクトル分布を正確にあらわす式をプランクが見つけた。

◆プランクはその式を理論的に根拠づけようとして、一九〇〇年に「量子仮説」を導入した。これはエネルギーに最小単位があるという仮説である。これをもって「量子論の始まり」とされる。

◆量子仮説によって、古典論の成果である等分配の法則が疑われることになる（が、「すぐに」ではない）。

◆プランクの量子仮説の段階では、少なくとも外見上すぐに光量子説に結びつくものではなく、プランク自身をはじめとして、当時の物理学者たちはあまりこの仮説を真剣に受け止めていなかった。その意義をはじめて明確にしたのはアインシュタインである。

◆アインシュタインは、量子仮説を用いて固体比熱の新しい表式を導いた。

（1）Lord Kelvin (1901), p.1　強調は引用者

（2）高田 (1991), p.58

（3）たとえば、Einstein (1924), S.88 を見よ。

（4）系の全運動のエネルギーが各自由度ごとの運動エネルギーを加え合わせた形であらわされ、しかもおのおのの自由度に属

する運動エネルギーがその自由度に属する速度（または運動量）の2乗に比例するような場合、その力学系が温度Tの熱だまりに浸っていると、各自由度ごとにその運動エネルギーの平均値は$kT/2$で与えられる。ここでkはボルツマン定数である。この法則によると、熱平衡の状態では、ある自由度には多くの、ほかの自由度には少しの運動エネルギーが分配されていることはないので、これを「エネルギー等分配の法則」という。朝永 (1969/1952), p.4

（5）黒体はあくまで理想的な物質であり、現実には存在しない。黒体放射について実験的に調べるときには、黒体放射と同等とみなせる「空洞放射」を調べる（それゆえ、図0・1は、正確には「空洞放射のスペクトル分布」である）。空洞放射とは次のようなものである。いま、大きな真空の空洞を考えよう。この空洞は十分に大きいので、多少の熱の出入りによる空洞内の温度変化は無視できるとする。さらに、空洞内の電磁場は平衡状態にあるとする。これに空洞の大きさからすれば十分に小さな孔をあける。孔は十分に小さいので、空洞内の平衡状態は崩れず、また、孔から入射された光がふたたび孔から出ていくことはないとすると、空洞は黒体と同様に扱える。孔を黒体表面とみなせば、この空洞は外部からの光を「反射」せずにすべて吸収するからだ。それゆえ、孔からの光の放射（これを「空洞放射」という）は黒体放射と同様に扱える。このことをはじめて示したのは、ボーアの師匠であるクリスチャン・クリスチャンセンである。Pais (1991), p.91［邦訳上巻123頁］

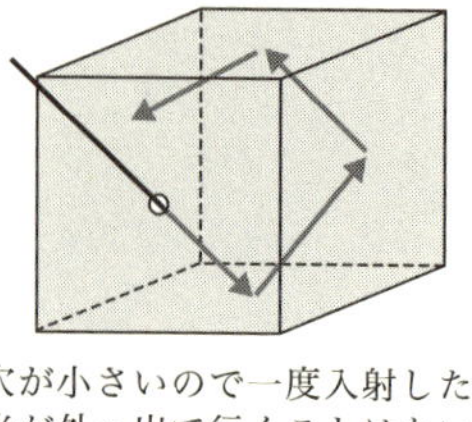

穴が小さいので一度入射した光が外へ出て行くことはない⇒外部からの光をすべて吸収し、反射しない「黒体」の表面と同等と見なせる。

（6）黒体放射のスペクトル分布が、黒体の形状や大きさによらず温度のみに依存することは、一八五九年にグスタフ・キルヒホッフが示した。また、黒体放射のスペクトル分布を求める問題を問題として明確に定式化し、その重要性を説いたのもキルヒホッフの業績である。Kirchhoff (1860a);(1860b)

（7）Lord Rayleigh (1900)

（8）Jeans (1905)

（9）Einstein (1905)

（10）$\rho(\nu, T)d\nu = (8\pi kT/c^3)\nu^2 d\nu$

（11）Boltzmann (1884)

（12）Pais (1991), pp.77-78〔邦訳上巻98～99頁〕

（13）$\rho(\nu, T)d\nu = \nu^3 f(\nu/T)d\nu$〔Wien (1894)〕。ところで、ヴィーンの変位則から、スペクトルがピークをもつ振動数は温度が高くなればなるほど高くなるということがわかるが、このことは、たとえば、鉄を熱したとき、はじめは暗い赤色で、やがて明るい赤になり、オレンジ、黄色となって、青白い色へと変化するという現象を説明する〔田崎 (2008), p.284〕。なお、ヴィーンの変異則は、等分配の法則を用いずに導出されたものである。つまり、ヴィーンの変位則は、古典論を使って行ける正しい地点のギリギリのところであった（これ以上のことを理論的に導こうとすれば量子論が必要）。

（14）$\rho(\nu, T)d\nu = a\nu^3 e^{-b\nu/T}d\nu$〔Wien (1896)〕

（15）Planck (1948), pp. 40-41

（16）Kumar (2011), pp.17-21

（17）正弦振動を行うような力学系を調和振動子という〔朝永 (1969/1952), p.92〕。たとえば、理想的なバネの両端に錘がついた系を考えればよい。

（18）Planck (1901), pp.556-557〔邦訳234頁〕強調は引用者

（19）なぜ、低温・高振動では等分配の法則が成り立たないのかは、朝永 (1969/1952), p.33-34 の直感的な説明がわかりやすい。

（20）Kuhn (1978), p.113

（21）なお、ハイゼンベルクは、この発言を受けて「プランクはこのとき、彼の公式が自然の記述の基礎に触れるものであり、これらの基礎が旧来のままである現在の場所から、新しいがまだわかっていない安定した位置に向かって、いつかは動きはじめるであろうということをはっきり知っていたに違いない」としている〔Heisenberg (2007/1958), p.5、邦訳6頁〕。しかし、本文で述べたように、プランクが自身の研究の革命的意義について気づいていたとは考えにくい。

（22）Lord Rayleigh (1905)

（23）Jeans (1905), p.98〔邦訳135頁〕

（24）唯一、ヘンドリック・ローレンツが一九〇三年に、プランクがプランクの公式を導出した過程に言及して、「定数hの導入を誘った有限の『エネルギーの単位』に関する仮説は理論の本質的な部分となっていると思われるが、また、物体の熱がエーテル中の電磁的な振動を引き起こす機構に関する問題はなお未解決のままである」としている。Lorentz (1903), pp.157-158〔邦訳105頁〕

(25) とはいえ、レイリーは、レイリー＝ジーンズの式がうまく実験に合わないことについて、一九〇五年の論文で、高振動数では等分配の法則がうまくいかないのではないかということを認めていた。一方で、ジーンズは、高振動数のエーテルのエネルギーと物質のエネルギーが平衡状態にあるという仮定がまちがっているのであり、等分配の法則がまちがっているわけではないと主張していた。レイリー＝ジーンズの式が成り立たないことが、等分配の破れを示すのか、それとも非平衡状態にあるからなのかの論争はしばらく続いたが、やがて非平衡説は力を失っていく。Pais (2005/1982), p.375［邦訳497頁］

(26) Kumar (2011), p.27

(27) Kuhn (1978), p.170

(28) *Ibid.*, p.171

(29) Einstein (1906b) ちなみに、一九一二年にはピーター・デバイが別のモデルを用いてよりよく実験結果に合う式を発見する。

第I部

量子論の創始者としてのアインシュタイン

第1章

アインシュタインによる革命

粒子としての光

アインシュタインの真に革命的な仕事

プランクの革命的な論文から五年後の一九〇五年五月、アインシュタインは友人へ次のような手紙を書いた。

論文を四編発表するので、楽しみにしていてください。……最初の論文は……放射の問題と光のエネルギーとしての性質を扱ったもので、見てもらえばわかるように、真に革命的な仕事です。(1)

この手紙で言及されている「真に革命的な仕事」が、本章で解説する「**光量子仮説**」である。(2) アインシュタインは、一九二二年にノーベル賞を受賞するが、受賞理由は、この最初の論文（以下、「光量子論文」）でなされた「光電効果の理論的解明」であった（「光電効果」についてはあとで説明する）。しかし、光量子論文の主要な部分は「光量子仮説」であり、「光電効果の理論的解明」は光量子仮説の「応用問題」

に過ぎない。一九二二年にはまだ学界で完全に光量子が受け入れられてはいなかったので、受賞理由が「光電効果の理論的解明」になったのである。(3)

なお、ほかの三編はそれぞれ、「原子の大きさの新しい求めかたを提案するもの」、「(特殊)相対性理論をはじめて公表したもの」、そして「ブラウン運動についてのもの」である。このように一九〇五年はアインシュタインが画期的な論文を次々に発表したので、「**奇跡の年**」と呼ばれる。

ところで、アインシュタインは一九〇五年当時、よく知られているように、大学の研究者ではなく特許庁の職員であり、博士号もまだ取得していなかった。前記の四本の論文のうちの一本(原子の大きさの求めかた)が博士論文だったのである。アインシュタインは一九〇〇年にチューリッヒ工科大学を卒業した。当時の卒業生は、望めば助手のポストを得ることができたので、アインシュタインもすぐにポストを得ることができると考えていた。ところが、在籍中の彼の態度――興味のない講義は平気でサボっていたなど――が教授陣に悪印象を与えていたためポストを得ることができず、彼が教授職に就いたのは一九〇九年であった。

アインシュタインの大学時代における数学の師であり、のちに相対性理論に数学的基礎を与えることになるヘルマン・ミンコフスキーが、当時のアインシュタインを「なまけものの犬」と呼んだのは、そのように講義をサボっていたからであって、数学ができなかったからではない。ミンコフスキー自身は、「アインシュタインは数学で悩んだことはない」と述べている。(4)

また、「アインシュタインは、子どものころ落ちこぼれだった(だから子どものころは多少成績が悪くても、将来大物になるかもしれない)」というようなエピソードをたびたび目にすることがあるが、残念ながら(?)、彼が子どものころに落ちこぼれであったという事実はないようだ(ただ、しゃべれるようになるまで少し時間がかかったらしい)。一九三五年に、ある人が、アインシュタインに、「存命中のもっとも偉大な数学者は数学で落第」というアインシュタインのことを書いた新聞記事の切り抜きをみせると、「私は数学で落第したことはない。十五歳になる前に微分と積分の計算をマスターしたよ」と笑いながら答えて訂正したという。(5) ギムナジウムでは、ラテン語やギリシャ語が苦手だといいながらも、数学だけでなく、これらの科目でもつねにクラスでトップの成績をとっていたという。大学入試に一度失敗しているが、これは、本来の入学試験資格を得る年齢に達しておらず、学長に手紙を書いて例外を認めてもらって試験を受けたが、数学と物理学はパスしたもののほかの科目が合格点に及ばなかったためである。また、このころ、父親の事業の失敗など家庭の事情が悪化していたことも原因かもしれない。

「二〇世紀最大の天才」が子どものころや若いころには落ちこぼれだったとすると「夢のある話」なのだが、残念ながら現実はそうではないようだ。

光量子仮説

ここで、以下の話を理解するために、光の正体に関する議論を簡単に振り返っておこう。十七世紀から十八世紀にかけて、「**光の正体が粒子なのか波なのか**」について論争が行われていた。「波」というのは、音や海の波のように、空気や海水を媒介して振動が伝わっていくという「現象」であり、波そのものには実体がない。それゆえ、「光は波である」ならば、光とは実体のない「こと」であることになる。一方で、「光は粒子である」ならば、光とは実体をもった「もの」であることになる。つまり、**「光は波である」という「波動説」と、「光は粒子である」という「粒子説」は相容れない**のである。

この論争は、十九世紀のはじめにトーマス・ヤングが行った二重スリット実験などの事実から波動説が受け入れられ、いったん決着がつく（ヤングの二重スリット実験については第7章であらためて説明する）。また、マクスウェルの電磁気学も、光は電磁波の一種であるという波動説の立場に立ってつくられた理論である。それゆえ、一九〇五年当時は、光が粒子であるはずはない――すなわち、光が空間上に不連続に存在するはずはないと考えられていたわけである。

脱線が長引いたが、いよいよ光量子論文の解説に移ろう。アインシュタインはこの論文のなかで、まず、「重さのある物体」についての理論と、「真空」についての理論であるマクスウェルの電磁気理論（光も電磁波の一種なので、光についての理論でもある）のあいだには深刻な形式上の違いがあると言う。つまり、重さのある物体は原子から成り立っているので不連続であるが、光は空間に連続的に広がっているという違いである。

そのあと、「光の波動論は……今後ともほかの理論にとって代わられることはないだろう」と述べるが、一方で、「『黒体放射』……など、光の生成と変換にかかわる現象の観測結果は、**光のエネルギーが空間に不連続に散らばっていると考えたほうが理解しやすい**ように私には思われる」と言う。そして、

> 点状光源から出た光線が伝わっていくとき、その光線のエネルギーは、どこまでも果てしなく増大する**空間に連続的に広がるのではなく、空間の点に局在化した有限個のエネルギー量子から構成される。**エネルギー量子は、それ以上小さく分かれることなく運動し、吸収されたり生成されたりするときにはかならず、欠けることのないひとまとまりのものとしてふるまう。〔強調は引用者〕

という「**光量子仮説**」を立てた。

プランクの量子仮説の場合、あくまで共鳴子という物質のもつエネルギーの値が不連続だという仮説であり、それゆえエネルギー量子自体は実体的なものではなかった。しかし、アインシュタインの光量子仮説の場合、真空中を伝播する光が不連続であるとするのである。つまり、光そのものが量子化され、粒子的にふるまうということであり、ここに量子は実体化されたのである。この量子化された光はいまでは「**光子** photon」と呼ばれる。この呼びかたは、一九二六年、ギルバート・ルイスの「光子の保存」という論文の表題ではじめて登場した(6)。

さて、アインシュタインは、当時の熱力学とマクスウェルの電磁気学を用いるとレイリー＝ジーンズの式が導かれることを示した（すでに述べたように、彼がこの論文を書いた時点では係数は特定されておらず、係数まで特定したのはアインシュタインがはじめてということになる）。次に、レイリー＝ジーンズの式が、長波長（低振動数）領域ではプランクの式と一致するが、全波長領域に適用すると破綻することを指摘した。このことから、**長波長領域では、いままでの理論的基礎（当時の熱力学やマクスウェルの電磁気学）でうまくいくが、低波長領域ではこれらの理論的基礎が破綻する**と主張する。ここにアインシュタインの慧眼が光る。レイリーもジーンズも一級の科学者だが、彼らは、自分たちが導いた式が実験に合わないことから熱力学や電磁気学の限界をみてとることまではできなかった。

そのあと、アインシュタインは、低波長領域でうまくいくヴィーンの式から、単色放射（単一振動数の放射）のエントロピーがどのように体積によって変化するか（エントロピーの体積依存性）を求め、それが理想気体（たがいに独立な気体分子から成り立つ気体）のエントロピーの体積依存性と同じであることを指摘し、

密度の低い（ヴィーンの放射式が成り立つ範囲の）単色放射は、熱力学的には、……**たがいに独立なエネルギー量子から成り立っているようにふるまう**。

と結論したのである。〔強調は引用者〕

アインシュタインは、プランクの主張したプランクの式の理論的根拠を疑っていたので（どのように疑っていたのかはあとで説明する）、プランクの式ではなく、ヴィーンの式から出発した。もちろんヴィーンの式は正しくない式であるが、結果的には、アインシュタインは、そのことによって、自分が立てたいくつかの誤った前提に影響されずに正しい結論を得ることができたのである。「誤った前提」

とは、光子がたがいに独立であるとか、光子の個数が保存するといった前提である（つまり、誤った前提＋誤ったヴィーンの式でうまく誤りが相殺されたのだ）。

光量子に対するほかの物理学者たちの反応

アインシュタインの光量子仮説は、なかなかほかの物理学者たちには受け入れられなかった。プランクは、相対性理論についてはいち早く賛同の意を表明したが、光量子仮説については否定的であった。たとえば、一九〇七年にアインシュタインへの手紙で次のように述べている。

> 私は作用量子（光量子）の意味を真空に求めようとはしておりません。むしろ、吸収や放出の起こる場所に求めています。そして真空で起こることは厳密にマクスウェル方程式で記述されると仮定しております。(7)

また、アインシュタイン自身も、この時点では、光量子の実在を確信していたわけではなく、一九一一年の十月から十一月にかけて開かれた第一回ソルヴェイ会議で、

> 私は実験的に実証された波動理論の結果とは調和できそうにもないように見えるこの概念……の暫定的な性格を強調します。(8)

と慎重な発言をしている。

さらに、当時の物理学者のなかには、なぜかアインシュタインが光量子仮説を捨てたと信じていた人たちがいたことは興味深い。たとえば、マックス・フォン・ラウエは、一九〇六年のアインシュタインへの手紙で、「私は貴兄が光量子仮説を放棄されたと伺いどんなに喜んでいるか」と書き、一九一三年にはロバート・ミリカンが、アインシュタインは光量子仮説をほぼ二年前に放棄したと述べた。しかし、アインシュタイン自身は、注意深くはあったが、光量子仮説を撤回した形跡はない[9]。

光量子仮説がなかなか受け入れられなかった理由の一つは、実験的な根拠に欠けていたことであろう（一方で、第2章で話題にするボーアの理論は、原子スペクトルに関する定数や水素原子の半径を導くなど定量的に実験事実と合ったので比較的すぐに受け入れられた）。アインシュタインの予測は、十年以上たった一九一六年に、ミリカンの実験によって厳密に検証される。具体的にミリカンの実験事実が、なぜ光量子仮説に合い、波動説に合わないのかは、朝永振一郎著『量子力学』55〜58頁を参照してほしいが、ここでも簡単に述べておこう。

金属に光を当てると電子が飛び出すという現象（**光電効果**）があるが、ミリカンの実験では、金属に光を当ててから電子が飛び出すまでの時間を測定した。すると、電子が飛び出すのに十分な振動数の光であれば、それが弱い光であっても、非常に短い時間で電子が飛び出すことがわかったのである。波動説によると（つまりマクスウェル理論によると）、弱い光であれば、電子が飛び出すためには非常に長い時間が必要になってしまうが、光量子説ならば一瞬で飛び出すことになるので、実験結果と矛盾しないのである。

ミリカンの実験に引き続いて、一九二三年にアーサー・コンプトンが「**コンプトン効果**」を発見するにいたって、光が粒子性をもつことは受け入れられるようになった（図1・1）。コンプトン効果は、電磁波の一種であるX線が物質によって散乱され、かつ散乱されたX線の一部が入射線よりも低い振動数をもっている現象で、そのような現象自体は以前から知られていた。ジョゼフ・J・トムソン（J・J・トムソン）は、マクスウェル理論によって（つまり光の波動説によって）X線が散乱されることを説明することができたが、このトムソンの理論では（つまり光の波動説では）入射したX線と散乱されたX線の振動数はまったく同じでなければならない（実際、散乱されたX線の一部は同じ振動数をもつ）。だが、すでに述べたように、散乱されたX線のなかには入射線より低い振動数をもつものがある。

コンプトンはこの現象についてのより厳密な実験を行い、さらに、この散乱X線が入射線より低い振動数をもつという現象は、光の粒子説をとることでよく説明されることを見いだしたのである。**X線を**

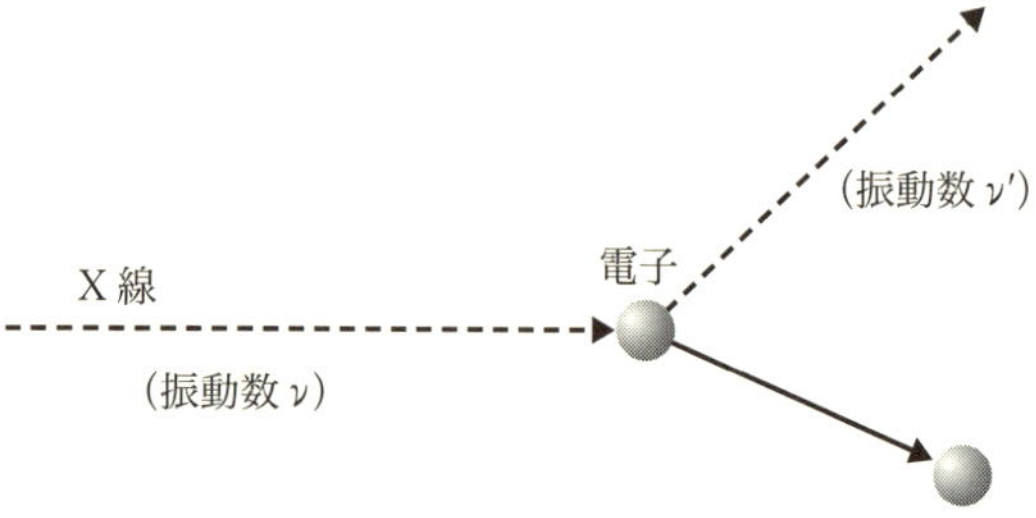

図1·1　コンプトン効果

①振動数νのX線を電子に当てる。→②散乱されたX線の振動数がν′になる。→③X線は振動数に応じた運動量（hν）をもっていて、電子とのあいだで運動量のやりとりが行われたのでその分振動数が変化した。→④運動量をもつのは粒子の特徴である。→⑤X線は粒子。

構成する光子一つひとつが運動量 $h\nu$ をもち、物質と衝突して散乱されると考えると、この現象が定量的にもうまく説明できるのである。[10] ちなみに、同様の理論は、独立にピーター・デバイによっても提案された。

「**運動量**」は、もともとは「物体の質量にその速度をかけたもの」として定義されていた。この定義からわかるように、そもそも運動量は質量をもつ「粒子（物体）」だけがもつはずの量であった。しかし、より一般的な定義も存在していたので、質量のない光でも運動量をもつことは理論的には矛盾しない。「光子の運動量」という概念は、一九〇九年になってはじめてヨハネス・シュタルクが明白な形で導入した。アインシュタイン自身が光子に対して運動量を付与したのは一九一六年である。[11]

プランクの量子仮説と古典論的電磁気学の矛盾

ところで、プランクの量子仮説の時点では、エネルギーの値が不連続であるというだけで、とくにマクスウェルの電磁気学と矛盾するものではないように思える。じっさい、アインシュタインが、プランクの式ではなくヴィーンの式を出発点に選んだのは、**プランクがプランクの式を導出する際に用いた、放射スペクトル密度と共鳴子のエネルギーの関係式が、古典論を根拠にしたものだった**からである（付録解説A、式A・1）。ところが、一九〇六年の論文「光の発生と光の吸収の理論について」で、

> 当時〔一九〇五年〕私にはプランクの放射理論はある点で私の研究に対立的であるかのように思われた。

しかし……最近よく考えてみたところによると、プランク氏の放射理論がもとづいている基礎は、マクスウェルの理論や電子論から出てくるものとは違っている。しかもまさしく、プランクの理論がいま述べた光量子仮説を用いているという点で違っているのである。[12]

と述べた。

プランクのエネルギー量子仮説が光量子仮説を暗に含意していることを、朝永振一郎は次のように解説している[13]。たとえば、光が空洞から小さな窓を通じてわずかなエネルギーを外部に放出するとき、かならず$h\nu$の単位で放出しなければならないが、このことは、空洞から外部へのそれだけの分のエネルギーが一瞬で移動することを意味する（図1・2）。

ところが、**マクスウェルの電磁気学によると、光のエネルギーは空間に連続的に広がっているため、$h\nu$分のエネルギーを一瞬で空間からかき集めてこなければならない。だが、光の速度は有限なのでそれは不可能である。**それゆえ、プランクのエネルギー量子の考えかたは必然的に、光が連続的な波ではなく$h\nu$を単位とする粒子であることを導く。つまり、**プランクの量子仮説の時点で**

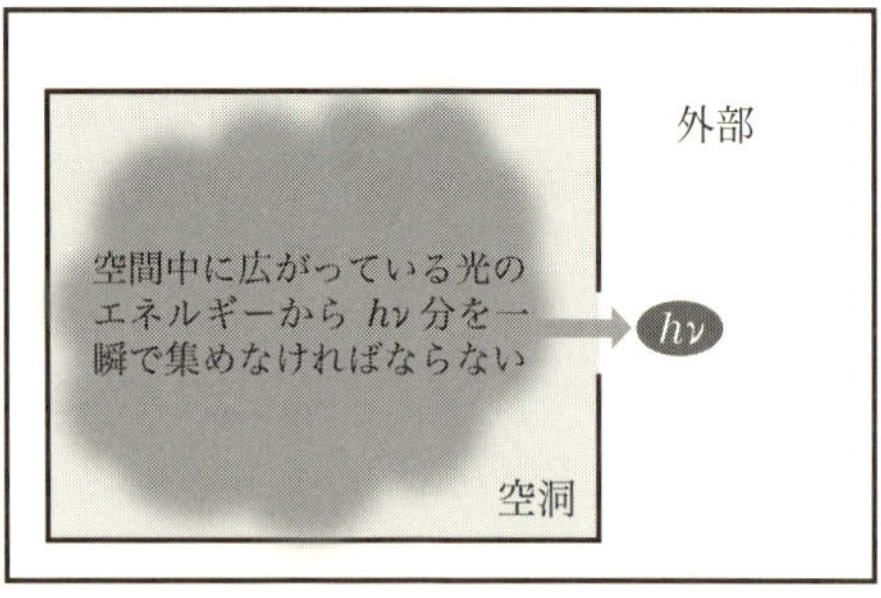

図1・2　プランクの量子仮説はマクスウェルの電磁気学とは相容れない

すでに暗黙の裡に光量子仮説が含意されていたのである。

なお、その後もアインシュタインは、古典論を基礎に置かずにプランクの式を導出することに心を砕き、それが量子論に対する第二の大きな寄与へとつながる。だが、次章ではいったん、本書のもう一人の主人公といってもよいボーアの業績に焦点を当てることにしよう。その後、第3章で、さらなるアインシュタインの量子論への寄与（彼に光量子の実在を確信させた一九一七年の理論も含める）について解説する。

まとめ

- 一九〇〇年のプランクの量子仮説の段階では、光が粒子であると考える者はいなかったが、一九〇五年にアインシュタインは光が粒子であるという「光量子仮説」を唱える。
- しかし、多くの物理学者たちは光量子仮説に反発した。
- 一九一六年のミリカンの実験、一九二三年のコンプトンの実験を経てようやく光量子仮説は受け入れられるようになる。

（1）Stachel (2011), pp.4-5［邦訳109頁］; CP5, p.31

（2）Einstein (1905)
（3）Kumar (2011), p.138〔邦訳190頁〕
（4）Issacson (2011), p.35〔邦訳66頁〕
（5）*Ibid.*, p.16〔邦訳37頁〕
（6）Pais (2005/1982), p.407〔邦訳539頁〕
（7）*Ibid.*, p.384〔邦訳510頁〕; CP5, p.50
（8）Pais (2005/1982), p.383〔邦訳508頁〕強調は引用者
（9）*Ibid.*, p.383〔邦訳509頁〕
（10）このあたりの議論についてくわしくは朝永 (1969/1952) §13を参照のこと。なお、低い振動数の電磁波の散乱では、散乱電磁波の振動数の変化がなく、これを「トムソン散乱」という。
（11）Pais (2005/1982)., p.408〔邦訳540頁〕
（12）Einstein (1906a), p.199〔邦訳23頁〕
（13）朝永 (1969/1952), p.40-41

第2章 ボーアによる革命

飛躍する量子

従来の力学では説明のできない何かが起こっている

アインシュタインの光量子論文から八年後の一九一三年三月に、ニールス・ボーアは、原子の構造に関するさまざまな謎を一気に解き明かす画期的な論文を発表する。[1] この一連の成果について、イギリスの物理学者ヘンリー・モーズリーは、同年の十一月にボーアへの手紙で

あなたの理論は物理学にすばらしい影響を与えました。そして、原子というものが本当はどういうものかがわかったとき、それもここ数年のうちにだと思いますが、たとえ細かいところでまちがっていたとしてもあなたの理論は称賛を受けるに値するものだと信じています。[2]

と絶賛している。また、ボーアの師のアーネスト・ラザフォードは、ボーアの理論が真に正しいかどうかについては慎重ではあったが、「従来の力学では説明のできない何かが起こっている」と言い、ボー

アの理論をはじめて聞いたときには乗り気でなかったアインシュタインも、より詳細な実験事実との一致を聞き、「それはすごい成果だ。それならボーアは正しいに違いない」と評価したという(3)。そして、それまでアインシュタインらわずかな研究者しか関わっていなかった量子論研究がおおいに盛り上がっていくことになる。

このような画期的な論文を書き、「量子力学の父」と呼ばれるようになったボーアは一八八五年十月七日、デンマークはコペンハーゲンで生まれた。アインシュタインより六つ年下である。父親のクリスチャンはコペンハーゲン大学の教授（ニールスが生まれたときは私講師）で、ヘモグロビンから酸素が解離する際に二酸化炭素が与える影響を発見したという業績があり、これは「ボーア効果」と呼ばれる(4)。

一歳年下の弟ハラルは、数学者としてデンマーク工科大学およびコペンハーゲン大学の教授を歴任した。しかも、デンマークのサッカー代表（ライトハーフ）として一九〇八年のロンドンオリンピックに出場し、銀メダルをとっており、当時のデンマークではサッカー選手として有名であった。一九一六年にニールスはコペンハーゲン大学の教授になるのだが、当時の慣習で教授に任命されると国王に拝謁する。その席で、国王は「有名なサッカー選手であるボーアに会えてうれしい」と述べた。これに対してニールスは、それは弟のことだと答えてしまう。しかし、当時の作法では公式の謁見で国王に返答してはならないので、国王は驚き、もう一度、会えてうれしいということを述べたが、ふたたびニールスは有名なサッカー選手は弟だと答えてしまう。国王は「これにて引見を終える」と告げ、ニールスは別れの言葉を述べ、そのまま作法に則って立ち去った。

じつはニールス自身も運動神経がよく、オリンピックでは控えの選手としてだが代表に選ばれている(ゴールキーパー)。ただ、サッカーに関しては彼らしいエピソードもある。ドイツのクラブとの対戦試合のとき、デンマーク側のゴールへボールが転がってきたにもかかわらず、ボーア(これ以後は「ボーア」といえばニールス・ボーアを指す)はゴールポストの方にしきりに注意を向けていた。観衆の叫び声でわれに返り、ゴールを守ることができたが、その後の彼の言いわけによると、「急に数学のある問題が思い浮かんで、それを解くのに夢中になってついゴールポスト上で計算をやっていた」のだそうだ[5]。

ボーアは一九〇三年にコペンハーゲン大学に入学した。このときの主専攻は物理学だが、副専攻の一つは実験無機化学であった。一九〇九年には修士号をとるが、修士論文のテーマは、師匠のクリスチャン・クリスチャンセンに与えられた「金属の物理的性質の説明に電子論を適用して論じよ」というものであった。博士号は一九一一年にとるが、そのときの論文題目は「金属電子論の研究」で、修士論文を発展させたものだった。この時代にはすでに、正の電荷をもつイオンとそのイオンのあいだを自由に動く電子というモデル(自由電子モデル)で金属の性質を説明する理論ができていたが、ボーアもこのモデルを採用していた。しかし、もちろん古典論であるから限界がある。ボーアはこの理論の限界(とくに磁性の説明)を修士論文の段階で明確に認識しており、博士論文ではその点を強調していた。

原子はどんな構造をしているか

では、そのボーアが残した、原子の構造に関する謎を一気に解決する画期的な業績とはどのようなものだろうか？　それを本章で解説していくわけだが、その前にまず、原子の構造に関していったいどのような謎があったのかを見ていこう。

量子論が誕生する少し前の一八九七年四月、トムソン（第1章に出てきたJ・J・トムソン――光の波動説でX線散乱を説明しようとした人）は電子を発見したことを発表した[6]。これによって、原子ははじめに仮定されていたような内部構造のないものではなく、電子をその内部に含むことがわかったのである。さらに、原子は全体として電気的に中性なのだから、電子のもつ負電荷を打ち消す正の電荷をもつものも含むはずであることもわかった。トムソンは電子の質量を測定し、それがもっとも軽い原子である水素原子よりはるかに軽いことも発見した。つまり、原子を構成する正電荷の部分が原子の質量の大部分を占めることとなる。

こうしてトムソンは原子の構造について研究を始めるのだが、このころは、原子の存在にすら疑問を抱く者がまだいた時代であり、「当時の平均的な物理学者たちにとっては、原子の構造について思いをはせることは、火星に生命がいるかどうかを思いめぐらすことと同じように馬鹿げたことだといってもけっして偏見ではないだろう」というような状況であった[7]。

ともかくも、一九〇三年にトムソンは、図2・1(a)のような「**プラムプディング・モデル**」を提案する[8]。ちなみに、プラムプディングとは、イギリスの伝統的なクリスマス・ケーキのことであるが、日本ではあまりなじみがないので、「**ブドウパン・モデル**」とも呼ばれる。このモデルでは、正の電荷を帯びた球（陽球）のなかにブドウパンのブドウのように電子がぽつぽつと存在する。そして、電子が原子の中で静止するようなつり合いの状態があり、それゆえ原子の安定性が保証される。電子がこのつり合いの状態からずれたとき、電子はそのつり合いの位置の周りを振動し、それによって光が放出される。このとき放出される光の振動数がじっさいに観測される原子スペクトル（後述）と同じ程度になるための原子の大きさが、理論的に計算されていた原子の大きさと合い、このモデルがよく支持された。

一方、一九〇四年に日本の長岡半太郎は、正電荷を帯びた核の周りをいくつもの電子が土星の環のようにまわっている「**土星型モデル**」を提出した[9]（図2・1(b)）。ちなみに、長岡は、マクスウェルによる土星の環の分析に感銘を受けてこのモデルを思いついたらしい[10]。

長岡はこの土星型モデルが力学的には安定であることを示したが、マクスウェルの電磁気学によると、荷電粒子（電子）が加速運動（この場合は円運動）をすると、光を放出しながらエネルギーを失い、すぐに核に向かって落ち込んでしまうことになるので、電磁気学的には安定ではない。しかも、このモデルの提案後すぐに、ジョージ・スコットによって通常の力学の意味でもじつは安定ではないことを指摘された（ちなみにこのスコットは「量子論に反対した最後の大物」といわれる）。また、トムソンのモデルと違って原子の大きさも説明できない。

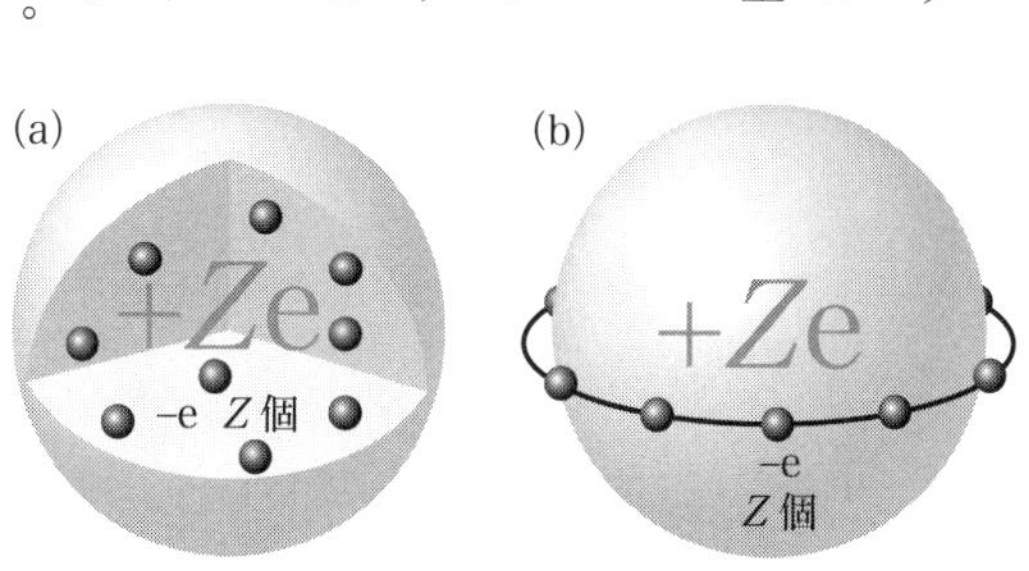

図2・1　(a) プラムプディング・モデル（トムソン型モデル）と(b) 土星型モデル（長岡型モデル）

それゆえ、長岡のモデルはあまり支持を得ることがなかった(11)。

とはいえ、トムソンのモデルも難点を抱えていた。まず、トムソンのモデルは力学的にも電磁気学的にも安定しているといわれるが、それはあくまで陽球が与えられたとした場合の話で、そもそも陽球自体の安定性は保証されていない(12)。また、トムソンのモデルのように電子が原子内で静止しているモデルだと、原子のもつ磁性も説明できそうになかった。一方で、もし長岡のモデルのように電子が周回していると、回転する電流からは磁界が発生することがわかっていたので、原子のもつ磁性についてはうまく説明できそうであった。

原子スペクトルの謎

さらに、これら両方のモデルに共通する次のような難点もある。十九世紀のあいだに、原子をいろいろなしかたで刺激する（たとえば熱する）と光を放出することが知られていた（黒体放射も黒体を構成する原子が光を放出している）。原子から放出されるこの光のスペクトル分布を「**原子スペクトル**」という。さらに、原子から放出される光をスペクトル分解（振動数ごとに分解）すると、その原子固有のスペクトル分布を示し、しかもそれが飛び飛びの不連続な分布を示すこともわかっていた。

これを、黒体放射のような連続スペクトル（20頁の図0・1参照）に対し「**線スペクトル**」という。たとえば、ナトリウム塩を熱すると黄色い炎（炎色反応）が見られるのをご存じの読者も多いだろう。ほかの色のスペクトル線も存在するのだが、黄色にあたる振動数の強度がとくに強いのでこのようなスペクトルとなる。一方、黒体は単一の原子から成り立っていないので連続スペクトルになる。

水素原子のスペクトル分布は図2・2のようになるが、一八八五年にはスイスの中学校の教員であるヨハン・バルマーが水素原子のスペクトル分布の規則を簡単な数式で表現することに成功した[13]。一八九〇年にヨハネス・リュードベリはより一般的な線スペクトル分布の規則性を見いだした[14]。この式に含まれる定数を「**リュードベリ定数**」という。だが、トムソンのモデルや長岡のモデルでは、原子スペクトルがなぜこのような分布をもつのかということも説明できなかったのだ（トムソンのモデルで説明できる原子スペクトルはごくわずかだった）。

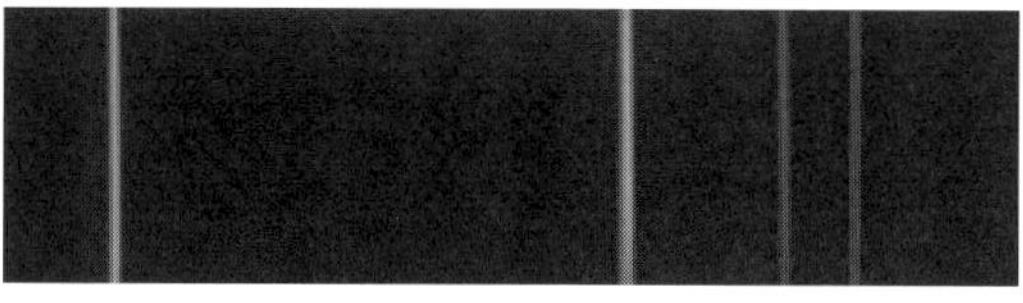

図2・2　水素原子のスペクトル
バルマー系列と呼ばれる可視光領域の線スペクトル。

ラザフォードによるアルファ粒子の散乱実験

アーネスト・ラザフォードは、一八九九年に、「**アルファ粒子**」という正に帯電した粒子を発見し、これを薄く延ばした金属（箔）に打ち込む実験をしていた。このとき、（金属原子内部の）正の電荷と電子の双方によってアルファ粒子はその進路を曲げられる。しかし、電子は非常に質量が軽いために電子によってはそれほど大きく曲げられないので、結局、**アルファ粒子の進路がどれだけ曲がるかは主に正電荷によること**となる。

さて、この実験において、原子がトムソン型である場合と長岡型である場合では、結果にどのような差が生じるのだろうか。トムソン型の場合は、正電荷が均一に分布しているので、**アルファ粒子を打ち込むごとにアルファ粒子が曲げられるが、その曲がりかたはそれほど大きくない**はずである。一方で、長岡型の場合は中心に正電荷が集中しているので、**頻繁に曲がらない代わりに曲がりかたは大きい**はずだ。

一九〇八年、ラザフォードのもとで研究を行っていたハンス・ガイガーがこの種の実験を行い、アルファ粒子の**いくつかはきわめて大きな角度で曲がったと**報告する論文を発表した(図2・3)。そこで一九〇九年の初頭にラザフォードは、当時二十歳の大学生であったアーネスト・マルスデンにもう少しこの実験を続けるように指示した。ガイガーとマルスデンは一九〇九年五月に論文を提出し、八〇〇〇個のアルファ粒子についてそのうちの約一個が九〇度以上曲げられることを報告した[15]。

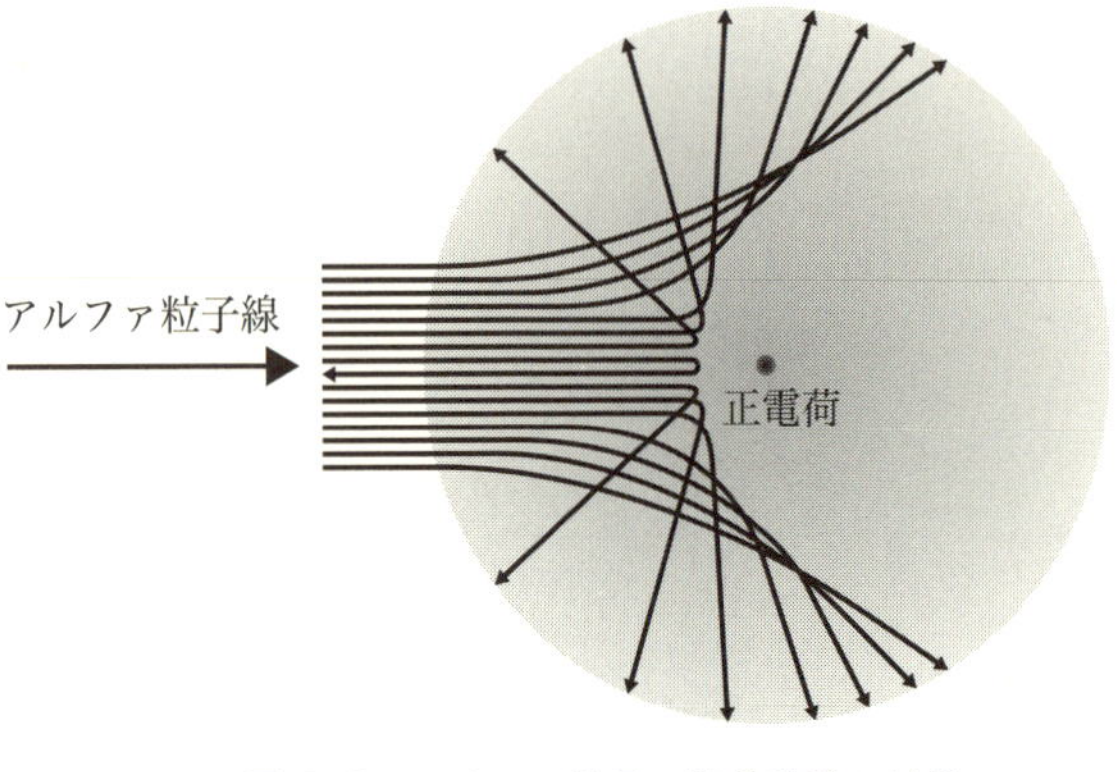

図2･3　アルファ粒子の散乱実験の結果
朝永(1969/1952), p.81をもとに作成。

上述のように、原子がトムソン型なら曲がる角度は小さいはずだ。だが、当時の研究者のほとんどはトムソンのモデルを信じていたので、大きな屈曲も小さな屈曲の繰り返しによって起きたものだろうくらいにしか考えなかった。[16] ところが、ラザフォードは──彼もトムソンモデルを信じていたのだが──大きな屈曲が、小さな屈曲の繰り返しによって生じるにしてはしばしば起こるということに注目し、この大きな屈曲は一回の屈曲で起こるのではないか、すなわち**正電荷は一点に集中しているのではないか**と考えた。そこで、長岡のモデルのように正電荷が中心に集中して、その周りを電子がまわっているモデル（ラザフォード・モデル）を一九一〇年十二月に考案する（発表は一九一一年）。[17] ガイガーとマルスデンはそのモデルにもとづいた予測が実験と合うことを一九一三年に確かめた。

この正電荷の塊は電子の数千倍の質量をもつ。一九一二年十月にラザフォードはこれを「**原子核**」と呼んだ。[18] しかし、では長岡＝ラザフォード型のモデルが原子モデルとして正しいのかというと、じつはそう単純にはいかない。すでに言及したが、長岡＝ラザフォード型モデルでは原子の安定性や原子スペクトルが説明できないからだ。

ボーアの登場

そこでいよいよボーアの登場となる。ボーアは一九一一年の終わりには、奨学金を得て、電子の発見者であるトムソンのもとで研究すべくケンブリッジへ行っていた。ボーアはトムソンの書いた本を携えてトムソンの研究室へ行くなり、自己紹介もそこそこに、その本のあるページを開いて「これまちがっていますと言ったそうである。[19] 似たようなエピソードはボルツマンにもあって、彼は一八七〇年、いくつかのすぐれた論文を書きそろそろ名前が知れ始めてはいたもののまだそれほどは有名でなかったころ、当時すでに大御所になっていたキルヒホッフ（黒対放射のスペクトル分布の問題を定式化した人。序章注6参照）の研究にまちがいを見つけ、彼の研究室へ突然押し入り、自己紹介もそこそこに「先生、まちがっていますよ」と言ったという[20]。幸い、どちらの大御所も寛容なタイプだったので、これらの「無礼」は問題にならなかったようである。

ケンブリッジでは、ボーアはトムソンに与えられた課題をやっていたものの、いまひとつ興味がもてず、翌一九一二年にはケンブリッジを去り、ラザフォードのいるマンチェスターへと向かう。そのときボーア自身は放射能実験技法を身につけたいと考えていて、ラザフォードに与えられた実験課題を行っていた。だが、やはり理論のほうをやりたいと思うようになり、ラザフォードにそう告げ、あとは家に引きこもって研究をした。

若き日のニールス・ボーア
Photo by Library of Congress

それゆえ、彼は、ラザフォードのもとにいた研究者のことをほとんど知らないのだが、その少ない知人のなかにはゲオルク・フォン・ヘヴェシーがいた。ヘヴェシーは放射性物質をトレーサーとして用いる研究をしたことで有名である。

トレーサーというのは、液体や気体の流れ、特定の物質の移動を調べるためのものである。たとえば、ある場所Aの水に自然界には存在しない物質をトレーサーとして混ぜておき、しばらくしてから別の場所Bの水を調べてそのトレーサーが発見されればBの水の少なくとも一部はAからやってきたことがわかるわけである。

ヘヴェシーはマンチェスターの賄い付きの下宿で暮らしていたのだが、その女主人がいつも同じ食事を出す。そこでそのことを女主人にそれとなく尋ねるのだが、彼女が否定したので、そっと放射性物質を食事に混ぜておくと、翌日出てきた食事から放射線が検出されたという。この当時はまだあまり放射線の危険性についてよく認識されていなかったのだ。

じっさい、放射性物質の研究で有名なマリー・キュリーも、放射線の対策をしないまま大量の放射性物質を扱っており、その死もそれが原因なのではないかといわれている。彼女の遺品には大量の放射性物質が残っていて、扱う際には防護服が必要であるという。

話が横道へそれてしまうが、二十世紀初頭、アメリカではX線を用いた永久脱毛法が開発され、痛みもなく効果も高いので、全国で流行したらしい。ところが、当然、しばらくしてからケロイドや癌などの重篤な副作用が生じたという。

ともかくも、ボーアは、この数少ない知人で親友となったヘヴェシーから、「異なる質量数をもった化学的に区別できない物質のグループ」があることを教えられた。質量数とは、水素原子の質量を1と置いたときの原子一個あたりの重さ（現代風にいえば、陽子と中性子の合計数）である。ボーアはこの話を聞いて、「原子核の電荷（原子番号）が同じで質量数が異なるもののグループ」なのではないかと考えた。いまでいう「**同位体**」である。ちなみに、「同位体」という言葉は、このすぐあとの一九一三年に、ラザフォードのもとで助手をしていたことのあるフレデリック・ソディが考えたものである。

さらにボーアは、このことから、放射性元素は、アルファ線を放出すること（アルファ崩壊）によって原子番号が二つ減り、ベータ線を放出すること（ベータ崩壊）によって原子番号が一つ増えるだろうということにまで思い至った。そして、この考えをラザフォードに話そうとするが、ラザフォードはとり合わなかった。ラザフォードは、アルファ崩壊およびベータ崩壊について異なる考えをもっていたのである。

また、ラザフォードのもとには、進化論の提唱者であるチャールズ・ロバート・ダーウィンの孫、チャールズ・ゴルトン・ダーウィンがいたが、ラザフォードは彼にアルファ粒子が物質を通過する際に失うエネルギーを理論的に計算する課題を与えていた。ボーアはダーウィンの論文に触発され、一九一三年にダーウィンとは異なるモデルを用いて計算した論文を発表した。**この論文は、量子論が原子の内部に適用されたはじめての論文となる。**

一九一二年七月にボーアはマンチェスターを発ち、デンマークへ帰国する。そして、翌年七月にコペンハーゲン大学で講師職を得る。

「量子飛躍」の発見

マンチェスターを発つ直前にボーアはある草稿をラザフォードに送っていた（「ラザフォード・メモ」と呼ばれる）。この草稿において、**原子内を円状に回転している一個の電子の運動エネルギーは不連続**

で、その値は振動数（単位時間あたりに電子が一回転する数）に比例するというアイデアを出している。その比例定数とプランク定数の関係はとくに明示されていないが、もちろん、関係があるはずだとは思っていただろう。このころのボーアは原子スペクトルに興味がなかったようなのだが、一九一三年二月に水素の原子スペクトルをあらわしたバルマーの式（注13参照）のことを聞き、三月には、プランクの黒体放射論文、アインシュタインの光量子論文と並ぶ記念碑的な論文を書き上げ、原子スペクトルの問題を解決するのである（発表は七月）。

ボーアによると、水素原子の中には、**原子核の周りに同心円状に並ぶ不連続な無数の電子軌道がある。**原子核から離れた軌道上にあるほど、電子のエネルギーは高い。また、これらの軌道上に電子がいることを「**定常状態**」にあるという。電子はこれらの軌道の一つ（一つの定常状態）から別の軌道（別の定常状態）へと「**飛躍**」するのである（図2・4）。

古典論的に考えると、たとえば、原子核を周回している電子は「連続的に」原子核からの軌道を変えていく。それゆえ、原子核からのあらゆる距離に電子は存在しうる。だが、ボーアの原子モデルでは、ある軌道から別の軌道へ電子が移る「途中」というものがない。それゆえ、その移動は一瞬で不

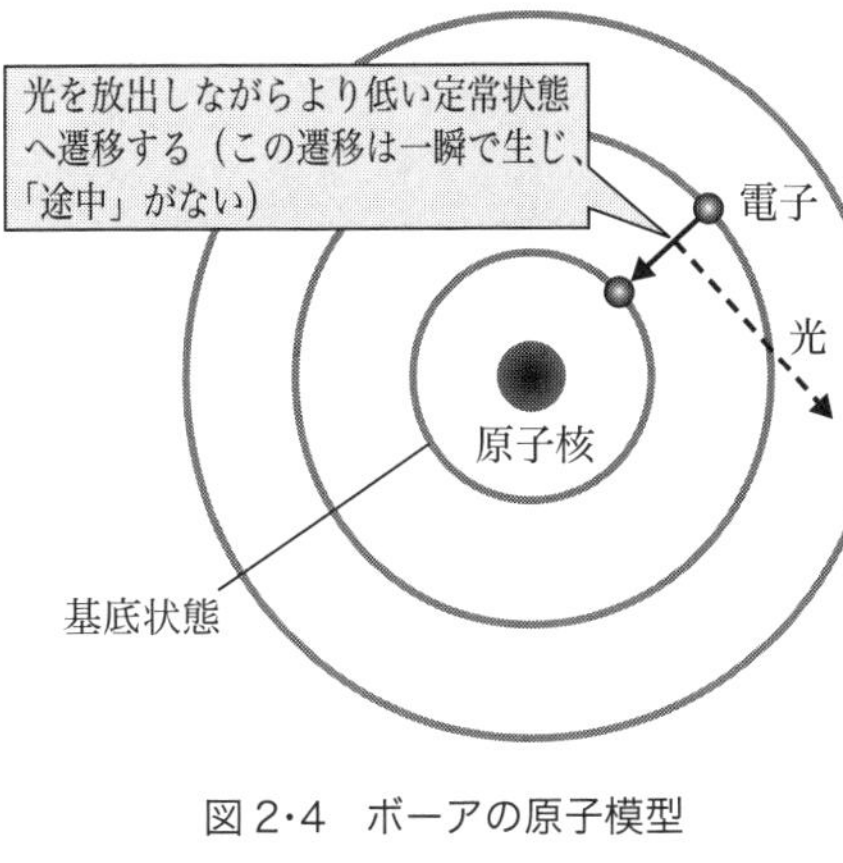

図2・4　ボーアの原子模型

連続に生じ、許された軌道上にしか電子は存在できないのである。

そして、最も原子核に近い軌道上に電子がある状態を「**基底状態**」といい、これが最もエネルギーが低い定常状態ということになる。「正電荷が中心に集中し（原子核）、その周りを電子が回っている」という点では、ボーアのモデルは長岡＝ラザフォードのモデルに近い。しかし、電子が不連続な軌道しかとらず、それゆえ電子が「飛躍」するという点と、基底状態という最低エネルギー状態がある点が長岡＝ラザフォードの古典的原子モデルと大きく異なる。

定常状態には、基底状態からエネルギーが低い順に、$n = 1, 2, 3, \ldots$と番号を振られた（つまり、基底状態は1）。これを「**主量子数**」という。量子数は系の量子的な状態を特徴づける整数であるが、この後、軌道角運動量量子数、磁気量子数、スピン量子数の計四つの量子数が発見されることになる（これらがそれぞれどのようなものかは本書では気にしなくてよい）。

すると、原子の安定性はどのように説明できるのか？　ボーアは、端的に、「**基底状態より低い状態に電子が落ち込むことはない**」と仮定するのである。外側の軌道（高いエネルギーの定常状態）にある電子がエネルギーを失ってより内側の軌道に落ち込むことはあるが、基底状態にまで落ち込んでしまった電子はもうエネルギーを失わない（それゆえ、長岡＝ラザフォード型モデルの欠点を克服できる）。これはすでに述べたように、従来の電磁気学に反するのだが、そう仮定することによって原子の安定性が保証されるのである。

もちろん、安定性のためだけにそう仮定してもだれにも相手にはされないわけで、ボーアはこの原子モデルによってバルマーの式を導出した。さらには、リュードベリ定数も、実験的に導かれたものと高い精度で一致する値を導出した。ボーアのこのモデルでは、一つの定常状態からより低い定常状態に電子が移ったとすると、この二つの定常状態のエネルギー差（E）に相当する光をただ一つ放出するが、この光のもつ振動数（ν）は$E = h\nu$とあらわされる。ラザフォード・メモの段階では多くの光量子が放出されると仮定していたのでうまくいかなかったのである。

ボーア・モデルによる謎の解明

水素の半径（これを「ボーア半径」という）も、ボーアのモデルによって計算できるが、これもまた当時実験的に知られていた水素原子の大きさと一致した。これらの計算において、ボーアは、量子論と古典論をたくみに組み合わせている。

さらに、一八九六年にエドワード・ピカリングが恒星光の中に発見し、一九一二年にはアルフレッド・ファウラーが実験室でも発見したスペクトル線系列について、これをヘリウムによるものだとすれば説明できることも示した。このとき、ボーアが示したある数値が実験誤差以上に実験値とずれることが指摘されたが、一九一三年の十月には、これは計算の際に用いた別の数値が近似値だったからで、実験で得られていた実際の数値を用いて計算し直すと実験値とぴったり合うということをボーアは示した。この一致は、五桁まで合う数値で、当時ここまで実験値と厳密に合う理論値を出した者はいなかった。

ボーアは一九一三年十二月の論文で、今度は古典論を用いて、原子から放出される光の振動数が低い場合には計算できることを示す。これは、プランクの式が、低い振動数領域では古典論によって導出されたレイリー＝ジーンズの式と一致するのと同じである。ボーアの原子モデルの場合、高いエネルギーになるほど隣り合う定常状態とのエネルギー差は小さくなり、連続的になっていくので古典論的になっていく。そして、放出される振動数はエネルギー差に比例する、つまり原子のエネルギーが高い古典論的状態では低振動数の光が放出されるから、低振動数領域では古典論の結果と一致するのである。逆にいうと、低エネルギーであるほど量子効果が強くなる。これは、高温では古典論的になるが、低温では量子効果があらわれるという黒体放射や比熱の議論と同型である。このように、量子論が極限で古典論と一致することを「**対応原理**」という[21]。

ここで、プランクやアインシュタインの量子仮説とボーアの量子仮説の違いに注意しておくべきだろう。**前者はあくまで多くの粒子からなる系を統計的に扱い、それに量子仮説を適用していたのに対して、ボーアは水素原子という原子核一つと電子一つだけからなる系に量子仮説を適用した**のである。

ボーア理論に対する反応

ボーアの理論は、輝かしい成功を収めた一方で、多くの問題を含んでいることも確かだった。たとえば、ラザフォードは草稿を読んだ時点で、「電子は一つの定常状態からほかの定常状態へと移るときにどの振動数で振動しようとどうやって決めるのか」という問題点を指摘している。たとえば、主量子数が3の状態にある電子が、より低い定常状態へ遷移する場合、主量子数が2の状態に移ってもよいし、

1の状態に移ってもよい。実験事実を説明するには、電子があたかも「あらかじめどの状態に移るべきか知っていた」かのように考えなければならないというのだ。

冒頭ではボーアの研究を賞賛するコメントを紹介したが、イギリスでは、レイリー卿が「自分には何の価値もなかった」と述べた。ヨーロッパでは、フォン・ラウエが「マクスウェルの電磁気学はあらゆる状況下で有効である」と主張し、パウル・エーレンフェストは「ボーアのモデルは私をがっかりさせた」と言い、これが到達点であるなら「私は物理をあきらめなければならない」と述べたという。また、J・J・トムソンのように、当時は無視していたが、一九三六年になって「量子論が物理化学にかつてなしたもっとも価値のある貢献であった」とボーアの一九一三年の論文に対して評価を下した者もいた。

アインシュタインの反応はすでに述べたように、ボーアの理論の有効性を認めていた。ただ、アインシュタインは、次章で説明するように、ボーアの理論を応用して誘導放射の理論をつくるのだが、このとき、「放出される光量子は、どのようにして飛び出す方向を決めるのだろうか」というラザフォードがボーア理論に対して指摘したのと類似の問題点を自身で提起している。

ちなみに、ボーア自身は、まだ自分の理論は本物ではなく、当座の間に合わせに過ぎないと感じていたようだ。

このように賛否両論渦巻いてはいたものの、プランクの論文からすでに十三年が経過しているのに量子論を適用した研究がほとんどなかった状況が、ボーアの論文で一変する。まずはミュンヘンのアルノルト・ゾンマーフェルトが量子論研究に乗り出した。彼は相対論を教えた最初の教師であったが、ボーア理論についても最初に教えた教師となった。彼自身はもちろん、彼の教え子たちも次々と量子論に関する論文を発表していく。彼の教え子には、ハンス・ベーテ、ピーター・デバイ、ヴェルナー・ハイゼンベルク、ヴォルフガング・パウリとノーベル賞受賞者が四人もいる。

さらに、ゲッティンゲンではマックス・ボルンが量子論の研究を始める。彼は、ボーア論文以前の一九一二年にもアインシュタインの量子論を応用した論文を発表しているが、一九一八年にはボーアの理論を応用した論文も発表する。ちなみに、一九二五年に量子力学は完成するのだが、それ以前の一九二四年に、ボルンは、まだ存在しないこの理論に「量子力学」という名を付与していた。パウリとハイゼンベルグはボルンの助手を務めたことがある。

一九二二年にはゲッティンゲンで、ボーアが七回の連続講演を行い、これは「ボーア祭」として、若手の物理学者たちにおおいに刺激を与え、量子論研究へと向かわせることになった。ちなみに、この講演の最中にハイゼンベルクはボーアに反論した。講演のあと、ボーアはハイゼンベルクを散歩に誘い、議論しながら、ハイゼンベルクをコペンハーゲンに招くことになる。[22]

一九一六年四月に、ボーアはコペンハーゲン大学の教授に就任する(決定は五月なのだが、さかのぼって四月の就任とされた)。こうしてボーアはその名声を高めていき、ついには一九二一年三月に量子論・量子力学のメッカとなるコペンハーゲン大学理論物理学研究所を立ち上げ、のちに「**コペンハーゲン学派**」と呼ばれる量子力学の一大学派を築くことになるのである（一九二〇年にはすでに研究員の論文の所属機関に研究所の名が使われていた)。

まとめ

◇ラザフォードの実験まで、原子の内部構造にはいろいろな説があった。どの説も古典論を前提とする限り問題があった。

◇ボーアは、原子内部における電子軌道を量子化し、原子内部で電子のエネルギーは連続的にどのような値でもとりうるのではなく、不連続な値しかとれないとする。それにより、従来の問題を解決し、なおかつ、原子スペクトルの問題を定量的なレベルで解決した。

◇しかし、ボーアの原子模型も、「いつ」「どの」軌道へ電子が移るかが決定されていないという問題点が指摘された。

◇ボーアの原子模型提案を受けて量子論研究は盛んになっていく。

◇プランク＝アインシュタインの研究の流れは、光（電磁波）の研究であり量子の「集団」を扱う研究であった。一方で、ボーアの研究は原子の研究であり、「個体」を扱う研究であった。こうした二つの流れから量子論が生まれ発展していった。

（1）Bohr (1913)

（2）Pais (1993/1991), p.152［邦訳上巻190頁］

（3）*Ibid.*, pp.153-154［邦訳上巻192～194頁］

（4）*Ibid.*, p.36［邦訳上巻46頁］
（5）*Ibid.*, p.100［邦訳上巻126頁］
（6）Thomson (1897)
（7）Pais (1993/1991), p.118［邦訳上巻148～149頁］
（8）Thomson (1904)
（9）Nagaoka (1904)
（10）*Ibid.*, pp.445-446［邦訳32頁］
（11）ちなみにこのとき長岡とスコットのあいだで「長岡＝スコット論争」と呼ばれる長岡モデルをめぐる論争が生じた。この論争の詳細は『物理学古典論文叢書10：原子構造論』を参照のこと。
（12）高林（2002/1977), p.52
（13）$\lambda = f[n^2/(n^2-4)]$：λは、可視光領域において水素原子の線スペクトルがあらわれる波長。f = 364.56 nm　n = 3, 4, 5, 6
（14）$1/\lambda = R(1/n^2 - 1/m^2)$：$R$はリュードベリ定数
（15）Geiger and Marsden (1909)　このときラザフォードは「人生のなかでもっとも信じがたいできごとだった。薄紙に15インチの砲弾を発射したら跳ね返ってきて自分に当たるのと同じくらい信じられないことだった」と述べたという。Cropper (2001), p.37［邦訳下巻180頁］
（16）朝永 (1969/1952), p.78
（17）Rutherford (1911)　もちろんラザフォードはこの論文で長岡のモデルにも言及している（p.688［邦訳117～118頁］）。
（18）Pais (1993/1991), p.123［邦訳上巻155頁］
（19）*Ibid.*, p.120［邦訳上巻150頁］
（20）Lindely (2003/2001), p.44［邦訳69～70頁］
（21）対応原理にはいくつかの解釈がある。Bokulich (2010) を見よ。
（22）Heisenberg (2002/1969), S.51-56［邦訳62～70頁］

第3章

アインシュタインによる二度目の革命

因果律の危機

アインシュタインのさらなる貢献① —— 誘導放射の理論

奇跡の年から十一年後であり、一般相対性理論が完成した翌年でもある一九一六年から一九一七年にかけて発表されたアインシュタインの「**誘導放射理論**」の論文には、量子論について彼が生涯悩む問題が胚胎されている(1)。

この理論の弱点は、一方では、波動論との密接な関係をつけることができないこと、また他方、素過程の時間と方向が「偶然」にまかされていること、この二つにある(2)。

とはいえ、誘導放射の理論は、**光の研究から生まれたプランクおよびアインシュタインの量子仮説と、原子構造の研究から生まれたボーアの理論の二つを結びつけることに成功した、**画期的な理論でもあった。

電磁放射とそれと相互作用する物質の集団（これを「分子気体」と呼ぶ）からなる系を考えてみよう。分子気体の二つのエネルギー準位を考えたとき、ある時間間隔でこれらのあいだに遷移が起こる分子の数について、次のような仮定をアインシュタインは立てた。

エネルギーの低いほうから高いほうへは電磁波を吸収することによる遷移のみを考える。一方で、高いほうから低いほうへ電磁波を放射して遷移するものも、ふつうに考えると、外部の放射とは無関係に自発的に遷移するもののみなのだが、ここで、アインシュタインは、**外部の放射に「誘導」されて遷移するものもある**と仮定するのである。すると、高いほうから低いほうへ電磁波を放出して遷移する分子の数は、自発的に遷移した数と誘導によって遷移した数の合計になる。前者の遷移による電磁波の放出を「**自然放射**」、後者を「**誘導放射**」という（図3・1）。

この仮定に加え、温度が高い領域ではレイリー＝ジーンズの式と一致すべきであるという要請から、アインシュタインはプランクの式を導出した。なお、誘導放射を考えない場合はヴィーンの式が得られる。このことは、**低温・高振動では誘導放射が起きにくい**ことを示している。

さて、この結果の重要なことの一つは、異なる準位間で単色（ある一つの振

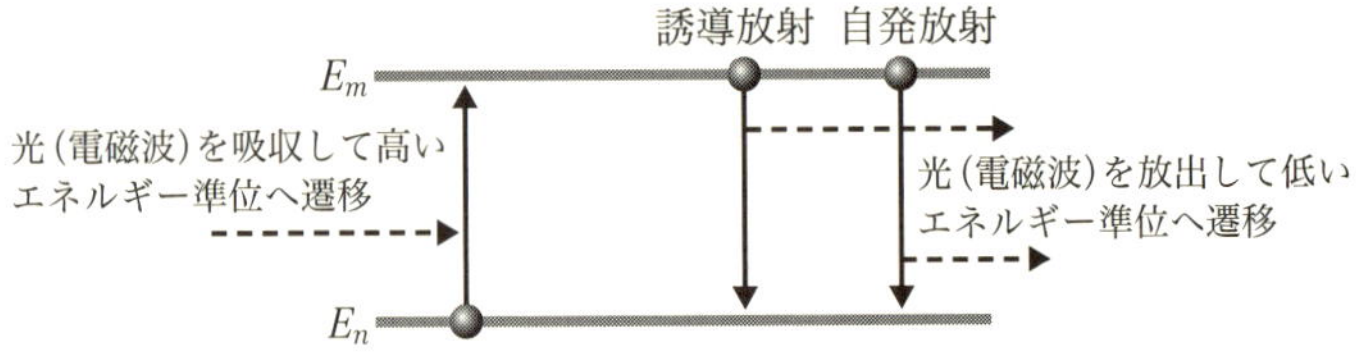

図3・1　誘導放射の理論

動数）の光量子が放出されるということである。このような仮定は一九〇〇年のプランクの理論にも一九〇五年のアインシュタインの光量子理論にもなかった。しかし、一九一三年のボーアの理論は、そういう仮定であり、ある二つの特定の定常状態間の遷移では単色の電磁波が吸収・放出されるとする。つまり、誘導放射の理論によってプランクの式が導かれたが、このときボーアの理論と同じ仮定を用いているのであり、**こうしてボーア理論と黒体放射がついに結びつけられた**のだ。また、プランクの理論では「共鳴子」という「放射を吸収・放出して電磁波と平衡になる架空の物質」が仮定されていたが、その正体は空洞（黒体）を構成する原子であったといってもよいだろう[3]。

この理論は、いうなれば「なぜ物質を熱すると光るのか」という問いに答えたものであるといえるが、同時に、その逆の疑問「なぜ光を当てることによって物質を熱することができるのか」にも答えることができる。たとえば、太陽と地球のあいだはほぼ真空であるから、熱を伝えるもの（媒質）がないはずだ。熱とは分子運動のエネルギーであり、通常の熱伝導は、となりあった分子間にその運動が伝わることによって生じる。しかし、アインシュタインの理論によると、太陽から発せられた光が真空中を進み地球に到達して、地球上の物質を構成する分子に吸収され、分子がより高いエネルギー準位に移ることで「熱せられる」わけである。「遠赤外線ストーブ」などもこの原理であるし、晴れた日の夜は冷えること（放射冷却）や温室が暖かいことや大気中の二酸化炭素が増大したせいで地球が温暖化したことなどもこの理論で説明できる。

なお、「レーザー（LASER：**L**ight **A**mplification by **S**timulated **E**mission of **R**adiation、輻射の誘導放射に

よる光増幅)」の理論的基礎も、この誘導放射の理論である。

粒子と波の二重性

この一連の論文において、アインシュタインははじめて光子に運動量を付与した。第1章で述べたように、運動量という物理量は粒子性を示すものであるが、アインシュタインはそれまでは光子にエネルギーしか付与していなかったのである。また、この研究に関して、友人への手紙で「それによって**光量子の存在は確かなものになった**」と書いている。さらに、二年後のほかの手紙にも「放射量子の実在についてはもはや疑いをもちません」と書き、しかも「実在」にアンダーラインを施している[4]。

前述したように、当時は光の波動説が受け入れられていた。粒子は実体的な「もの」であるのに対して、波動は媒質によって振動が伝達していくという「こと」である。それゆえ、**光が粒子であれば光が波であるはずはないし、光が波であれば光が粒子であるはずはない**。だが、実験的事実によって、光が波であるということは動かしがたい事実である。

この矛盾についてアインシュタインは、一九〇九年に、「理論物理学の発展段階の次の局面において、光の波動論と放射理論(粒子論)を一種の融合として理解できるような、一つの光の理論が生まれるであろうというのが、私の考えである[5]」と述べ、そして、「両方とも放射に属するはずの二つの構造的性質(波動的構造と量子的構造)をたがいに調和できないものとみなすべきではない」と主張している[6]。

つまり、このときは、これらの矛盾は理論の発展により解消されるだろうと見ているのだ。だが、一九二四年になると、一般向けの記事のなかで「コンプトンの実験〔光が粒子としての性質ももつことを決定づけた実験。第1章参照〕の肯定的な結果は、放射があたかもばらばらのエネルギーの弾丸からなるかのごとくにふるまうことを証明している。……したがって現在、光の理論は二つある〔波動論と量子論〕。双方ともに不可欠である。そして、理論物理学の側での二十年間にわたる多大な努力にもかかわらず、この二つにはなんの論理的つながりもないことを認めざるを得ない」と述べている[7]。

また、一九二七年二月には、

自然がわれわれに要求しているのは、**粒子論でも波動論でもない**。むしろ、自然がわれわれに要求するのはこの二つの観点の統合であり、**それは物理学者の知力を凌駕するもの**である[8]。

とも言うのであった。

アインシュタインのさらなる貢献②──ボース＝アインシュタイン凝縮

アインシュタインは、一九二四年に、ベンガル人研究者のサティエンドラ・ボースとともに量子論への別の貢献をしている。これはのちに量子統計という一分野を築くことになる。

ボースは、プランクの式の新しい導出法を考え出し、論文を『フィロソフィカル・マガジン』誌に送ったが掲載を拒否された。そこでアインシュタインに、『ツァイトシュリフト・フュア・フィジーク』誌に論文が掲載されるよう取り計らってもらえないか、という手紙を添えて論文を送ったのである。この論文の重要性を察したアインシュタインは、みずからこの論文をドイツ語に訳して彼自身の注を加えたうえで『ツァイトシュリフト・フュア・フィジーク』誌に投稿した[9]。

これまでの、プランク自身によるプランクの式の導出も、アインシュタインによる誘導放射の理論による導出も、光が波であることをまったく利用していないわけではなかった。というのも、プランクの式の係数を求めるときに、振動数あたりの定常波の数を数えていたからだ[10]。ところが、ボースは**光を純粋に粒子として扱いながらプランクの式の係数を求めている**のである[11]。

さらにボースは、**光子は、たがいに独立ではなく光子数も保存せず、たがいに区別できない**ことを仮定し、それによってプランクの式を導出したのである。すなわち、同じ振動数をもった光子をいくつ

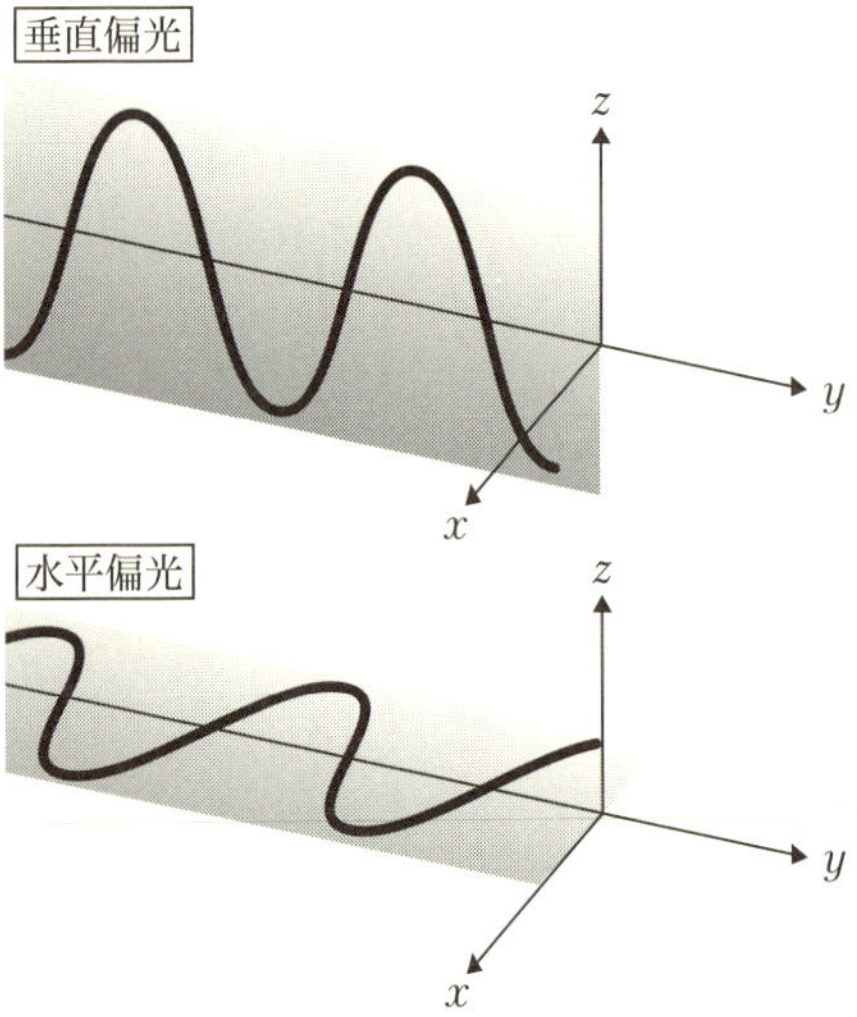

図 3･2　光子の二つの偏光状態

「(直線) 偏光」とは光の波の振動面が一つの平面内にあることで、互いに垂直に交わる二つの平面上の偏光は区別されるので、「光子には二つの偏光状態がある」ことになる (図でいえば、垂直偏光と水平偏光)。その他の平面上を振動する光はこれら二つの偏光状態の重ね合わせとして表現される。

かのセルに振り分けるのだが、このセルの総数が一定であるとし、またそのセルについて統計的独立性が保たれることを仮定した。もちろん、全エネルギーは保存される。さらにもう一つ、光子に二つの偏光状態があることも仮定した（図3・2）。これはプランクの式の係数を導出するために必要であったから仮定しただけで、とくに何か根拠があったわけではない。

このように粒子どうしの区別がつかず、かつ同じ状態をとる粒子がいくつもあるという仮定のもとで、多数の粒子からなる集団を扱う統計を「ボース＝アインシュタイン統計」という。それに対して、粒子どうしの区別はつかないが、一つの粒子しか同じ状態をとれないと仮定するものを「フェルミ＝ディラック統計」、粒子どうしの区別がつくと仮定するものを「マクスウェル＝ボルツマン統計」という。

一九〇五年にアインシュタインは、理想気体との比較から光量子仮説に到達したが、今度は、光量子仮説を用いたボースの方法を理想気体に応用して、のちに「**ボース＝アインシュタイン凝縮**」と呼ばれることになる相転移について論じた。

「**相転移**」とは、物質が外的な要因（温度や圧力など）によって異なる相に転移することである。「相」という言葉をきちんと説明するのは難しいのだが、水を例にとって説明しよう。液体の水を冷やしていくとあるところで固体の氷へと変化する。これは液体という相から固体という相への相転移の例である。逆に、水を熱して水蒸気へ変化したなら、これは液体相から気体相への相転移である。

では、「ボース＝アインシュタイン凝縮」とはどのような相転移なのか。ボース＝アインシュタイン統計に従う粒子（「ボゾン」と呼ばれる）の集団を冷やしていくと、ある温度以下で、すべての粒子が最低エネルギー状態である基底状態になってしまうという現象である。一九九五年には、レーザー冷却という特殊な技術を使って超低温状態を実現し、中性原子気体のボース＝アインシュタイン凝縮を実験的に引き起こすことに成功した。

このボース＝アインシュタイン凝縮という現象の特徴は、「**量子力学的現象であるが、マクロな現象である**」ということである。なぜなら、ボース＝アインシュタイン凝縮は多数の粒子の集団が同じ最低状態に落ち込む現象だからである。多数の粒子が同じ状態になるのだから、マクロにも観察可能な現象となる。たとえば、ある温度以下で電気抵抗が0になる「超伝導」という現象（電気抵抗が0というのはマクロに観測可能な現象である）も、ペアになった電子がボース＝アインシュタイン凝縮を起こすことにより生じた現象といえる（電子は「フェルミオン」というボゾンとは別の物質なのだがペアになることでボース＝アインシュタイン統計に従うようになる）。量子力学といえば、ミクロな世界を記述する理論であり、それゆえ、量子力学に特徴的な現象はなかなかマクロなレベルでは観察できないのだが、このボース＝アインシュタイン凝縮はマクロなレベルで観察できる特異な現象なのである。

量子論と因果律

こうして、アインシュタインは、量子論を用いてプランクの式のさまざまな導出法を提案することにより、量子論に対する理解を深めていった。すなわち、誘導放射の存在、光子が統計的に独立ではなく、かつたがいに区別ができないという性質、光子の二つの偏極……こういったものが明らかになったのであった。

一方で、誘導放射の理論により、これからアインシュタイン自身が悩むことになる「**確率**」の概念があらわれること、すなわち非因果的な性質があらわれることも重要である。これまでの古典論的気体分子運動論にも確率はあらわれたのだが、あくまで**集団として統計的に扱ったためにあらわれた確率**であり、原子や分子一つ一つはニュートン力学に従い決定論的に運動すると仮定されていた。

だが、ここであらわれた確率はそれとは違うもっと根本的な確率である。あるエネルギー準位にいる原子や分子の一つ一つが、いつ異なる準位へ遷移するのかは確率的にしか予測できない。また、放出された光子もどの向きへ放出されるかは理論からはわからない。ボーアの原子モデルも基本的に同じ問題があることは、前章でも述べた。

アインシュタインがこの確率の問題を誘導放射の理論の「弱点」とみなしていたということは、本章冒頭に引用した文章からもわかるだろう。さらに、一九二〇年一月にはボルンへの手紙で次のように書いている。

> 因果律の件には私もおおいに困惑しています。光の量子的吸収や放出は、完全な因果律の要請という意味で理解されるのでしょうか、それとも統計的な残滓が残るのでしょうか。私はこの点に関し確信がないことを認めねばなりません。しかし、完全な因果律を放棄することには同意できません。(12)

また、一九二四年四月の、やはりボルンへの手紙では、

放射についてのボーアの意見〔BKS提案のこと。第4章参照〕におおいに興味をもちました。しかし私は、厳格な因果性に対する反対意見としてこれまでのものに比べてはるかにずっと強力なものがあらわれない限り、厳格な因果性の放棄の側に身を投じる気にはなれません。光線に照射された電子がいつ、どの方向に飛んでいってやろうかとその瞬間と方向を**電子自身の自由な決断**から選ぶなんていう考えかたをすることは私にはできないことです。もしそうなら、私は物理学者であるよりはむしろ一介の靴直しかあるいは賭博場の雇人にでもなっているほうがましというものです。じつのところ、量子にはっきりそれとわかる形を与えようという私の試みは、これまでのところ何べんとなく失敗を重ねてきています。しかし私としては今もなお長い目で見ればいつかは、という望みを捨て去るつもりはありません。(13)

と書いている。

●アインシュタインとボーアの出会い

量子論が誕生してから二十年の月日が経った一九二〇年四月、いよいよアインシュタインとボーアという二つの偉大な知性が顔を合わせることとなる。ボーアはこの年ベルリンを訪問したのだが、このと

きに二人は出会ったのである。その後、アインシュタインはボーアに次のような手紙を書いた。

あなたのように、その存在だけで私にこうした喜びを与えてくれる人には一生のうちでも、そんなにたびたび出会えるものではありません。エーレンフェストがなぜあんなにあなたが好きなのか、いま私はよくわかりました。……私はあなたから多くのことを、とくに科学の諸問題に対するあなたの姿勢から多くのことを学びました。[14]

これに対してボーアは以下のように返答している。

あなたにお目にかかってお話しできたことは、私にとってこれまでで最もすばらしい経験の一つでした。ベルリン訪問中、あなたにお会いした際の多くのご親切に対し、どれだけ私が感謝しているか、口では言いあらわせないほどです。私を捉えている疑問について、ご見解をお伺いする機会を長いあいだ待ち望んでいた私にとって、それがどれだけ刺激的だったか、おわかりいただけないでしょう。ダーレムからお宅までの道すがら交わした会話を、私はけっして忘れないでしょう。

この後、ボーアは、アインシュタインと量子力学の正当性をめぐる論争を展開していき、そのなかで量子力学の哲学的な側面を磨き上げていくことになる。しかし、この二人のたがいに対する敬愛の念は、そうした量子力学をめぐる論争のさなかにもけっして失われることはなかった。

若手の物理学者たちは、新しい物理学をつくりあげていくことに夢中で、アインシュタインの批判にほとんど興味を示さなかったが、ボーアだけはアインシュタインの批判をつねに真剣に受け止め、アインシュタインを納得させなければ安心できなかったのである。この二人の論争が本書の主題となるわけだが、これは、たがいへの敬愛の念を保ったまま、しかし論理的に納得がいかないことについては遠慮なく批判するという学術的な論争の理想形とでもいうべきものであった。

アインシュタインは七十歳ごろに、一九一〇～一九二〇年のころを振り返って次のように語っている。


この不確かで矛盾に満ちた基盤にかかわらず、そのなかで、独特の直観と才能をもつボーアなる人物が、スペクトル線や化学における重要性をもった原子の電子殻について主な法則を発見したという事実は私には奇跡に思えた。いや今日ですらやはり奇跡に思える。これは思想の天球に響き渡る最高の形の音楽的才能である。(15)


ボーアがなくなる前年（アインシュタインはすでに亡くなっている）、ボーアは次のように語った。

アインシュタインは信じられないほど気持ちのいい人でした。私はアインシュタインの死から数年経ったいまでも、アインシュタインの微笑を、思いやりと人なつこさが交ざったあの独特の微笑を、はっきり目に浮かべることができます。

まとめ

◆一九一六年、アインシュタインは、誘導放射の理論を発表し、プランクの式の新しい導出方法を示す。これによって、黒体放射の理論とボーアの理論が結びつけられる。さらに、この理論によってアインシュタインは光子の実在を確信するに至る。一方で、この理論によって量子論に確率概念が導入され、因果律の破れという難点も抱えることになる。

◆一九二四年、ボースは、プランクの式の新しい導出方法を示す。これは、光子の粒子としての性質のみからプランクの式を導き出したという点で画期的であった。同時に、光子はたがいに独立ではなく光子数も保存せず、たがいに区別できないことを仮定していた。この成果から、古典統計とは異なる、量子統計という新しい統計分野が築かれることになる。

◆一九二五年には、アインシュタインは、ボース＝アインシュタイン統計を用いてボース＝アインシュタイン凝縮という新しい現象を理論的に予測する。

(1) Einstein (1916); (1917)
(2) Einstein (1917), p.127
(3) プランクの共鳴子が何かについては論争がある。たとえば、安孫子 (2013)
(4) Pais (2005/1982), p.411〔邦訳543～544頁〕
(5) Einstein (1909), p.817; p.825〔邦訳75頁・90頁〕
(6) Pais (2005/1982), p.404〔邦訳534頁〕　一九一六年の手紙はCP8, p.333、二年後の手紙はCP8, p.836。ただし、この全集では「実在Realität」はアンダーラインではなくイタリックになっている。
(7) Pais (2005/1982), p.414〔邦訳548～549頁〕
(8) *Ibid.*, p.443〔邦訳583頁〕
(9) Bose (1924)
(10) たとえば朝永 (1952), p.13-15
(11) Einstein (1924), S.92-93　その後に続く文章で「振動数」や「偏光」という波の言葉が出てくるが、そのような物理量を与えているだけで、波としての性質は用いていない。
(12) Born (2005/1971), p.22
(13) *Ibid.*, p.80; Jammer (1974), p.124〔邦訳146頁〕　強調は原文
(14) Pais (1993/1991), p.228〔邦訳上巻286～287頁〕　アインシュタインからボーアへの手紙はCP10, p.244、ボーアからの返信はCP10, p.321。
(15) Pais (2005/1982), p.416〔邦訳551～552頁〕

コラム

アインシュタイン vs. ニュートン

第1章で述べたように、一九〇五年は、アインシュタインが、相対性理論、ブラウン運動、そして光量子についての重要な論文を次々と発表した年で、「奇跡の年 annus mirabilis」と呼ばれる。一方、(一六六四〜)一六六六年もやはり「奇跡の年(奇跡の数年間 anni mirabiles)」と呼ばれる。この年は、当時二十三歳のアイザック・ニュートンが微積分法、色彩論、重力理論の基礎をつくったことからこう呼ばれるようになったのである。[1]

アイザック・ニュートン
(1642〜1727)

物理学史上最大級の二つの科学革命を起こした(完成させた)アインシュタインとニュートンにはいくつかの共通点と対立点がある。まずは、上述のように、二十代半ばの若いころに短い期間でめざましい業績を挙げ、その年が「奇跡の年」と呼ばれることになったことが共通点である。さらに、双方とも、画期的な重力理論をつくりあげた点でも共通している。だが(だから)、彼らの重力理論には「対立点」もある。

ニュートンは、はじめて定量的かつ体系的な重力理論を展開し、地上と天体のさまざまな現象を統一的に説明することに成功した一方で、「なぜ重力が生じるのか」については説明できていなかった。ニュートンは、重力理論を提示した『プリンキピア』[2]において、「われ仮説を立てず Hypotheses non fingo」と述べ、ケプラーの法則などの現象論的法則から重力法則が導かれることのみを示したため、ニュートンの重力は、媒介するものなしに遠方へと力が伝わる「遠隔作用」であるとされた（ただし、ニュートン自身は、宇宙にあまねく存在すると当時信じられていたエーテルによって重力の説明ができないかと考えていたようである。といっても機械論的にではない）[3]。それに対して、アインシュタインは、一般相対性理論において、重力は遠隔作用ではなく、空間の歪みによって伝達される近接作用であることを示した。

また、彼らの研究にとって「光」は重要なキーワードであった。奇跡の年にアインシュタインが発表した論文のうち、特殊相対性理論も光量子論文もどちらも「光」が関係する。後者はいうまでもないが、前者も、光速度一定の原理を基礎としてつくりあげられた理論である。アインシュタインの自伝によると、彼は十六歳のころ、光と競争すればどうなるかという思考実験を考えたことがあり、それが特殊相対性理論の構築に影響しているという[4]。また、一般相対性理論においても、重力によって光が曲げられるという画期的な予測をし、その予測は一九一九年にアーサー・エディントンにより確かめられた。

一方のニュートンは、『光学』という文字どおり光についての研究書を著していることからもわかるように、熱心に光の研究に携わっていた。ただし、ニュートンだけではなく、当時の多くの物理学者が「光学」を重視していた。一つは、光は直線的なので幾何学的な解析によくなじみ、ルネサンス以降再興していたネオ・プラトニズムの「宇宙は幾何学的秩序をもつ」という思想を体現するものとみなされていたことと、もう一つには、そもそも光そのものがネオ・プラトニズム（光を善のイデアから発せられたものとみなす）やキリスト教（天地創造に際してまずはじめに神が発した言葉が「光あれ」）をはじめ多くの思想で神的な象徴もしくは神的な力をもつものとして重視されていたことがあるのだろう。ニュートンも晩年、光の正体を「神的作用因」とみなしており、それが物質の活性化に関わっているかもしれないと考えていた[5]。

また、アインシュタインは、第3章で解説した誘導放射の理論によって「なぜ物質は熱せられると光を発するのか」という問いに答えたわけだが、この「なぜ物質は熱せられると光を発するのか」という問い自体を、すでにニュートンが『光学』のなかで示していたうえに、それは「物質の粒子の振動が原因ではないか」という正解に近い回答も示している。

疑問八　すべての不揮発性物質は、ある程度以上に加熱されると、光を放出して輝くのではないか。この放出は、それらの物質の粒子の振動によって行われるのではないか。(6)

さらに、ニュートンは光の粒子説をとったが（ただし、慎重に明言を避けている）、アインシュタインは、いったん否定された光の粒子説を光量子仮説によって復活させたともいえる。

研究そのものの共通点以外では、どちらも孤独を愛した性格として知られる（その種類はやや異なるが）。ボーアは周りに優秀な若手を集め育成したが、アインシュタインには指導学生もおらず、学派的なものもつくらなかった。ニュートンも社交嫌いであり、論争が嫌で自分の研究をあまり公表したがらなかったという。

（1）もともとは、一六六六年に、イギリス艦隊がオランダに勝利し、さらにロンドン大火を克服したことからこういわれていた。
（2）正式名称は、Philosophiæ Naturalis Principia（自然哲学の数学的諸原理）。一般に略して『プリンキピア』と呼ばれることが多い。
（3）Dobbs (1991), pp.228-230　エーテルを通じて「神」の力が顕現すると考えたようだ。
（4）「自伝ノート」［邦訳201頁］
（5）Dobbs (1991), p.219

（6）Newton (1979/1740), pp.340-341［邦訳303～304頁］

第II部

量子力学の誕生

第4章

量子力学の完成

ついに全貌を見せた新しい力学

前期量子論の終焉――BKS提案

量子論が誕生して約四半世紀が経った一九二四年一月、ボーアとヘンドリック・クラマース、そしてジョン・スレーターは「**BKS提案**」といわれる、**エネルギーと運動量の保存則および因果律を断念して光子の存在を否定する**提案をする。[1]

……われわれは、離れた原子間における遷移に因果関係を求める試み、とくに古典論において特徴的な**エネルギーおよび運動量の保存則の直接適用するいかなる試みも放棄する**。[2]

アインシュタインはこの提案にはもちろん反対であった。[3] ハイゼンベルクは、アインシュタインに会ったときの様子をパウリに伝えているのだが、それによると、アインシュタインには「一〇〇もの反論」があったという。パウリ自身もその後アインシュタインに会い、アインシュタインの批判のくわしいリストをボーアに送った。

BKS提案に刺激されたガイガーとヴァルター・ボーテは、コンプトン効果においてエネルギーおよび運動量の保存則が成り立つかを実験的に検証し、高い精度で成り立つことを実証した。また、個々の素過程におけるエネルギーおよび運動量の保存則についてもコンプトンが実験的に証明した。こうしてBKS提案は葬り去られることになり、ボーアもついに光子を受け入れる（もっとも、このあともボーアは光子の概念を受け入れていなかったという議論もある。それについてはまた6章で述べる）[4]。しかし一方で、光が波であることもいくつもの実験から動かしがたい事実であり、ここにおいて、光がもつ**「粒子と波の二重性」**という直感では理解しがたい性質を、物理学者たちは受け入れざるを得なくなったのである。

ところで、第2章の最後に述べたように、一九一三年にボーアの原子内部構造に関する画期的な論文が発表されて以降、量子論は物理界を席巻していき、いくつもの重要な発見がなされた。日本でも、一九一五年に石原純が量子条件の一般化などの業績を残している。しかし、前期量子論（一九二五年に量子力学が完成するまでの量子論をとくに「前期量子論」と呼ぶ）は華々しい成功を収めつつも、これまでの古典論にいろいろな量子規則を付け加えていくというものであり、一時しのぎであることは否めなかった。いわば、古い土台はそのままで、必要に応じてどんどんと新しい建物を増築していくようなものであり、基礎は古いままなので、いずれ限界が来ることは目に見えていたのである[5]。

たとえば、原子の内部構造がよい例で、原子核を中心としてその周りを点状の電子が自転（スピン）

をしながら回っているという古典的なモデルに量子規則をつけ加えることによってなんとか実験事実を説明してきたわけであるが、このようなモデルでは説明できない実験結果が次々とあらわれてきた。また、こういったその場しのぎの方法は、「まっとうな科学」ではないという意見もあった。たとえば、アルノルト・ゾンマーフェルトは、ボーアをはじめコペンハーゲン学派の成果を「魔法の杖」による成果だと批判した。BKS提案は、いわば、前期量子論の「最後のあがき」であったといえよう。

ハイゼンベルクによる行列力学の完成

ヴェルナー・ハイゼンベルクは一九〇一年十二月五日、ドイツのヴュルツブルクで生まれた。アインシュタインより二十二歳、ボーアより十六歳年下である。彼は、量子力学の完成と不確定性関係の発見という偉大な業績を、それぞれ二十三歳と二十五歳という若さで成し遂げる(6)。ちなみにアインシュタインは「奇跡の年」に二十五〜六歳であり、ボーアが量子論をつくりあげたのは二十七歳のときだった。

古典論的描像のなかでもハイゼンベルクが疑ったのは、とくに原子軌道の概念である。前期量子論では、原子内部の電子は明確な軌道を運動しているという描像であったのだが、このような描像がそもそも維持できないのではないかと考え始めたのである。ヴォルフガング・パウリもそうであった。パウリは一九二四年二月のボーア宛の手紙のなかで次のように述べている。

私が最も重要な疑問だと思うのはこうです。定常状態にある電子の確定した軌道について、いったいどの程度までのことがいえるのか。これを自明だと決め込むことはけっしてできません。……ハイゼンベルクは確定軌道を云々することができるのかどうかを疑問視していますが、私の見るところ、この点で彼は正鵠を射ています。(7)

そして、いよいよハイゼンベルクが量子力学を完成させるわけであるが、そこでの精神は、「**原則として観測可能な量のあいだの関係のみにもとづいて理論を構成する**」ことである。すると、電子の軌道は観測ができないのだから、「電子の位置」は、電子がある状態から別の状態へ遷移する際の「座標の集まり」として表現される。状態間の遷移では光を放出するので観測可能だからだ。運動量も同様である。

ところが、このように物理量を表現すると、掛け算の「順序」が重要になるような場合があることがわかった。たとえば、［位置］と［運動量］の掛け算を考えよう。古典力学では［位置］×［運動量］＝［運動量］×［位置］である。ところが、量子力学の場合、［位置］×［運動量］という順序で掛け算をするのか［運動量］×［位置］という順序で掛け算をするのかで答えが異なってしまうのである。物理量どうしがこの

ハイゼンベルク（右）とパウリ（左）
Photo by AIP Emilio Segrè Visual Archives

ような関係にあることを「**非可換である**」という。

さて、ハイゼンベルクはこの論文をボルンに送り、ボルンの判断で『ツァイトシュリフト・フュア・フィジーク』誌に送ってもらうように頼んだ。この草稿を読んだボルンは、この掛け算の性質は行列の性質と同じであることに気づき、彼の指導学生であるパスクァル・ヨルダンとともに、ハイゼンベルクの結果を行列の言葉に翻訳した[8]。それゆえ、ハイゼンベルクが完成させた量子力学形式は、のちに「**行列力学**」と呼ばれることになる。

また、その後すぐにボルンはイギリスの若手物理学者ポール・ディラックから論文を受けとる。ここには彼らがすでに得た結果の多くが含まれており、ボルンはおおいに驚いたという[9]。

シュレーディンガーによる波動力学の完成

フランスの物理学者で、名門貴族ブロイ家の一族であるルイ・ド・ブロイは一九二三年九月、「**物質波**」の着想を得た。すなわち、アインシュタインの光子の着想を逆に考えて、**いままで粒子であるとみなされてきた電子にも波動的性質があるのではないか**としたのである。そして、光と同様、電子でも、回折現象が観測できるだろうと予測した（「回折現象」は波に特徴的な現象。第7章で詳述）。

博士論文として提出されたド・ブロイの着想をどう評価してよいか判じかねた審査員であるパウル・ランジュバンは、この論文をアインシュタインに送る。論文を読んだアインシュタインはランジュバンに「彼〔ド・ブロイ〕は偉大なヴェールの一端をもちあげた」という返信をしている。また、「これは、われわれの物理学でもっとも始末が悪いこの謎にはじめて向けられた、か細い光であると信じます」という手紙をヘンドリック・ローレンツに送っている。(10)

電子の回折現象は、クリントン・デイヴィドソンとレスター・ジャーマーによって一九二七年に実験的に確かめられた。このすぐあとの一九二八年には、日本の菊池正士も実験的に電子の回折現象を確かめることに成功している。こうして、**光がもつ粒子と波の二重性という奇妙な性質を電子ももっていること**が明らかになったのである。

エルヴィン・シュレーディンガーは、このド・ブロイの物質波の着想を数学的に拡張し、一九二六年一月から同じ題目の論文を四つ発表し、「**波動力学**」を完成させることになる。(11)なお、ド・ブロイの場合は、仮想的な場(波)に粒子がいわば乗って動いていくというものであったのに対して、シュレーディンガーは完全に波動的な立場に立っている(粒子の存在を仮定していない)。このド・ブロイの発想は第11章で解説する軌跡解釈へ受け継がれることになる。

さて、行列力学と波動力学は、その発想がまったく異なる。すなわち、行列力学は「**不連続性**」を前提として、どちらかというと粒子的な立場から議論を組み立てているのに対して、波動力学は「**連続性**」を前提として波動的な立場から議論を組み立てている。行列力学は、ボーア以来の原子構造の研究の延長線上にあらわれたものであり、波動力学は、プランク＝アインシュタイン以来の放射の研究の延長線上にあらわれたものであるともいえる。にもかかわらず、これらは同じ結果をもたらす。シュレーディンガーとディラックはそれぞれ独立にこれらの形式が本質的に同じものであることを証明した。(12)

波動力学で基礎となる方程式は「**シュレーディンガー方程式**」といわれるもので、

$$E\Psi = H\Psi$$

という形をしている。ここでΨ《プサイ》は「**波動関数**」と呼ばれ、「波動関数の正体はいったい何なのか」というのがいわゆる「**解釈問題**」で重要になるのである。ちなみに、Eは系のエネルギーで、Hは系の「ハミルトニアン」と呼ばれるものである。本書では、**波動関数と系のハミルトニアンがわかれば、シュレーディンガー方程式が解ける**ということだけを知っておけばよく、ハミルトニアンが何なのかは気にしなくてよい。

シュレーディンガー自身は、波動関数を実在する波と解釈しており、ド・ブロイのように波と粒子があると考えるのではなく、**波のみが存在する**という立場をとっていた。そして、一九二六年の七月には、局在化して粒子のようにみなせる波（「波束」という。図4・1）が一つにまとまったままでより広い範囲に広がらず安定的に存在することを示し、自分の見解を強固にしよう

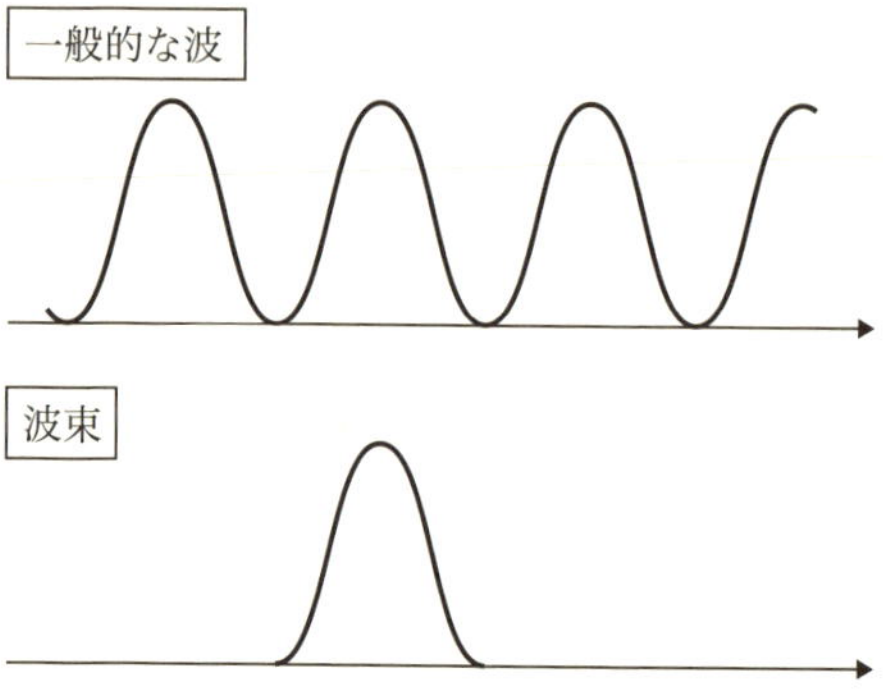

図4・1　局在化した波「波束」

とした。しかし、彼の計算した事例は特殊であり、一般には局在化した波束はすぐに広がってしまう。また、ハイゼンベルクは、シュレーディンガー方程式で複数の粒子を扱ったとき、波動関数は三次元空間ではなく、抽象的な空間で記述されることを指摘した。つまり、n個の粒子があれば$3n$次元の空間が必要になり、**波動関数は実在の波とは解釈できない**と批判した[13]。

じつは、アインシュタインも、一九二〇年代のはじめ、波が粒子を導くという発想で考えを進めていたのだが、一粒子ごとにそれを先導する波を考えていたために保存則が成り立たなくなるという欠点があった。しかしシュレーディンガーの波動関数の場合は、考えている系のすべての粒子に対するものなのでそのような欠点がない。その代わり、いま述べたように、実在の波として理解するのが難しいのである。しかし、微視的世界における「波一元論」の可能性はまだ残っており、しかもハイゼンベルクもそれを認めている[14]。このことについてはまたのちほど議論する（第5章、第12章）。

波動力学は、行列力学と違い、物理学者たちになじみの深い数学で表現され、直感的にも理解しやすいものであったため歓迎された。アインシュタインもやはりシュレーディンガー方程式を歓迎した一人で、一九二六年四月のシュレーディンガーへの手紙で、「ハイゼンベルク＝ボルンのやり方はダメだと確信しているのと同様に、あなたの量子条件の形式は、決定的な前進をもたらしたと確信しています」と書いた[15]。また、同年五月の友人への手紙でも「シュレーディンガーは量子規則についての二つのすばらしい論文とともに出現した」と書いている[16]。

ボルンの確率解釈

一九二六年六月のボルンの論文の脚注においてはじめて、**量子力学に確率概念が導入された**。[17] ボルンはこの論文で次のように述べている。

われわれの量子力学の視点からいえば、個別の場合について衝突を因果的に決定する量は存在しない。……私自身、原子の世界で決定論を放棄しつつあるが、これは哲学的な問題であって物理学的な議論だけではよりどころを定めることができない。[18]

ボルンはさらに七月に同じ表題の論文を書くのだが、そこでは、遷移確率（ある特定の状態が別のある特定の状態に遷移する確率）ではなく、状態の確率（系がある量子力学的状態にある確率）を導入する。先の論文での確率は遷移確率であり、これはアインシュタインの一九一六年の誘導放射についての論文から、現象論的にはすでに物理学にとり入れられていた。だが、状態の確率がとり入れられたのはこれがはじめてであった。そして、ボルンは「量子の運動は確率法則に従う。しかし、その確率そのものは因果律の法則に従って伝播する」と述べた。つまり、波動関数から確率が導けるのだが、波動関数そのものはシュレーディンガー方程式に従っている、すなわち因果律の法則に従っているというわけである。

さらに八月には、量子力学における確率と古典論における確率を明確に区別してこう主張した。

古典論では、個々の過程を定める微視的座標を導入したうえで、それらの値はわからないので平均をとって消去する。これに対し、新理論ではそれらをまったく導入せずに同じ結果が得られる。……われわれは、粒子の運動を直接決定するという古典論の本分に拘泥せずに、代わってそれらに状態の確率を決定することでよしとするのである。[19]

ボルンは、七月の論文で、粒子像と波動像を融合しようとしたアインシュタインの試みに触れ、

私は波動場と光量子のあいだの関係についてのアインシュタインの見解から出発した。彼は粒子的光量子に道を示すだけのために波動が存在するという趣旨のことを述べ、この意味で、光量子が……特定の経路をとる確率を決定する『ゴースト場』について語っている。[20]

と言っていた。ボルン自身にしてみれば、彼の**確率解釈はアインシュタインによって刺激されたものだった**のである。

ところが、アインシュタイン自身は、こうした確率的性質をどうしても受け入れることができなかった。一九二六年十二月にはボルンへの手紙のなかで

量子力学はたしかに印象的です。しかし、私の内なる声は、それはまだ本物ではないと言っております。この理論は、かなり多くのものをもたらしてくれます。けれども、それは私たちを、神の秘

密へまったく近づけてくれないのです。いずれにせよ、私は、**神はサイコロを振らない**（der Alte nicht würfelt）と確信しております。[21]

と述べている。ちなみに、ボルンは、三十五年後にこの手紙に言及して、「アインシュタインは……量子力学を何らかの合理的な根拠によって否定しているのではなくて、『内なる声』によって否定している。この〔量子力学に対する〕拒否は、より若い私たちの世代――私は彼より数年若いだけですが――とアインシュタインを分かつ哲学的な態度の違いによります」と述べている。[22]

ボーア vs. シュレーディンガー

先に述べたように、行列力学のような複雑で慣れない数学的手法を用いなければならない形式よりも、シュレーディンガーのわかりやすい波動力学を物理学者たちは歓迎した。一九二六年の夏、シュレーディンガーが招かれてミュンヘンで講演を行った際、ハイゼンベルクは、「シュレーディンガーの理論ではプランクの式が理解できないのではないか」と質問をした。ところが、ヴィーン（序章で登場した「ヴィーンの変位則」のウィルヘルム・ヴィーン）によって、「量子力学〔行列力学のこと〕はいまや終わりであり、量子飛躍〔第2章参照〕とかそれと同じようなすべての無意味なものについてはこれからいっさい語る必要はないし、ハイゼンベルクが挙げた問題点もシュレーディンガーによって近々解決されるだろう」と返された。ハイゼンベルクに好意的であるゾンマーフェルトでさえもシュレーディンガーの波動力学を支持した。

ボーアは、このときの講演の様子についてハイゼンベルクから報告を受けた。ボーアにとっても古典論的描像にこだわるシュレーディンガーの解釈は受け入れがたいものであったので、一九二六年十月、シュレーディンガーをコペンハーゲンに招待し、徹底的に討論することにした。そばでボーアとシュレーディンガーの議論を見ていたハイゼンベルクによると、コペンハーゲンの駅にシュレーディンガーが到着するなり彼らの議論は始まり、毎晩夜遅くまで続いたという。しかし、なかなか意見の一致を見ることがなく、疲労したシュレーディンガーはついに寝込んでしまう。だが、ボーアは寝込んでいるシュレーディンガーの枕元にまで来て、議論を続けたのであった[23]。

シュレーディンガーは量子飛躍やボルンの確率解釈を否定し、ボーアはシュレーディンガーの古典論的な解釈を否定した。こうして議論は平行線のまま終わってしまったのであった。

ボーア vs. ハイゼンベルク

また、ボーアは一九二六年後半から一九二七年はじめにかけて、ハイゼンベルクとも、粒子と波動の二重性について議論する。ハイゼンベルクによると、

ボーアのねらいは、二つの直観的な描像、粒子像と波動像とを同等の権利で隣り合わせに置いておいて、**これらの描像がお互いに排除し合うが、それでも両者を一緒にしてはじめて原子現象の完全**

な記述が可能になるというような具合に定式化することにあった。[24]

だが、ハイゼンベルク自身は次のように述べている。

私はこの種の考えを好まなかった。量子力学は、当時知られたその形で、すでにその中にあらわれるいくらかの量……に対する一義的な物理的解釈を規定しているものであり、それゆえ物理的解釈に関してはほぼ確実にそれ以上の自由度が残されていない、ということから、私のほうは出発したかった。[25]

こうしてなかなか二人は意見の一致を見ることがないまま、ボーアは翌年二月、ノルウェーへスキー旅行に出かける。そのあいだにボーアは相補性概念を練り上げ、一方のハイゼンベルクは不確定性関係のアイデアへと到達する。不確定性関係については次章で、相補性概念については第6章で解説する。

め

❖前期量子論は、古い土台の上に次々と新しい建物を築いていくようなものであり、やがて限界が来るのは明らかであった。

❖一九二五年に、ついに、新しい力学体系である量子力学（行列力学）が、若手物理学者の八

まと

イゼンベルクによって完成した。

◇ 一九二六年には、シュレーディンガーが、行列力学とは別形式の波動力学を完成させる。これらは本質的に同じものであることが証明された。

◇ 一般には、直感的に理解しやすい波動力学のほうが好まれた。

◇ 一九二六年の六月には、ボルンによって明確なかたちで量子力学に確率概念がもち込まれた。

（1）Bohr, *et. al.* (1924)　BKS提案は、数学的な詳細をまったく含まず、理論といえるものではなかった。

（2）*Ibid.*, p.791　強調は引用者

（3）じつはアインシュタイン自身も一九一〇年にはエネルギー保存則を捨てることで光量子説を避けられるかどうかを考察したのだが、結局は光子を受け入れることにした。

（4）なお、BKS提案はもともとスレイターのアイデアを発展させたものであったが、そのスレイターのもともとのアイデアとは、波に沿って光量子が運動するというものであり、後にルイ・ド・ブロイやデビッド・ボームらによって発展させられた「軌跡解釈（ド・ブロイ＝ボーム解釈）」と類似のものであった。しかし、光子を否定するボーアに説得されて、光子の考えかたを捨てたのであった。

（5）ボルンは、「ボーアの原子は古典論というゴシック風の土台の上に立ったバロック風の塔」とたとえたという。高林(2002/1977), p.87

（6）Heisenberg (1925); (1927)

（7）Pais (1991), p. 270［邦訳下巻5頁］

（8）Heisenberg (1925); Born and Jordan (1925)

（9）Dirac (1967/1925)

（10）Pais (1991), p.240［邦訳上巻301頁］

（11）Schrödinger (1926a-d)

（12）Schrödinger (1926e)

（13）Camilleri (2009), p.42

（14）*Ibid.*, pp.73ff

（15）Przibram (1967), p.30

（16）Pais (2005/1982), p.442［邦訳587頁］

（17）Born (1926), fn.1「確率は、Φ_{nm}の大きさの自乗に比例する」

（18）*Ibid.*, S.866; Pais (2005/1982), p.442［邦訳587頁］

（19）Pais (1991), p.287［邦訳下巻25頁］傍点は引用者

（20）*Ibid.*

（21）Born (2005/1971), p.88 強調は引用者。ちなみに、この手紙ではder Alteを用いているが、Heisenberg (1996/1969), S.99では、ソルヴェイ会議で、アインシュタインが、Der liebe Gott würfelt nichtと何度も言ったと記述されている（ボーアの回想でもGottを用いている）。余談であるが、伝奇作家のハワード・ラヴクラフト（や、彼の設定を受け継いだ伝奇作家）の小説などでは、Great Old One(s)で、人類以前に地球を支配していた異形の者たちを指す。一般に神や創造主を指すのにこういう言いまわし（Der AlteやGreat Old Oneなど）をするのかどうか調べてみたがわかなかった。

（22）Born (2005/1971), p.89

（23）Heisenberg (1996/1969), S.94-95［邦訳124頁］

（24）*Ibid.*, S.95［邦訳124～125頁］強調は引用者

（25）*Ibid.*, S.95［邦訳125頁］

第5章

不確定性関係の発見

位置と運動量は同時に測定できない

アインシュタインvs.ハイゼンベルク──観測不可能な存在をめぐって

量子力学が完成した翌年の一九二六年四月、ハイゼンベルクはベルリン大学での講演のあと、アインシュタインに誘われて彼の家へ行った。二人は量子力学についての議論を交わしたが、このときアインシュタインはハイゼンベルクに次のように語った。

われわれが実際に観測するものを思い出すことは、発見の手順としては価値のあることといえるかもしれません。しかし原理的な観点からは、観測可能な量だけをもとにしてある理論をつくろうというのは、完全にまちがっています。なぜなら実際はその逆だからです。**理論があってはじめて、何を人が観測できるかということが決まります**(1)。

すなわち、アインシュタインは、ハイゼンベルクが行列力学をつくったときに用いた、観察可能な量しか扱わない――それゆえ原子のなかにおける軌道という概念を理論から排除する――という哲学に異を唱えたのである。この台詞の前に、アインシュタインは「物理学の理論では観測可能な量だけしかとりあげえないということを本気で信じてはいけません」と言うのだが、それに対しハイゼンベルクが、相対性理論は「観測できない絶対時間」を排除することによってつくられたものなのではないかと反論し、アインシュタインは、理論を発見する際にはそういう手法は役に立つこともあるかもしれないが、原理的にはまちがっているとして先のように答えたわけである。

アインシュタインの「理論があってはじめて、何を人が観測できるかということが決まる」という主張についてもう少し説明しよう。アインシュタインがこう述べるのは、観測の過程というものは非常に複雑なものだからだ。観測されるべき現象が測定装置になんらかの作用を及ぼし、それによってまた別の現象を引き起こし、そのようにして私たちの感覚へ作用を及ぼす。そして、これらの過程は自然法則に従うわけだから、私たちが何かを観測したというためには、その過程とその過程を支配する自然法則を知らなければならないというわけである。このような考えかたはのちに、科学哲学者のノーウッド・ハンソンが、一九五八年に出版された『科学的発見のパターン』という著書のなかで「観察の理論負荷性」と名づけて展開するのだが、一九二六年の時点でアインシュタインはそれに近い哲学をすでに自覚的にもっていたわけである。

さて、アインシュタインは、観測可能なものしか認めないという立場から生じる困難として霧箱の中で観測できる電子軌道の例を挙げ、これがボーアとハイゼンベルクを悩ますことになる。「霧箱」というのは、過冷却などを用いて発生させた「霧」の中に荷電粒子（電子は荷電粒子である）を通過させることで荷電粒子の軌跡を観測するための装置であり、一八九七年にチャールズ・ウィルソンによって発明された（図5・1）。

アインシュタインは次のように論じる。

> あなたは観測の側ではすべてをいままでどおりにさせておくことができる、つまりあなたは物理学者が観測するものについて単純にいままでの言葉で話すことができるかのように扱っています。しかしそれならあなたは次のようにも言わなければなりません。霧箱の中では、われわれは電子の軌道を観測することができるが、あなたの見解によれば、原子の中では、電子の軌道はもはや存在すべきでないと。それにしても、これは明らかに無意味です。たんに電子が動き回れる空間を狭めるだけで、なんといおうと軌道概念が通用しなくなるはずがありません。(2)

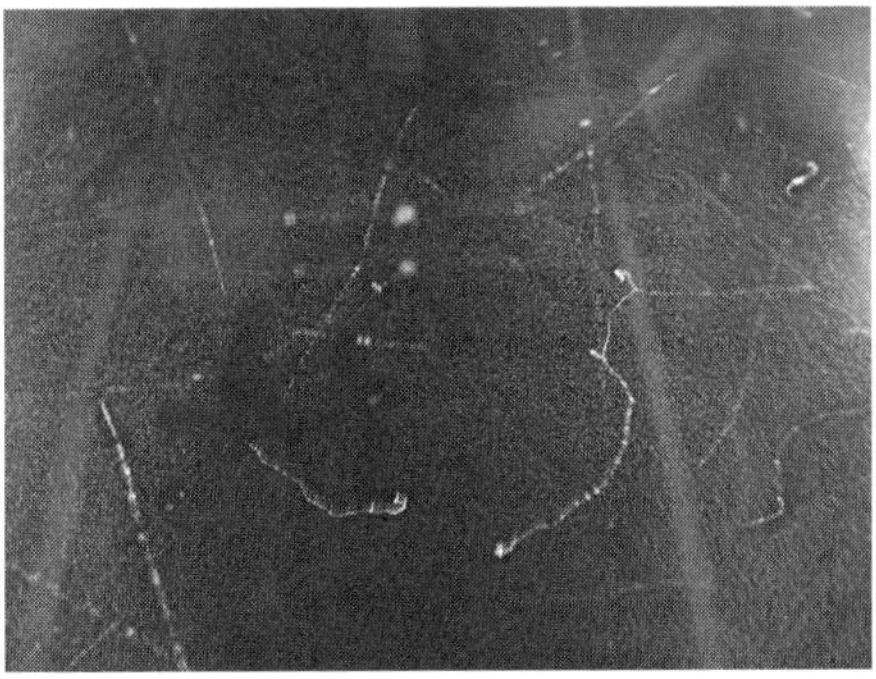

図5・1　霧箱で観察された荷電粒子の軌跡
Photo by Michael F. Shönitzer

つまり、霧箱の中では電子の軌道は直接観測できるわけだから軌道概念は通用する。ところが、原子の内部になったとたん、観測できないからといって軌道概念が通用しなくなるというのはおかしいのではないかということである。

この問題と、粒子と波の二重性の問題について、前章で述べたように、ハイゼンベルクとボーアは議論したものの結論は出ず、ボーアはノルウェーへ出かける。そのあいだひとりになったハイゼンベルクは、「量子力学において一つの電子の霧箱の中における軌道がどのようにして数学的に表現されるのか」という疑問を考え抜いた。

われわれはひょっとしたら問題の立て方をまちがっているのではないかということが、私にはぼんやりとわかってきた。……霧箱の中の電子の軌道は存在しており、われわれはそれを観測することができる。量子力学の数学的図式も存在していて、どこかで変更を許すにはあまりにも確かなものである。だから、動かしようのないこの二つの事実の結びつきは――あらゆる外見に反して――なんとかすれば探し出せるに違いなかった。……私は突然アインシュタインとの対話を思い浮かべ、そして彼の意見、「理論があってはじめて、それが何を観測できるかということを決定するのだ」を思い出した。……たしかにわれわれは、いつでも霧箱の中における電子の軌道は観測することができる、と軽々しく言ってきた。しかしひょっとすると、人が本当に観測するものはもっとわずかなことであるのかもしれない。おそらく、不正確に決められた電子の位置のとびとびの列だけを認めうるのかもしれない。事実、**箱の中の個々の水滴だけを人は見ているのであり、それはたしかに**

一つの電子よりはるかに広がったものである。[3]

それゆえ、正しい問いの立てかたは、

一つの電子が、ある程度の不正確さである位置に存在し、同時に、ある程度の不正確さである速度をもつとする。このとき、この不正確さの程度をどれくらい小さくすることができるかを量子力学によって数学的に表現することができるのか？

というものであると、ハイゼンベルクは述べる。そして、じっさいにそれを計算してみることは可能で、位置と運動量の不確定さの積がプランク定数より小さくはなりえないことを見いだしたのである。

なお、ボーア、ディラック、パウリといった人たちも、「位置と運動量を同時に正確に決定することはできないのではないか」という疑問はもっていた。[4] だが、明確に数式として「**不確定性関係**」を導き出したことはハイゼンベルクの業績である。

ガンマ線顕微鏡の思考実験

こうして得た結果は一九二七年五月に、「量子論的な運動学および力学の直観的内容について」という論文によって公表された。[5]

ここで「直観的」と訳した語の原語（ドイツ語）は anschaulich で、英訳されるときは、physical（物理的）、perceptible（知覚可能な）、perceptual（知覚的）などとされる。すでに述べたように、シュレーディンガーの波動力学は多くの物理学者たちに受け入れられたのだが、その理由は波動力学が anschaulich だからである。ハイゼンベルク自身も、シュレーディンガーの解釈には問題があるものの、行列力学が anschaulich ではないことを認めていて、この論文は行列力学に欠けた点を補うという目的で書かれたものである。[6]

さて、ハイゼンベルクは、この論文において不確定性関係を導き出すとき、ガンマ線という非常に短い波長をもった電磁波を用いることによって非常に小さな物質をも観測できる架空の顕微鏡（ガンマ線顕微鏡）を考える（図5・2）。そして、これを用いて電子を観測するときに何が起こるかをハイゼンベルクは分析した。ここでのポイントは、**電子のような微視的な対象は、測定のために光を当てることによってはじかれてしまい、運動量が変化してしまう**ということである（第1章で出てきたコンプトン効果を思い出そう）。

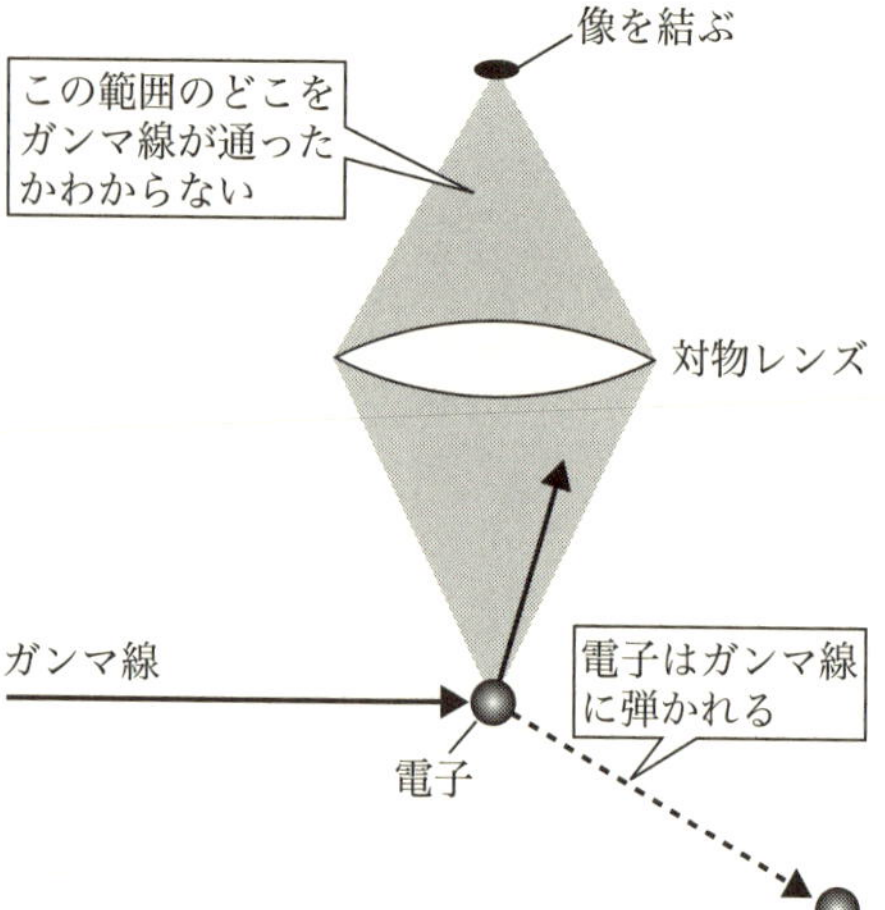

図5・2　ガンマ線顕微鏡の概念図

顕微鏡の分解能は、対象に当てる光（電磁波）の波長が短いほど高くなることがわかっている。それゆえ、波長が短いほど位置の測定は正確にできる。一方で、量子論によると、波長が短ければ短いほど光の運動量は大きくなるので、光によってはじかれた電子の運動量変化もそれだけ大きくなる。

位置決定の瞬間に、したがって光量子が電子によってそらされる瞬間に、電子はその運動量を変える。この変動は、使われた光の波長が小さいほど、すなわち位置の決定が精密なほど、大きい。そのため、電子の位置がわかったその時刻には、電子の運動量は、この不連続的な変動に対応する量を含めてしか知ることはできない。したがって、位置が正確に決定されればされるほど、それに応じて不正確にしか運動量はわからない。またその逆。ここに $pq - qp = h/2\pi i$〔pは電子の運動量、qは電子の位置、hはプランク定数〕という関係式の直接的・直観的な解明が見られる。[7]

こうして、$p_1 q_1 \sim h$ という不確定性関係が得られる。

ハイゼンベルクは、q_1を「qがそれでもってわかる精度」（たとえばqの平均誤差）としている。これに関しては「平均誤差」なのだからわかりやすく明確である。ところが、p_1は「コンプトン効果におけるpの不連続な変動」としており、これが何を意味しているのかはわかりにくい。このことはまた第7章で議論する。

さて、そうすると、原子の中の電子の軌道は**まったくわからないわけではない。ただ、そこには制限**

があるのである。それはもちろん霧箱中の電子軌道も同じで、私たちがじっさいに霧箱中に見る電子軌道はある程度の幅があるので、明確な軌道が観測できるわけではなく、不確定性関係の範囲内でしか軌道はわからない。こうして、ハイゼンベルクはアインシュタインの問い「原子のなかでは軌道概念を捨てなければならないのに、霧箱の中では電子の軌道を見ることができる」に答えることができたのである。なお、不確定性関係の導きかたについては付録解説Bを見てほしい。

以上は「**位置と運動量の不確定性関係**」であるが、ハイゼンベルクはさらに「シュテルン＝ゲルラッハの実験」（第11章262頁参照）と呼ばれる実験を分析することによって「**時間とエネルギーの不確定性関係**」も発見する（導き方は付録解説C参照）。しかし、どのようにこの不確定性関係を解釈するかに混乱が見られる（前述のように、位置と運動量の不確定性関係に関してもあいまいである）。

というのも、「シュテルン＝ゲルラッハの実験において、運動方向をふれさせる力の影響下におく時間間隔が短いほど、原子のエネルギーの測定精度はいっそう悪くなる」と述べたあとに、時間とエネルギーの不確定性関係をあらわす式を指して「この式は……エネルギーの正確な決定は、相応して時間の方が不正確になることによってだけ達せられうるわけを示している」と述べるのである。[8] だが、「運動方向をふれさせる力の影響下におく時間間隔」と「時間の不正確さ」は同一ではないだろう。そもそも「時間の不正確さ」とはどういう意味なのだろうか？

じつは、時間とエネルギーの不確定性関係には多くの種類があるが、ほとんどの量子力学の教科書ではあまりそのことについては言及されない。[9]

実証主義と原子内の電子の軌道

本章の冒頭で述べたように、ハイゼンベルクは、観測可能な量しか扱わないという立場をとっていた。このような哲学的立場を「**実証主義**」という。ハイゼンベルグは、実証主義的な立場から、物理学にあらわれる言葉の意味を以下のように考えていた。

「対象の位置」、たとえば電子の位置という言葉をどのような意味に解するかを明らかにしようと思うなら、……**それによって「電子の位置」が測定されると考えられる実験を挙げなければならない。**そうでなければこの言葉はなんの意味ももたない(10)。

速度や軌道という言葉に関しても同じである。たとえば、「電子の軌道」という言葉の意味は「電子の軌道を観察できるような実験」を挙げることによって明らかになるのであり、それゆえ、電子の軌道を観察できるような手段がない（つまり、そのような実験を挙げることができない）場合には、「電子の軌道」という概念は無意味なのである。

これは、アインシュタインが、相対性理論において「同時」という言葉の定義を与えたやりかたと似ている。相対性理論によると、光の速度を超えて情報をやりとりすることができない。すると、「同時」という言葉を、ある観測者から見て複数のできごとが「同時である」といえるような実験によって定義するならば、観測者の立場によって「何が同時か」が変わってくるのである。こうしてアインシュタインは、私たちが直感的にもっている「同時」という概念を変更した。ハイゼンベルクも同じことを、「位置」「運動量」「軌道」といった概念に対して行ったのである。

ただ、本章でも述べたように、アインシュタインは、そのような実証主義的な考え（たとえば、原子内の電子は観測できないので存在しないとするような、経験を超えるものの存在を認めない立場）を、理論をつくる際の「手引き」として用いることには同意しているが、それと観測不可能な概念を否定すべきかどうかという話は別であると考えていた。

量子力学はなぜ決定論ではないのか

不確定性関係を導入した論文の最後に主張される「量子力学においては**決定論**（**因果律**）が成り立たない」という議論もハイゼンベルク独特の論証である。BKS提案を否定したガイガー＝ボーテの実験（第4章87頁参照）から明らかになったように、量子力学でもエネルギー保存則、運動量保存則は成り立つので、ハイゼンベルクはこの一九二七年の論文で、

正確に与えられたデータから統計的な結論しか引き出すことができないとの意味で、本質的に統計的な理論である、という見解は、われわれがとらなかったところである。(11)

と言う。では、いったいどういう意味で量子力学では因果律が成り立たないのか？

彼によると、決定論の定式化というのは「**現在を正確に知れば、未来を算出できる**」というものであるが、不確定性関係により、位置と運動量を同時に知ることができないのだから、この定式の後件（未来を算出できる）ではなくて、前件（現在を正確に知れば）が誤っている。そもそも現在を正確に知ることができないので決定論が成り立たないというのである。

ただし、論理的にいうと、「AならばB」という命題全体の真偽とAの真偽は無関係である。たとえば「明日が晴れならば、旅行に行く」と太郎が言い、次の日に雨が降った（前件が成り立っていない）にもかかわらず太郎は旅行に行った（後件が成り立っている）とする。このとき太郎はうそをついたのかというとそうではない。なぜなら、太郎は「晴れなかったら旅行に行かない」とは言っていないからだ。「AならばB」が偽となるのは、Aが真でありながらBが偽であるときのみである（Aが偽であるならば、Bが成り立っても立たなくても「AならばB」は真になる）[12]。

また、通常、「量子力学で決定論が成り立たない」というのは、ボルンの確率解釈からもわかるように、ある時刻における電子の量子力学的状態が完全にわかっても、その後の電子の運動が予測できないからである。量子力学的状態を指定するためには、位置と運動量を同時に知る必要はない。

それゆえ、ここでハイゼンベルクが議論した意味での不確定性関係が成り立っているとしても、それだけで量子力学の世界において決定論が成り立っていないと結論づけることは早計である。じっさい、のちの一九三〇年にシカゴで行われた講義でハイゼンベルクは、不確定性関係と決定論の関係について態度を変えている。

たしかに、電子の位置を測定しようと光（ガンマ線）を当てると、電子ははじき飛ばされその後の電子の位置と運動量は不確定になる。しかし、

もし電子の速度がはじめに知られていて、その後に位置が正確に測定されたならば、位置の測定より前の時刻における電子の位置を計算することができるだろう。この過去の時刻において、p_1q_1 はいつもの限界より小さくなる。(13)

のである。「運動量＝質量×速度」なので、速度がわかれば運動量もわかるし、もちろん、現在の位置と速度から過去の位置もわかる。

そこで、ハイゼンベルクは「**不確定性関係は過去に関するものではない**」と言うのである。だが、前述のように、一九二七年論文の決定論に関する議論では、不確定性関係を、過去（現在）の知識についてのものだと明らかにみなしていた。「過去（現在）の」情報を知ることができないから未来を決定できないとハイゼンベルクは言っていたのだ。

しかし、そのように不確定性関係が過去に関するものではないとしても、測定によって電子の状態が攪乱され、その後の位置と運動量はわからなくなるのだから、「**予測**」**はできなくなるという意味で決定論はやはり成り立たない**とハイゼンベルクは述べる。

なお、このシカゴの講義で、ハイゼンベルクは物理的実在にも言及する。すなわち、このように知ら

れた過去の知識は、現実的には未来の電子の運動の予測に使用できないのだから思弁的なものであり、それゆえ、これに物理的実在を与えるかどうかは「好み taste の問題」だと言うのである。そして、ハイゼベルク自身の「好み」は、このような観測不可能なものには実在を与えないというものである。だが、「現実的には未来の電子の運動の予測に使用できない」からといって、そのような電子に関する知識が電子に物理的実在を与えることにはならないという議論は、あまり説得力をもたないように私には思える。このことはまた第11章・12章で振り返る。

ちなみに、位置と運動量の両方を誤差なしに知ることができる状況があることを、一九二七年九月にはすでにボーアも講演で言及している（次章で詳述するコモ講演）。また、アーサー・ルアークは、同年十二月にアメリカの学会で、位置と運動量を同時に誤差なく測定する実験について提案している(14)。

このように、**位置と運動量（や時間とエネルギー）が同時に測定できる場合があり得る**。そしてそれはボーアもハイゼンベルクも認めている。それゆえ第7章以降で議論するアインシュタインによる量子力学への攻撃も、**「同時測定」ではなく「同時予測」に焦点が置かれている**ことに注意したい。

ボーアの不満

後ほど述べる「相補性」のアイデアをノルウェー旅行中に得たボーアは、コペンハーゲンに戻ってきてはじめてハイゼンベルクの論文の草稿を読む。このとき、最初は気に入った様子だったが、思考実験の分析に不備があるのを知ってがっかりしたという。というのも、ハイゼンベルクは、**不確定性関係は**

「不連続性」に起因するものと見ていたのだが、ボーアはそれだけではなく、**波動性も考慮に入れなければならない**と考えたからである。

ハイゼンベルクは、自分の行列力学よりも、シュレーディンガーの波動力学のほうが多くの物理学者たちに受け入れられたのをおもしろく思っていなかったという話がある。[15] パウリ宛の手紙には、シュレーディンガーの波動力学について

　考えれば考えるほどムカついてきて……私から見ると……まったくひどいのですが、この異説のことは大目に見て、もうこれ以上口にするのはやめにします。[16]

と書いている。ちなみに、シュレーディンガーはシュレーディンガーでハイゼンベルクの行列力学をおもしろく思っていなかったらしく、自分の理論は、ハイゼンベルクの理論と違って、ド・ブロイやアインシュタインの「無限の彼方を見ている」理論に着想を得たと言い、

　私とハイゼンベルク〔の理論〕のあいだに、何かの系譜上の関係があるとはまったく思わない。……不快とはいわなくても、敬遠したいと思った。[17]

と述べている。

さて、行列力学が波動力学と違うのは、「不連続性」に力点を置くところ（逆に波動力学は古典的な「連続性」を復活させたところが当時の物理学者たちに人気だったわけである）なので、シュレーディンガーの理論を快く思わないハイゼンベルクは、「不連続性」を強調したかったのかもしれない。だが、ガンマ線顕微鏡の思考実験から不確定性関係を導き出そうとすると、「コンプトン散乱」という粒子性（不連続性）を示す現象とともに、「射線束の発散」という波動性を示す現象が必要になる（付録解説B参照）。

このような問題点があることから、ボーアはこの論文を発表すべきではないとハイゼンベルクを説得しようとしたのだが、ハイゼンベルクは抵抗し、しまいにはハイゼンベルクが泣き出してしまったという。結局は後記をつけて出版することで折り合った。

このころのボーアとハイゼンベルクの哲学的立場の大きな違いは、言葉に対する次のような立場の違いであろう。ハイゼンベルクは、言葉を実証主義的に定義しようとしたので、**古典論的な概念が適用できる実験がない場合はその概念を捨て去るか、少なくとも限界を設定しなければならない**と考えた。一方でボーアは、**量子力学を「表現」するためには古典論的概念を使わざるをえない**と考えたのである。それゆえ、彼らの、粒子と波の二重性に対する捉えかたも異なる。

粒子と波の二重性とは何か

さて、第4章で、ハイゼンベルクはシュレーディンガーの、波のみが実在するという古典論的な解釈を批判したと述べた。その理由は、古典的な波は安定的に局在しないということと、複数の粒子を扱うときは実空間ではなく抽象的な空間で波を記述しなければならなかったことにある。
しかし、一九二八年のヨルダンらによる「**第二量子化**」の研究によってハイゼンベルクは考えを変える。第二量子化とは、いわば「波を量子化する」手法であり、このように量子化された波を考えると三次元空間内で波を扱えるので、量子力学的系は波としても記述できてそれはそれで完全であるし（波動力学）、粒子としても記述できてそれはそれで完全である（行列力学）ということになる。
ハイゼンベルクは一九二九年の講義で次のように述べた。

二重性というのは、どちらも必要だという意味ではなく、どちらを使っても構わないという意味なのである。(18)

つまり、ハイゼンベルクは、**量子力学は粒子としても波としても表現できるという意味で「粒子と波の二重性」がある**と考えたのである。ただし、第二量子化の話からもわかるように、これらの「波」だとか「粒子」だとかという概念は古典論とは異なるものである。
彼のこのような立場は、次の言葉にもよく表れている。

私たちは無矛盾な数学的表現をもっている。この無矛盾な数学的表現が観測可能なものすべてについて私たちに語ってくれる。**自然の中には、この数学的表現で記述できないものは何もない**。(19)

一方で、ボーアにとっての「粒子と波の二重性」は、**粒子としての記述と波としての記述はたがいに排他的であるが、しかしこれらがたがいに「相補って」はじめて量子力学の世界を完全に記述できる**ということであり、これが「**相補性**」である。二人の立場の違いは、次章の最後にもあらためて述べる。

まとめ

◆ハイゼンベルクによると、量子力学における「位置」だとか「運動量」だとかといった概念は古典論とは異なる。すなわち、それによって位置（運動量）を測定することができるような実験を示すことによってのみ、位置（運動量）という概念が明らかになる。

◆ところが、ガンマ線の思考実験により、微視的な対象の位置と運動量を同時に測定することができない。それゆえ、微視的な系においては、電子の位置と運動量が同時に明確な意味をもつことはできない。

◆また、ある時点での電子の位置と運動量を同時に測定できないのだから、それを用いて電子の運動を予測することもできない。それゆえ、微視的な世界では決定論は成り立たない。

◆しかし、ハイゼンベルクはのちに、過去の電子の位置と運動量を同時に正確に語ることができる場合があることを認める。ただし、それでも未来の電子の運動を予測できないのだから、やはり決定論は成り立たないと論じる。

（1）Heisenberg (1996/1969), S.80〔邦訳104頁〕強調は引用者
（2）*Ibid.*, S.83〔邦訳108頁〕
（3）*Ibid.*, S.96-97〔邦訳126～127頁〕強調は引用者
（4）Lindely (2008), pp.144-145〔邦訳166～167頁〕。また、ディラックは「量子力学においては、……q_{r0}とp_{r0}は交換関係を満たさない。……それゆえ、量子力学においては、その問い〔系の初期状態はなにかという問い〕に明確な答えを与えることができない」と述べる。Dirac (1927), p.623
（5）Heisenberg (1927)
（6）Hilgevoord (2006)
（7）Heisenberg (1927), S.175〔邦訳330頁〕
（8）*Ibid.*, S.179〔邦訳334頁〕
（9）例外的にJ・J・サクライ著『現代量子力学』はくわしい。詳細は、『量子という謎——量子力学の哲学入門』（勁草書房）9章を参照してほしい。
（10）Heisenberg (1927), S.174〔邦訳328頁〕強調は引用者
（11）*Ibid.*, S.197〔邦訳353頁〕強調は引用者
（12）Bが成り立っても成り立たなくてもAが偽でありさえすれば、「AならばB」が真であるというのは、論理学に慣れない人には奇妙に思えるかもしれない。じっさい、哲学的にはしばしば問題となる。たとえば、野矢 (1994), p.20以降などを見よ。
（13）Heisenberg (1949/1930), p.20
（14）「十分に長い距離dだけ離れた二つのスリットを考える。これらのうち一方が開いたすぐあとに、他方が開き、粒子が両方のスリットを通過する。すると、距離dと距離dを通過するのに要した時間のどちらもが十分に正確にわかる。それゆえ、速度も正確にわかる」〔Ruark (1928)〕。ただし、ルアークの結論は、ハイゼンベルクの不確定性関係がまちがっているというものではなく、測定装置は原子から構成されているので、測定装置自身がゆらぎを受けており、それゆえ、不確定性関係は有効である、というものである。だが、本書の後の議論からもわかるように、測定装置のゆらぎは、この実験において位置と運動量を正確に測定するための妨げにはならない。

（15）Hilgevoord (2006)

（16）Lindely (2008), p.134 ［邦訳154頁］

（17）Gribbin (2012), p.164 ［邦訳142頁］; Schrödinger (1926e), S.735, fn.2　なお、アインシュタインもこのころ、シュレーディンガーへの手紙で「ハイゼンベルクとボルンのやりかたはまちがっている」と書いている。Przibram (1967), p.30

（18）クーンとのインタビュー in: Camilleri (2009), p.77

（19）クーンとのインタビュー in: Pais (1993/1991), p.309-310 ［邦訳下巻52～53頁］強調は引用者

第6章

相補性概念の発見

測定装置と対象は切り離せない

コモ講演での相補性概念①——相補性とは何か

ハイゼンベルグが不確定性関係を発表した年の一九二七年九月、ボーアは北イタリアのコモにてはじめて相補性概念を公に示した講演を行い、その冒頭で次のように述べた。

古典物理学のもろもろの観念は、原子的現象に適用されるときには、根本的に限界を有している。そしてこのことを認めるところに、量子論の特徴がある。というのも、実験的素材の解釈は、本質的に古典論の諸概念に依拠しているからである。それがために量子論の内容の定式化には困難が伴うのである。(1)

ハイゼンベルクと異なり、あくまで**実験の解釈には古典論の概念を用いなければならない**というボーアの立場があらわれている。そして、量子仮説は、原子的現象のすべての観測には、**観測装置との無視することのできない相互作用がともなう**ということを意味している〔強調は引用者〕

ので、**観測器と観測する対象を分けることができない**ということを強調し、続けて、

それがために、現象に対しても観測装置に対しても、従来の物理学の意味における独立した実在性なるものを付与することはできなくなる。いずれにしても、観測という概念は、**どの対象が観測されるべき系に含まれるのか**という点に左右されるのであるから、そのかぎりで任意性を有している。〔強調は引用者〕

と主張する。

そして、いよいよ「**相補性**」の言葉が出てくる。

一方では、ある物理系の状態を定義するためには、従来の理解では、いっさいの外的な擾乱《じょうらん》を排除することが必要とされる。しかしそうだとすれば、量子仮説によればいかなる観測も不可能になり、そして何よりも、空間と時間の概念がその直接的な意味を失ってしまうであろう。他方では、観測を可能とするために、当該の系には属していない適当な測定装置とのなんらかの相互作用を許容す

るとすれば、そのときには、その系の状態のあいまいさのない定義は、当然のことながら不可能になり、言葉の通常の意味での因果性を云々することはもはや問題になりえなくなる。かくして私たちは、量子論のまさしく本質により、時間・空間的な記述と因果性の要求という、その統合が古典論を特徴づけていた二つの契機を……**経験内容の記述の相補的であるがたがいに排他的な特徴**であるとみなさざるをえなくなるのである。〔強調は引用者〕

つまり、**因果的な記述をしようとすれば、いつ・どこに電子があるのかというような時間・空間的な記述はできず、時間・空間的な記述をするために観測しようとすれば因果的な記述ができなくなる**のである。そういう意味でこれら二つの記述はたがいに排他的なのだ。しかし、**これら両方の記述を使うことによってはじめて量子の世界の「完全な記述」になる**ので、これらはたがいに補い合う（相補的な）記述なのである。

なお、ボーアはここで、このような特徴が生じるのは、「測定装置との力学的な相互作用」が要因であると考えていることに注意しよう。このことはのちに、アインシュタインらによって提案された思考実験において重要になる（第7章・10章で述べる）。

コモ講演での相補性概念②──相補性と不確定性

議論は粒子と波の二重性の分析へと進むのだが、ボーアはここで、ハイゼンベルクによる導出とは異なる不確定性関係の導出を示す。まず、エネルギーEと振動数ν、運動量pと波長λを、プランク定数hを介して結びつける「アインシュタイン＝ド・ブロイの関係式$E = h\nu$, $p = h/\lambda$」をとりあげて、**この式は粒子と波の二重性を表現している**ことを述べる。なぜなら、左辺のエネルギーや運動量は粒子の概念に付随し、右辺の振動数や波長は波の概念に付随するからである。

古典的な波動論において、局在した波は、さまざまな波長をもった局在していない波の重ね合わせとして表現できるのだが、波が局在していればしているほど、それを構成している波の波長のばらつきが大きいことがわかっている。

ところで、波の局在性が強いということは、それだけその波の「位置」が明確であるということである。さらに、量子論（アインシュタイン＝ド・ブロイの関係式$p = h/\lambda$）によると、運動量は波長で表現できるわけだから、波長がばらついているということは、それだけ「運動量」が不明確であるということである。これはまさしく「位置と運動量の不確定性関係」である（「エネルギーと時間の不確定性関係」についても同様に議論できる）。つまり、**不確定性関係と粒子と波の二重性には深いつながりがある**のだ。ただし、ここで得られた不確定性関係は、ハイゼンベルクが思考実験によって得た不確定性関係とは意味が異なる。それについては次章であらためてとりあげる。

なお、このコモ講演で示された不確定性関係の導出については注2に示した(2)。また、一九二七年の論文でハイゼンベルクは不確定性関係を、交換関係の「直観的な解明」であるとしていたが（107頁参照）、ここでは**交換関係が使われずに不確定性関係が導かれている**ことにも注目したい。

ともかく、ボーアは不確定性関係を導いたのち、不確定性関係と相補性概念との関係について議論する。時間・空間的記述と因果的記述は排他的であるが、これらをある程度までは折り合わせることができる。そして、それがどの程度であるかを定量的に表現したのが不確定性関係だというのである。

さて、ハイゼンベルクが一九三〇年のシカゴでの講義で、不確定性関係は過去の知識に関するものではないと主張したことを前章で述べたが、ボーアもこの講義で、

> たしかに、**ある個体の二つの与えられた瞬間の位置は、任意の求める精度で測定することができる。**しかし、このような測定からこれまでどおりのやり方でその途中のその個体の速度を算出したとしても、そのとき私たちが扱っているものは、ある抽象であり、その抽象からは**その個体の未来や過去のふるまいに関するいかなる確定的な情報も引き出すことはできない**、ということを認めなければならないのである。〔強調は引用者〕

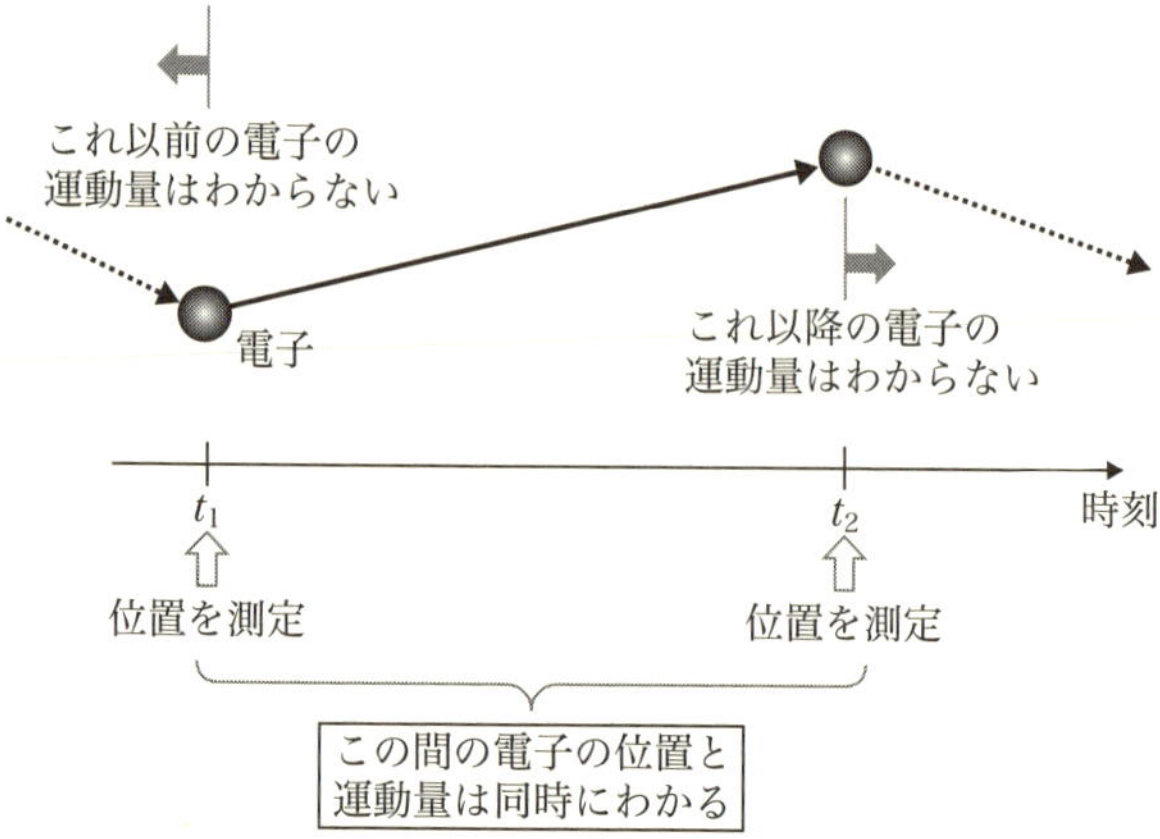

図6·1　位置と運動量の同時測定は可能

と述べる（図6・1）。

つまり、最初の瞬間（t_1）で位置を測定したことによって（このときの位置の測定結果をx_1とする）、それ以後の速度（運動量）はそれ以前の速度から変化しているし、次の瞬間（t_2）で位置を測定したときには（このときの位置の測定結果をx_2とする）、その測定によってそれ以後の速度はそれ以前の速度から変化している。それゆえ、x_1以前の速度もx_2以降の速度もわからないが、この二つの瞬間のあいだの速度（運動量）は求まる［$(x_2-x_1)/(t_2-t_1)$］。要するに、ボーアもハイゼンベルクも（ハイゼンベルクの一九二七年論文での主張とは異なり）、**位置と運動量の同時測定ができる状況があること自体は否定していない**。

たとえば、ガンマ線顕微鏡の思考実験においても、図6・2のようにあらかじめ任意の精度で電子の運動量を測定しておけば、運動量保存則から、ガンマ線を照射された瞬間まで運動量は変化していないはずである。それゆえ、ガンマ線照射によって位置のみを任意の精度で測定すれば、この時点での位置と運動量を任意の精度で知ることができる。ただし、

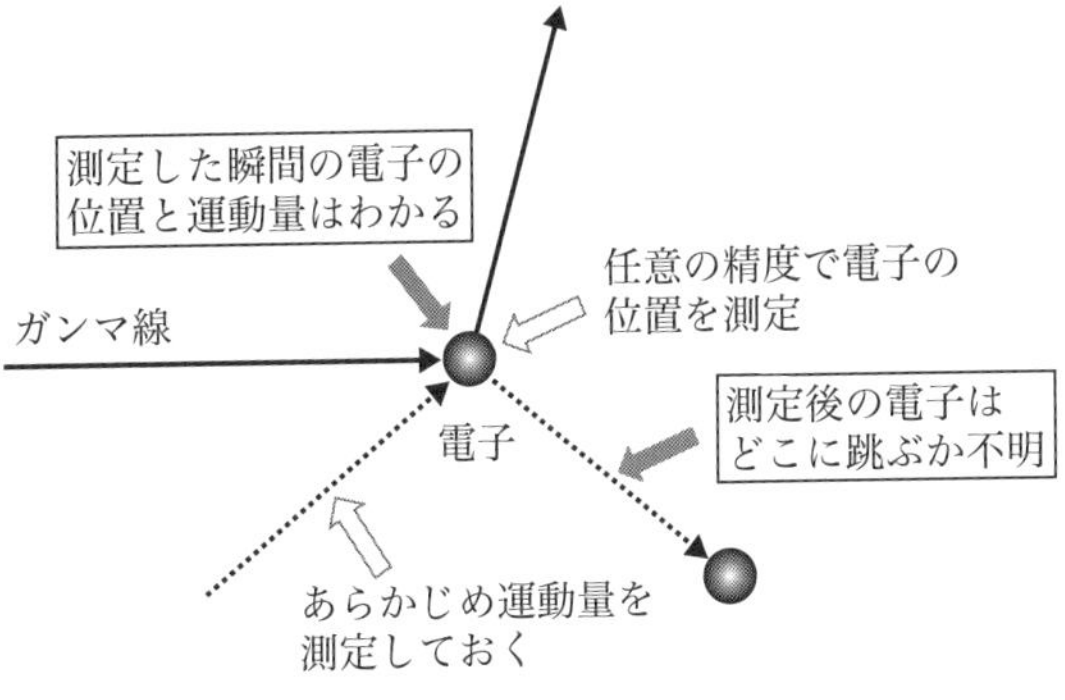

図6・2　ガンマ線顕微鏡の思考実験における電子の位置と運動量の同時測定

その後の電子の位置と運動量はガンマ線によって乱されるので、まったく予測ができない。

しかし、そうすると、ハイゼンベルクの一九二七年の不確定性関係は、正確にはいったいどういう意味なのかというのが問題になる。少なくとも、「同時刻における位置と運動量を知ることができない」という意味ではないことになる。このことについては、また次章で説明する。

ともかくも、こうしてボーアは、

> 量子論によれば、ほかでもない測定装置との相互作用を無視することができないということは、**すべての測定は制御不可能な要素をそのたびごとに持ち込むことを意味している**。実際、上記の考察から、ある粒子の位置座標の測定には力学変数〔運動量〕の有限の変化がともなうだけではなく、**その位置を確定するならば、その粒子の力学的ふるまいの因果的記述が断ち切られる**ことになり、他方では、**その運動量を決定するならば、必然的にその空間的伝播についての知識に欠落が生じる**、ということが導かれる。まさにこの事情が、原子的現象の記述が相補的な性格のものであるということをこのうえなく鮮明に暴き出しているのである。この相補性はまさに、観測という観念に特有の、対象と測定装置の区別が、量子仮説とは相容れないという事実の避けられない結果である。〔強調は引用者〕

と結論づける。

シュレーディンガー方程式は、波動関数によって系の状態を表現する。そして、ある時刻における系の波動関数を与えると、その系の任意の時刻における波動関数を計算することができる。つまり、**系の因果的記述が与えられている**。[3] ところが、ボルンの確率解釈によると、波動関数の自乗は、系がその波動関数で表現される状態になっている確率なので、**じっさいの測定により波動関数は不連続に変化する**（図6・3）。

なぜなら、測定前は、いまから測定する系がどのような状態にあるのかが確率的にしかわからないのに、測定によって系はある確定した状態へ変化するからだ。この不連続な変化が「**波動関数の収縮**」（第9章であらためて解説する）であるが、波動関数の収縮はシュレーディンガー方程式によって記述できず、どの状態へ収縮するのかもわからない。同じ実験を繰り返したら、次は x_1 ではなく x_2 で電子が見つかるかもしれないのだ。したがって「因果的記述が断ち切られている」わけである。

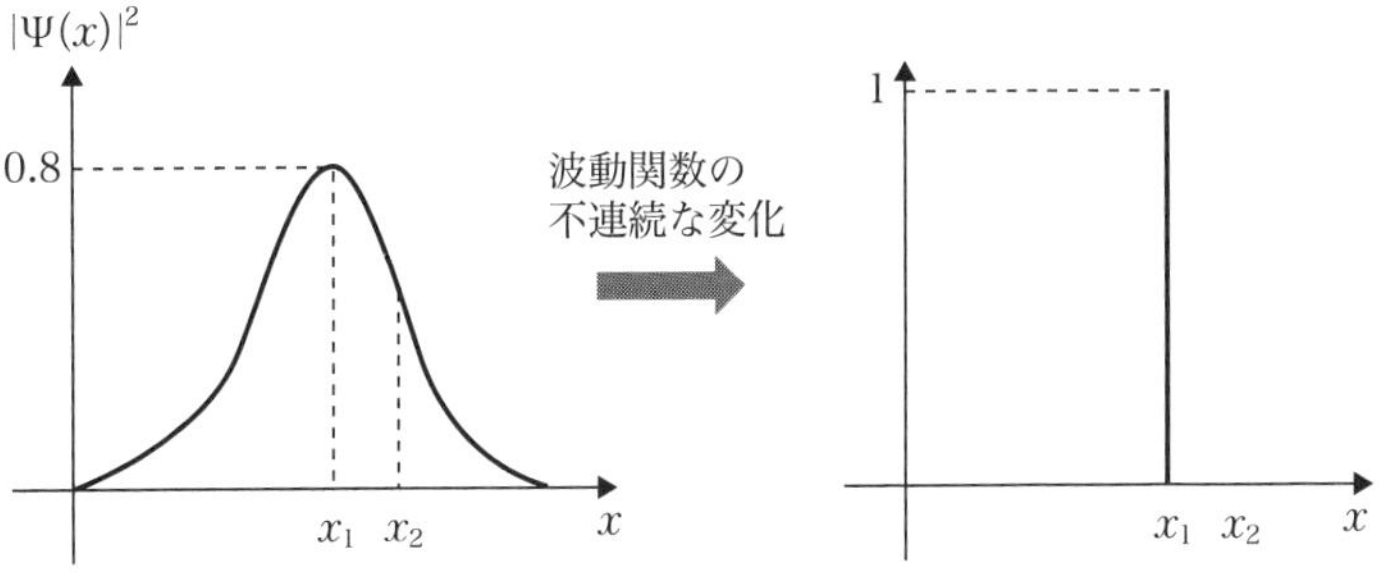

図6・3　波動関数の収縮
測定前に電子が x_1 にある確率は0.8。測定後、電子が x_1 に見いだされた。

相補性と粒子と波の二重性

ボーアが、量子力学的現象の相補性をあらわすものとして頻繁にとりあげたのは、「時間・空間的記述」と「因果的記述」の対であるが、「粒子的記述」と「波動的記述」も相補性をあらわす対としてときどき言及されている。コモ講演においては、ハイゼンベルクの行列力学およびシュレーディンガーの波動力学を順にとりあげ、これらの違いに言及したあと、

相互作用の問題のこの二つの定式化は、その出発点の違い、すなわち自由な個体の記述における波動解釈と粒子解釈に着目するならば、相補的ということができよう。二つの理論におけるエネルギー概念の使用法の見かけ上の背馳は、まさに出発点におけるこの違いに結びついているのである。

としている。ここでいう「二つの理論におけるエネルギー概念の使用法の見かけ上の背馳」とは、行列力学では原子間のエネルギーの不連続な交換を要求し、波動力学ではエネルギーは連続的であることを指している。(4)

このほか、たとえば一九三六年の講演「因果性と相補性」では、

光や物質の粒子性と波動性という周知のジレンマが、相補性の観点によってしか回避できない。(5)

と述べ、一九三八年の「原子物理学における因果問題」では、

> 〔光の〕粒子像が輻射場の重ね合わせという性質を説明することができなかったのと同様に、どのような具体的な波動像も、電子の個体性に関する基本的経験を説明できないことは明らかである。じつは二つの場合に私たちは、経験の二つの相補的側面を扱っているのである[6]。

と述べている。

相補性と物理的実在

しばしば、「測定前の対象は物理的属性をもたず（実在せず）、測定によって物理的属性が付与される」という、いわゆる「**コペンハーゲン解釈**」をボーアがもっていたとされることがあるが、ボーア自身は一九三八年に

> 観測により現象をかき乱すとか、さらには、**測定によって対象に物理的属性をつくり出す**というような言いまわしは、実際、混乱を生みやすい[7]。

と述べているので、かならずしもこのような見解をもっていたわけではない。そもそも「コペンハーゲ

ン解釈」とは、ハイゼンベルクが一九五五年に使い出した言葉で、明確な定義がない。どちらかというと「反コペンハーゲン解釈」を唱える者たち（ノーウッド・ハンソン、ポール・ファイヤアーベント、カール・ポパー、旧ソ連の物理学者たちなど）がコペンハーゲン解釈を定義づけていたという側面がある。[8]

また、この引用文から「現象」という用語についても彼独自の考えがあったことがわかる。上の引用文に続いて、

> 《現象》という言葉を、**与えられた実験条件のもとで**観測される諸効果を意味するものに限定することは、たしかに量子力学の記号法の構造と解釈にかなっているだけでなく、初等的な認識論の原理にも合致しているのである。〔強調は引用者〕

と述べているし、また、ほかのところ（一九二九年）では、

> 作用量子〔プランク定数〕が有限の大きさをもつことが、結局、現象とそれを観測する手段とを明確に区別するのを完全に妨げている。[9]

と述べている。つまり、**「現象」を測定装置と切り離して考えることは無意味であり、つねに測定装置をも含めて考えなければならない。**それゆえ、「測定が現象をかき乱す」という言いかたは「混乱を生

み出しやすい」のである。同様に、「測定によって対象に物理的属性をつくり出す」という言いまわしも、測定と対象を切り離してはじめてできる言いまわしなのである。もちろん、アインシュタイン自身は、ボーアのような「現象」という言葉の捉えかたには賛成しなかった。

またボーアは、一九四八年の「因果性と相補性の観念について」という論文では、不確定性関係について言及した個所で次のように述べる。

> 「私たちは電子の位置と運動量の両方を知ることができない」というような表現は、ただちにこの二つの属性の物理的実在性についての問いを提起することになり、その問いは、一方における時間・空間座標のあいまいさのない使用と、他方における動力学的保存則（ボーアは「保存則の成立」と「因果律の成立」を同一視している）の使用の、相互に排他的な条件に照らすことによってのみ、答えうるのである。[10]

つまり、**「位置」や「運動量」が実在するか否かという問いは、実験条件を考慮しなければ答えることができない**というのである。このボーアの実在に対する考えかたについては、第９章であらためてとりあげる。

結局、相補性概念とは何か

以上からボーアの主張をまとめると、

・対象と測定装置は不可分である。そして実験結果は古典論の用語でしか語れない。
・それゆえ、量子論的な現象でも古典論的な記述（粒子的記述や波動的記述など）を用いるしかない。
・粒子的記述と波動的記述、因果的記述（保存則）と時間・空間的記述は、排他的であるが、これらはどちらも不可欠な相補的な記述である。
・それゆえ、「個体を時間・空間座標に位置づけるどのような試みも、必ず因果連鎖の断絶をもたらす[11]」。

となるだろう。この相補性概念のまとめは、いわば最大公約数的なまとめであり、細かな点についてはじつにさまざまな解釈がある[12]。

物理的実在に関しては第9章・10章で問題にするが、先回りして述べておくと、**対象系と測定装置が不可分であるということが重要である**。つまり、**物理的実在に関しても「どのような測定装置で測定しているのか」を考慮しなければならない**。それゆえ、ボーアにとって、「測定装置を離れた物理的実在」を語ることには意味がないのである。ただし、それはあくまで「測定装置を離れた物理的実在」ということであって、「測定するまでは電子は実在しない」という主張とは異なる。

相補性概念と相対性概念

ボーア自身は、相補性概念は、アインシュタインの相対性概念と同じ認識論的な原理だと考えていたようであり、相対性概念との比較をしばしば口にする（この節は難しければ読み飛ばしてしまっても差し支えない）。たとえば「作用量子と自然記述」では次のように述べる。すなわち、相対性理論によって帰結されるような、たとえば時間の遅れなどといった現象は日常では問題にならないが、これは、私たちの日常で問題になる速度は光の速度に比べて十分に小さいからである。同様に、私たちは日常的には、因果的でかつ時間・空間的な記述が可能であるが、これは日常で問題となる作用が作用量子にくらべて小さいからである、とする。

また、相対性理論の無矛盾性は、光より速い速度で情報を伝達することが不可能であることによって検証されるのと同様に、量子論の無矛盾性は、二つの共役正準な力学量が同時に測定されたときの平均誤差の積が作用量子以下にならないということによって検証される。つまり、どちらも、測定の固有の限界を設定しているが、これは古典論や非相対論の諸概念が適用できる限界があるということの帰結なのである、とボーアは論ずる。さらに、相対性理論は、観測の問題を掘り下げて分析することで古典物理学のすべての概念の主観的性格を暴き出したが、量子論も因果的記述と時間・空間的記述の相補性を暴き出したともいう。

ほかにも、一九三六年に開催された科学の統一に関する第二回国際会議での講演において、相対性の要請と相補性の観点はまったく異なったものであるにもかかわらず、その二つの観点のあいだには、光の速度の有限性の結果としての基準系の選択に応じて異なる形をとる法則が、相対性の要請に則ればたがいに等価であるように、異なる設定の測定によって得られ、作用量子の有限性のために互いに矛盾して見える法則が、相補性の観点にもとづけば論理的に両立可能であるという点において、ある種の形式的な類似性が見られるのです[13]。

と、相対性理論との類似性を強調している[14]。

相補性概念に対する否定的評価

しかし、アインシュタイン自身は、一九四九年の時点でも、「相補性に費やした多くの努力にもかかわらず、私はその原理を明確に定式化することができなかった」と述べている[15]。シュレーディンガーは、相補性概念について「ボーアはすべての困難を相補性で片づけようとしている」と語っている[16]。また、ディラックは「私は相補性が好きではない。……相補性はなんら新しい解決方法をもたらさない。……波と粒子についてはまだ最終的な答えは出ていないと私は信じている」と発言している[17]。

科学史家のマーラ・ベラーは、科学者たちは、フランスの現代思想家たち（ジャック・デリダなど）のあいまいな発言についてはやたらと攻撃的で批判的なくせに、ボーアの相補性概念についての曖昧な発言についてはあたかもそこに深遠な意味が込められているかのように崇め奉って批判をしない、と言う[18]。

第9章以降で重要な役割を果たす北アイルランド生まれの物理学者ジョン・ベルは、相補性概念の曖昧さを嫌って、「この点についての、アインシュタインとボーアの知的レベルの差は計り知れない。何が必要かを明確に見た人間と、蒙昧主義者とのあいだには途方もない溝がある」と辛辣にボーアの相補性概念を批判している。[19]

たしかに、結局のところ、相補性という概念を持ち出したところで何がどう解決したことになるのかよくわからないというのは私も同じ感想である。ただ、第9章で解説するように、相補性概念をもう少し明確に定式化して、量子力学の基礎についての新しい知見を得ようとする研究も最近は出てきている。とくに「対象と測定装置は不可分である」という洞察は重要である。

ハイゼンベルクとボーアの違い

前章でも少し言及したが、ハイゼンベルクとボーアの「粒子と波の二重性」についての考えかたの違いについてあらためて考えてみよう。

ボーアによると、波としての記述と粒子としての記述は、同じものを記述しているのではあるが、どちらか一方だけでは不足であり、両方の記述を合わせてはじめて全体を記述できるのであった。

たとえば図6・4のような円筒を考えよう。そして、私たちは二次元世界の住人で、この円筒も二次元的にしか見ることができないとする。しかも、真横から見るか真正面から見るかしかできない。すると、この円筒を真正面から見るとこの円筒は円にしか見えないし、真横から見るとこの円筒は長方形にしか見えない。また真正面から見た結果や真横から見た結果を記述するためには、「円」や「長方形」といった二次元世界の用語を用いるしかない。これは量子力学の世界（三次元世界）を記述するのに、古典論の言葉（二次元世界の言葉）しか用いることができないのと同じである。

　二次元世界の住人にとってみれば、円としての記述と長方形としての記述は相矛盾するが、じつは、どちらも同じ一つのものを記述しているのである（ボーアの言葉でいうと134頁にある「作用量子の有限性のためにたがいに矛盾して見える法則が、相補性の観点にもとづけば論理的に両立可能である」）。そして、これらの記述は、どちらか一方のみだと不十分な記述であり、これらが相補ってはじめて円筒を記述することができるのだ。[20]

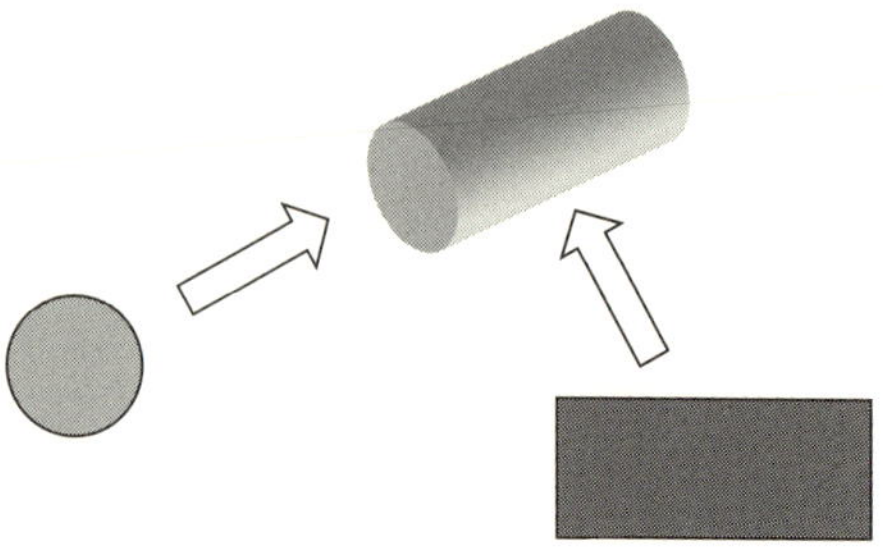

図6·4　三次元の図形である円筒を二次元世界の住人が見れば、どこから見るかで円に見えたり長方形に見えたりする

　ところが、ハイゼンベルクの場合は、量子力学を記述するのにあたって「**粒子**」や「**波**」**という古典論的な概念はもはや通用しない**と考えたのである。上記の比喩を使えば、三次元世界を記述するにあたって、「円」とか「長方形」のような二次元世界の概念はもはや通用しないと考えたということだ。

　だが、「自然の中には、この数学的表現で記述できないものは何もない」ので、二次元世界の住人は、たとえ直感的には想像できなくとも、三次元の円筒を数学的に記述できる。そしてその記述のしかたにはいろいろとあるはずだ。たとえば、直交座標系を用いた円筒の記述と極座標系を用いた円筒の記述では一見、異なるように見えるだろう。だが、これらはそれぞれが単独で完全に円筒を記述できているのである。それと同様に、**行列力学による数学的表現も波動力学による数学的表現も、それぞれが単独で量子力学の世界を過不足なく記述しているのである。**

しかし、ハイゼンベルクの回想によると、ボーアにとっては、「数学的明晰さそれ自体はなんの価値もない」ことであった。「いかなる場合でも、ボーアは**完全な物理的説明が数学的定式化より絶対的に先行すべきであると**確信していた」のである。[21]

ボーアと波束

第4章で、ボーアは、ガイガー＝ボーテの実験（BKS提案を否定し、エネルギー保存則が成り立っていることを検証した実験）によって光子概念を受け入れた、と述べたが、ベラーによると、それ以降も、ボーアは光子概念を受け入れたわけではないという。[22] そして、シュレーディンガーの波動力学の登場によって、光子概念を受け入れずに済むと考えた。

シュレーディンガーとの議論のあと、ボーアはハイゼンベルクとも粒子と波の二重性について論争したことはすでに述べたが、ハイゼンベルクの回想によると、ハイゼンベルク自身は、行列力学だけでも数学的矛盾がないのだからそれで十分であり、「シュレーディンガー理論はときに道具程度に使えばいいと思っていた」のに対し、ボーアはシュレーディンガー理論にもこだわり、どちらの表現も用いたいと思っていたという。[23] ボーアがシュレーディンガーに対してもっていた不満はあくまで、シュレーディンガーが、量子飛躍を否定し、波動関数を古典論的な波として解釈しようとしたことにあったのである。

また、一九二七年四月のハイゼンベルクからパウリへの手紙によると、

> 私は、ボーアと、$p_1q_1 \sim h$ の起源が、量子力学の波動的性質にあるのか、不連続性にあるのかを議論しました。ボーアは、ガンマ線顕微鏡の実験において、波の回折が本質的であることを強調しました。しかし、私は、光量子理論とガイガー＝ボーテの実験が本質的であることを強調しました。[24]

とあり、たしかに、ボーアがこの時点でも波動的性質にこだわっていたことがわかる。

光子概念を受け入れるということは、ある意味で、粒子一元論的な解釈を受け入れてしまうとボーアは考えたのかもしれない。それゆえ、ハイゼンベルクの行列力学だけで十分だとするのは好まず、シュレーディンガーの波動力学にもこだわった。また、ハイゼンベルクが、ガンマ線顕微鏡の思考実験で、粒子的性質のみで不確定性関係を導こうとしたのに反対し、前述したように、コモ講演では、波動的性質を用いて不確定性関係を導いた。

さらに、ボーアはシュレーディンガーとの会見のあと、友人への手紙で、

> 波動力学の登場により、いまや私たちは、定常状態を、量子論と矛盾なく記述する手段を手に入れ

ました。この点こそが、波動力学が行列力学より優れている点なのです。[25]

と書いている。

ハイゼンベルクの量子力学観

次章からくわしく論じるように、アインシュタインは、量子力学が不完全であるとして批判したのであるが、じつは一九二六年にハイゼンベルクからアインシュタインへの手紙には、「量子力学は個々の系について直接に語ることはできず、いつでも平均値を与えるだけであるように私には思われます」と書かれている。[26] 科学史家で科学哲学者であるアーサー・ファインによると、この手紙は、確認できる限りで量子力学の完全性についての最も早い文献である。つまり、**量子力学が不完全ではないかと最初にいいだしたのはハイゼンベルクなのである。**

だが、これはある意味で、ハイゼンベルクらしい意見でもある。というのも、前々節や第5章で見たように、彼にとっては、「数学的な記述」こそが最も重要だからだ。そもそも、「理論が完全である」ということの意味も、アインシュタインが用いている意味とは異なる。ハイゼンベルクにとって「理論が完全である」とは、その理論が閉じている、すなわち、**理論がその内部で完全に整合的であり、それ以上の修正を要しないものである**ということを意味している。[27] それゆえ、量子力学が個々の系を記述することができなかったとしても、実験や観測と矛盾しない限り、ハイゼンベルクにとっては問題ない。

一方で、アインシュタインにとって「理論が完全である」とは、次のような意味である。たとえば、いま、ある系Sのある物理量Qがとる値を、Sを乱すことなしに確率1で予測できるとしよう。すると、この物理量Qは測定前から明確な値をもっていたといってよいだろう。いま「物理量Qが測定前から明確な値をもっていた」ということを「**物理量Qが実在する**」といおう（これはとくに不自然な言い換えではないと思う）。しかし、この実在しているはずの物理量Qの値を、ある理論Aが確率1で予測することができないとすると、このような理論Aはアインシュタインにとって、実在について不完全なのである。一般的にいっても、Qが明確な値をもっているのに、理論AではQの値を確率1で予測できないということは、Aには足りないものがある（不完全である）と考えるのは自然だろう。

だが、繰り返しになるが、実験と矛盾せず、理論内部で整合性もとれていれば、ハイゼンベルクにとっては、理論が実在について完全であるかどうかは関心の外なのである。むしろ、不確定性関係を提唱した者としては、**実在についての知識が量子力学に欠如しているのは本質的なこと**なのである。じっさい、ハイゼンベルクは、「系の不完全な知識は、量子論のどの形式でも本質的なものである」とも述べている[28]。このあたりでそもそもアインシュタインとハイゼンベルクのあいだには深い溝があった。それが、ハイゼンベルクが、アインシュタインの量子力学への攻撃に対してあまり関心を示さなかった理由でもある。

まとめ

- ボーアによると対象と測定装置は不可分である。そして実験結果は古典論の用語でしか語れない。それゆえ、量子論的な現象でも古典論的な記述（粒子的記述や波動的記述など）を用いるしかない。
- ボーアによると粒子的記述と波動的記述、因果的記述（保存則）と時間・空間的記述は排他的であるが、これらはどちらも不可欠な相補的な記述である。それゆえ、「個体を時間・空間座標に位置づけるどのような試みも、かならず因果連鎖の断絶をもたらす」。
- ボーアは、相補性と相対性理論との類似性を強調した。
- ボーアは、量子世界を記述するには粒子的記述と波動的記述の双方が必要であると考えたが、ハイゼンベルクは、どちらか一方だけでも完全に記述できると考えた。
- ハイゼンベルクは、量子力学は統計的な記述しか与えない（それゆえ「実在」の完全な記述を与えない）が、それが量子力学の本質であり、「実在」を記述する必要はないと考えた。

（1）Bohr (1987/1927), p.53［邦訳19～20頁］　以下、本章で注のない引用はすべてコモ講演からの引用である。
（2）アインシュタイン＝ド・ブロイの関係式は、本文中でも示したように、$E = h\nu$, $p = h/\lambda$ である（ただし、ボーアは少し違う表式を用いている）。いま波が Δq の幅をもって局在しているとすると、古典論的な考察からこの波は $1/\Delta q$ だけ波数がばらついた波の重ね合わせによってできていることがわかる。つまり、$kq \sim 1$である（kは波数、$k = 2\pi/\lambda$）。これに先のアインシュタイン＝ド・ブロイの関係式を適用すると、不確定性関係$pq \sim h/2\pi$が得られる。時間とエネルギーの不確定性関係についても同様である。

（3）ボーアの言う「因果的記述が成り立っている」とは「保存則が成り立っている」ということであるが、シュレーディンガー方程式で記述できるということは、（ネーターの定理より）エネルギー・運動量保存則が成り立っているということである。

（4）なお、シュレーディンガーは、コモ講演の少し前に、行列力学で見られる不連続なエネルギーの交換は、共鳴現象として説明できるという論文を発表している。Schrödinger (1927)

（5）Bohr (1936), S.298［邦訳130頁］

（6）Bohr (1939), p.15［邦訳145〜146頁］

（7）*Ibid.*, p.24［邦訳159頁］強調は引用者

（8）Beller (1999), pp.187-188; Howard (2004); Faye (2008); Camilleri (2009) など

（9）Bohr (1987/1929)b, p.11　なお、原文では引用箇所すべてがイタリック体で強調されている。

（10）Bohr (1948), p.199

（11）Bohr (1987/1929)a, p.98［邦訳71頁］

（12）これらの議論については、Katsumori (2011) に彼自身の解釈も含め、簡潔にわかりやすくまとめられている。

（13）Bohr (1936), S.295［邦訳125頁］

（14）Bohr (1987/1929)b でも相対論との比較がなされている。

（15）Shilpp (1949), pp.674, 678

（16）Pais (1993/1991), p.425［邦訳下巻195頁］

（17）Beller (1992), p.147

（18）Beller (1998)

（19）Bernstein (1991)

（20）この比喩は、対象と測定器との相互作用による擾乱が考慮されていないので不適切のように思う読者もいるかもしれない。だが、第9章・10章で詳論するように、ボーアはのちに相互作用による擾乱には言及しなくなり、「現象という言葉を実験

設定全体の記述を含む、特定された状況のもとで得られる観測を指すことにのみ用いられるべきである」と言うようになる。つまり、粒子としてのふるまいを見るための実験条件か波としてのふるまいを見るための実験条件かで、粒子のふるまいが見えるのか波としてのふるまいが見えるのかが変わるわけである。

(21) Heisenberg (1964), p.98
(22) Beller (1992)
(23) Pais (1993/1991), p.303〔邦訳下巻45頁〕
(24) Beller (1992), p.173
(25) *Ibid*., p.161
(26) Fine (1996/1986), p.39〔邦訳62～63頁〕
(27) Camilleri (2006); (2009a)
(28) Heisenberg (1958), p.41

コラム

アインシュタイン vs. マッハ

第5章でも言及したが、アインシュタインは特殊相対性理論（一九〇五年）において、原理的に観測し得ない「絶対的同時性」を否定した。「絶対的同時性がない」とは、「観測者の運動状態によらずある点Aで生じたあるできごとと同時であるような、点Aとは空間的にはなれた点で生じたできごとは存在しない」ということである。一方で、一九二六年には、ハイゼンベルクの量子力学に対して「物理学の理論では観測可能な量だけしかとりあげえないということを本気で信じてはいけません」と諭した。

実証主義に対するアインシュタインの立場の変遷を明らかにするのはなかなかに難しい。そして、その難しさは「アインシュタインへのマッハの影響の変遷を明らかにすることの難しさ」とも関連する。

たとえば、アインシュタインは、特殊相対性理論をつくりあげたころ（一九〇五年）はマッハの影響を受けて実証主義的立場をとっていたが、一般相対性理論をつくりあげたころ（一九一五年）には実在主義的立場になったと、しばしばいわれる。しかし、科学史家で科学哲学者のドン・ハワードによると、それは誤解であり、一九〇五年に発表したブラウン運動についての論文（ブラウン運動は分子運動によって引き起こされる現象であることを示した論文）からも、それ以前に発表された論文からも、アインシュタインが原子の実在を認めていたことは明らかであるという。(1)

エルンスト・マッハ
(1838～1916)

たとえば、「自伝ノート」では、一九〇五年のブラウン運動の論文について、アインシュタイン自身が以下のように発言している（ただし、この発言は一九四九年になされた）。

〔この論文での〕私の主要な目的は、一定の有限の大きさをもつ原子の存在をできるだけ明白に示している事実を見いだすことであった……この考察が、経験とも、プランクが放射の法則から決定した〔高温下での〕真の分子の大きさとも一致していたことが、当時の多くの懐疑論者たち〔オストワルト、マッハ〕に、原子の実在性を納得させたのであった。このような研究者たちの原子論に対する反感は、彼らの実証主義的な哲学の考えかたから生じるのに疑いない。(2)

しかし、「アインシュタインは、特殊相対性理論をつくりあげたころ（一九〇五年）は実証主義的立場をとっていたが、一般相対性理論をつくりあげたころ（一九一五年）には実在主義的立場になった」という通説にもそれなりの根拠があって、一九四八年の手紙には

そのころ〔一九〇五年ごろ〕、私は後の時代に比べてはるかに実証主義に近い考えかたをしていました。……実証主義からの離脱は一般相対論を仕上げたあとで起こりました。(3)

と書いており、また、自伝ノートのなかでも、若いころにはマッハの認識論的立場にも影響を受けたと述べている。(4)

とりあえず、一九〇五年ごろの自身の哲学的立場に関する一見矛盾するような発言は、次のように考えら

れるかもしれない。

(1)「原子」はマッハが言うようなたんなる「経験の説明を簡単にするための道具」ではなく、さらなる予言を可能にするなど、豊かな内容をもっているのに対して、「絶対的同時性」という概念はそういったメリットをもっていないという違いがある。

さらに、先ほどのアインシュタインのブラウン運動の論文についての発言から伺えるように、

(2)「原子」はたしかに直接的には観測できないが、原子の存在を説得的に示すような実験的事実を示すことができる(だが、絶対的同時性にはそのような実験的事実はない)。

というように、アインシュタインが肯定した「原子」と否定した「絶対的同時性」のあいだには大きな違いが存在していた。つまり、アインシュタインは実証主義的な立場といっても、直接的に観測できない対象すべての存在を否定するような強い実証主義的な立場ではなかったのである。

この点については、アインシュタインがハイゼンベルクに語ったマッハについての考えが参考になるだろう。

マッハによる思惟経済という概念は、おそらくすでに真理の一部を含んでいるでしょうが、それは私には多少平凡すぎます。まずさしあたって、マッハに賛成の論点をいくつか挙げてみましょう。われわれ

は明らかにわれわれの感覚を通して世界を把握します。……「ボール」という言葉とそれによる「ボール」という概念の形成は、かなり複雑な感覚的印象を簡単にひとまとめにさせるので、一つの思考経済の行為であるといえるでしょう。……子どもが、「ボール」という概念を形成したときに、複雑な感覚的印象がこの概念によって一括されることによって、たんに心理的に単純化が達成されるのか、それともボールというものが実際に存在するのか。マッハはおそらく次のように答えるでしょう。「ボールが実際に存在するという命題は、簡単にひとまとめにできるような感覚的な印象の主張より以上のものを、まったく含んでいない」と。しかし、そこでマッハはまちがいを犯しています。なぜならば第一に、**「ボールが存在する」という命題は、おそらく将来においてあらわれてくるであろう可能な感覚的印象について、たくさんの陳述を含んでいます。**可能なもの、および予期されるべきものは、われわれの現実の重要なる構成要素であり、事実のかたわらで簡単に忘れ去ることの許されないものです。そして第二に、**感覚的印象による概念と物とへの結論は、われわれの思考の基本的前提に属しているのだということ、つまり、もしわれわれが感覚的印象についてだけ語ろうとするときには、われわれの言葉と思考とを断念しなければならない**ということを考えねばなりません。言い換えれば、世界が実在するということ、われわれの感覚的印象がいくらか客観的なものに基礎を置いているという事実が、マッハでは少し軽視されすぎているのです。私はそういっても、素朴な実在論のために弁護したいわけではありません。[5]

また、一九二二年に開催された国際会議でのアインシュタインの次の発言も参考になる。

マッハの体系は、経験的データの関係を調べるものです。というのも、マッハにとって科学とはこれらの関係の全体だからです。この考えかたはまちがっています。事実、**マッハのやってきたことはカタログをつくっているだけ**であり、彼は立派な物理学者（mechanician）であったのと同様にダメな哲学者です。彼は、その、直接観察可能なデータのみを扱う科学観によって、原子の実在を否定したのです。……しかし、**概念は変化しうる**という点については、私はマッハに完全に同意します[6]。

マッハの実証主義的な態度がアインシュタインに影響を与えたことは確かであろうし、実証主義によってもたらされた絶対的同時性の否定は明らかに（アインシュタイン自身が認めるように）、特殊相対論構築の手引きになっている。だからといって、経験を超える理論的対象のすべてを否定すべきだと考えたのかというと、そうではない。たとえば「原子」の場合、それはたんに説明のための便利な道具なのではなく、原子の存在を仮定することは「おそらく将来においてあらわれてくるであろう可能な感覚的印象について、たくさんの陳述を含んで」いるから、直接的にその存在が検証できなくとも、原子の存在を認めるべきなのである。

では、アインシュタイン自身が語る一九〇五年から一九一五年の実証主義に対する態度の変遷は、どういうことなのだろうか。ここまでの議論では、結局、一九〇五年のころからマッハに完全に同意していたわけではないということであった。すると、一般相対性理論構築のあとは、さらにマッハ的な立場から距離をとったということなのだろうか。

一般相対性理論において、アインシュタインは、「空間」が物質の存在によって歪むことを示した。これは空間が物質とは無関係に不変かつ一様に存在するというニュートンの考えを否定するものである（「概念は変化しうるという点については、私はマッハに完全に同意します」）。そういう意味では、マッハの思考と対立するものではないが、一方で、「空間が歪む」という考えかたは、「空間」という実体の存在を連想させるし、理論的には「物質の存在しない空間」も存在可能であった。マッハは、「(空間の) 関係説」といって、もし宇宙に物質が存在しなければ空間も存在しないという考えであった（つまり、空間は実体的なものではない）。こう考えると、たしかに、一般相対性理論構築後にアインシュタインが実証主義から離脱したというのはわかる気がする。しかし、繰り返しになるが、アインシュタインは、一九〇五年以前から「原子」の存在を、まだ実験的証拠が弱いのにもかかわらず認めていた（一九〇五年のアインシュタインの論文とそれに刺激を受けたジャン・ペランの一九〇八年の実験によって原子の存在を示す確固たる実験的事実がようやくそろったのである）。そしてなぜ原子の存在を認めていたのかを考えると、一九〇五年ころのアインシュタインの立場でも一般相対性理論の哲学と矛盾はない気もする。じっさいに、アインシュタインは自身の立場の「変遷」を語る一方で、第5章で述べたように、ハイゼンベルクからの反論に対して、あたかも自身の立場は特殊相対性理論のころから変わっていないかのような回答をしている。

なお、マッハは、はじめは相対性理論に対して好意的であったが、一九一三年には

> 私は……現今の原子論信仰を認めるのを差し控えるのと同じくらい確実に、相対論の先行者とされるのを拒否しなければならない。(7)

と述べている。これはすでに述べたように、一般相対性理論では、空間を実体的にとらえているように解釈できるからであろう。しかし、アインシュタインのほうは、

この理論の考えかたの方向は全体としてマッハの思考と一致しているので、これ〔マッハの反応〕が老齢のため吸収能力が減退した結果なのは、ほとんど疑いがない。それでマッハを一般相対性理論の先駆者と考えるのは正当だとみなされる。(8)

と述べたという。「マッハの思考と一致している」というのは、一つは、すでに述べたように、「空間が物体と無関係に不変で一様である」というニュートン的空間概念を変更したことであり、もう一つは、「系がどのような運動状態にあっても、すべての物理法則は不変である」という「一般相対性原理」を根幹に据えたことであろう。

---

(1) Howard (1993)
(2) Einstein (1949), pp.47-49〔邦訳196〜198頁〕
(3) 一九四八年のD・S・マッキーへの手紙。Fine(1996/1986), p.86〔邦訳131頁〕
(4) Einstein (1949), p.21〔邦訳176頁〕
(5) Heisenberg (1996/1969), S.81-82〔邦訳106〜107頁〕強調は引用者
(6) Anon. (1923), p.253 強調は引用者
(7) Abraham (2005/1982), p.283〔邦訳370頁〕; Mach (1926/1916), p.viii
(8) Abraham (2005/1982), p.283〔邦訳370頁〕

第Ⅲ部

量子力学の反対者としてのアインシュタイン

第7章

可動式二重スリットの思考実験

不確定性関係は成り立っているか

量子力学が誕生して二年後であり、ハイゼンベルクが不確定性関係を発表した年でもある一九二七年十月、ついにアインシュタインによる量子力学への批判が開始される。

本章からは、アインシュタインの巧みな量子力学批判とその意義について見ていくのだが、その前に、粒子には見られない波に固有の現象である「**回折**」と「**干渉**」について説明しておく。これらの現象についてすでにご存じの読者は三頁先の「量子力学は統計的な記述しか与えない」まで読み飛ばしてもらって差し支えない。

波の回折と干渉

まず、回折について説明しよう。たとえば、海に、図7・1に描かれたようなわずかに隙間のある防波堤があったとする。いま、波が

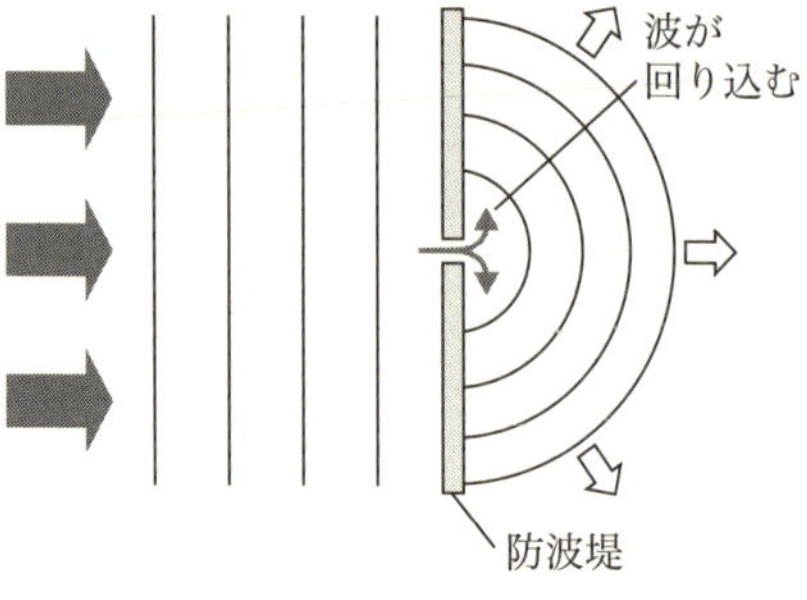

図7・1　波の回折

左から右へやってきてこの隙間を通過すると、波は防波堤の後ろ側（右側）へと回り込む。これが「回折」といわれる現象である。

しかし、粒子で同じことをやってもこのような現象は起きない。たとえば、壁に穴をあけて、そこに小さなボールを通しても、壁の後ろ側には回り込まない。穴の端に当たれば多少は進行方向が曲がるが、波の回折ほど回り込むことはない。

次に、「干渉」を説明しよう。「干渉」というのは、波と波が重なったときに新しい一つの波ができる現象である。その新しい波の「高さ」は、ちょうどぶつかった二つの波の高さを足し合わせたものに等しい。これを「**重ね合わせの原理**」という。波の山と山が重なれば強め合うし、山と谷が重なれば打ち消し合う。

図7・2に示した実線と破線の波のように、たがいの波の高さ（「**振幅**」という）も、波の山と山の距離（「**波長**」という）も同じで、ちょうど一方の山ともう一方の谷が重なるようになっているとき（つまり、波長の半分だけたがいにずれているとき[1]）、これら二つの波はちょうど打ち消し合って消えてしまう。このようにたがいがちょうど波長の半分だけずれていることを「位相が180度ずれてい

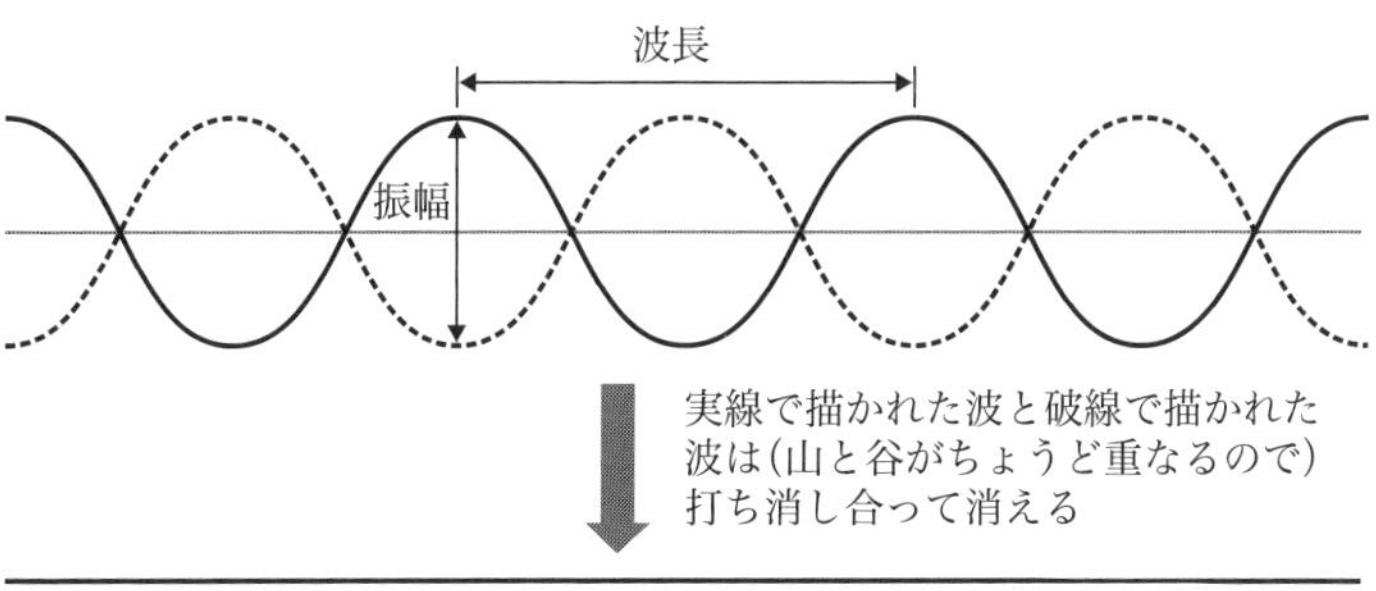
波長
振幅
実線で描かれた波と破線で描かれた波は(山と谷がちょうど重なるので)打ち消し合って消える

図7・2　波長と振幅が等しく位相が反対の二つの波

る」あるいは「位相が反対（逆）である」などという。たとえば、最近のヘッドフォンに備わっている「ノイズキャンセリング」という機能は、波の干渉を利用したものである。そこでは、外部の騒音をちょうど打ち消すような音（外部の騒音となるべく同じ波長・振幅で位相が反対の音）を発生させてノイズを軽減しているのである。このようなことは、もし音が粒子であれば起こりようがない（二つの粒子がぶつかってどちらも消滅してしまうということは、少なくとも古典論的な世界では起きない）。

もしも位相が同じ、つまり、たがいの山と山、谷と谷が重なり合うならば、二つの波は強め合うことになる。なお、ある一点を一秒間に何回波の「山」が通過するかを「**振動数**」といい、「ヘルツ Hz」という単位であらわされる。

ヤングの二重スリット実験

ここで、本章で主に扱う「可動式二重スリットの思考実験」に関連する、トーマス・ヤングが十九世紀のはじめに行った「**ヤングの二重スリット実験**」について説明しておこう。

まず、図7・3(a)の最も左にある隔壁D_1にはスリットを一つだけ開けておく。ここを通った光は、光の回折現象により、空間的に一様に広がりながら、次の隔壁D_2に向かう。隔壁D_2には二つのスリットが開けられており、上のスリットを通った光と下のスリットを通った光はたがいに干渉して、スクリーンSに明るい線(強め合った光)と暗い線(弱め合った光)が交互にあらわれる(図7・3(b))。これを「**干渉縞**」と呼ぶ。

容易にわかるように、もしも光が粒子であるならば、このような現象は起こりえない。それゆえ、ヤングの二重スリット実験によって光の波動説が受け入れられていったのである。

量子力学は統計的な記述しか与えない

一九二七年十月二十四日から二十九日まで、ベルギーのブリュッセルで第五回ソルヴェイ会議が開かれ、アインシュタインをはじめ、ボーアやハイゼンベルクなど錚々たるメンバーが集まった。会議の最中は、アインシュタインは確率解釈について簡単な異議を唱える以外はずっと黙り込んでいたが、出席者全員が宿泊していたホテルの食堂では活発であったという。彼は朝食時にいつも、量子力学がうまくいかないことを示す思考実験を考えてきた。これに対してパウリとハイゼンベルクはあまりとり合わなかったが、ボーアはそれを注意深く分析し、晩さんの席で解決策を示した。

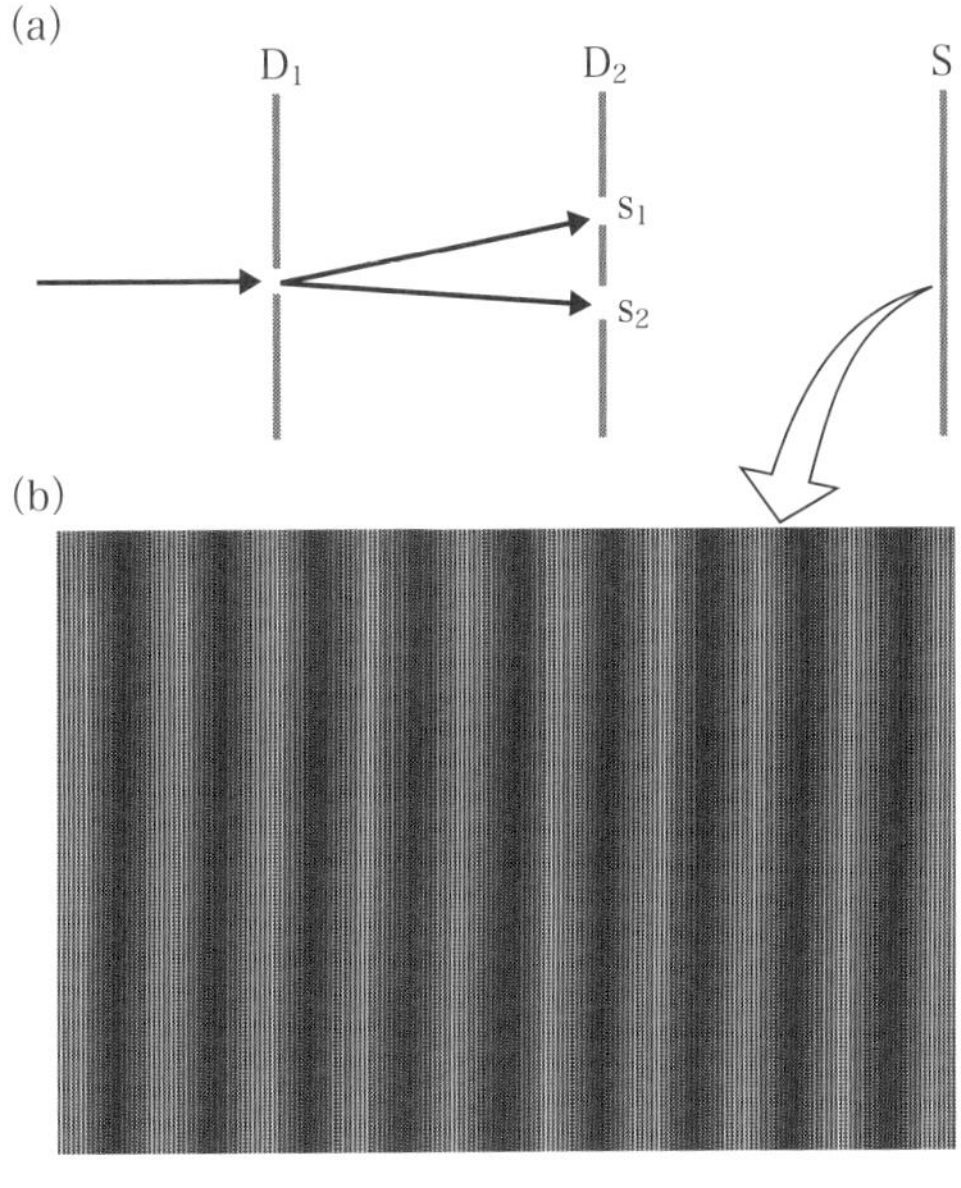

図7･3　ヤングの二重スリット実験と干渉縞

ハイゼンベルクとボーアの回想によると、パウル・エーレンフェストは、「アインシュタイン、私は君のために恥ずかしいよ。なぜなら、君は、相対性理論に反対した君の敵対者たちがやったのとまさに同じように、新しい量子論に反対する議論をしているじゃないか」とアインシュタインを諌めたという[2]。

さて、アインシュタインが提案した思考実験のなかで、彼が、それによって**量子力学は統計的な記述しか与えない**ことを示すことができると考えたものを見てみよう[3]。図7・4のような装置を考える。この装置に電子一個分の強度の電子線を打ち込むと、穴を通過した電子は回折し、半球状のスクリーン上の一点で観測される。

この電子がスクリーンのどの点で観測されるかを予測するには、スクリーンに到着する時刻に、電子が位置に関してどのような状態になっているかを記述する波動関数を調べればよい。すると、波動関数は、半球状のスクリーン全体に均一に広がっていることがわかる。もし、波動関数の自乗が電子の存在確率をあらわすというボルンの確率解釈（第4章参照）に従うなら、**電子が、観測直前までスクリーンの全領域にわたって潜在的に存在している（それゆえ、電子がスクリーンの各点に到達**

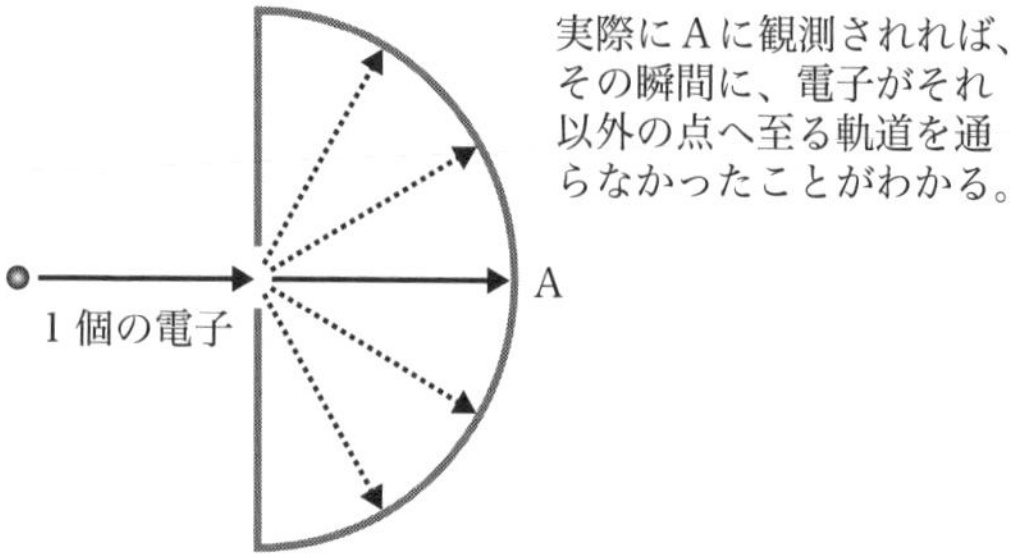
実際にAに観測されれば、その瞬間に、電子がそれ以外の点へ至る軌道を通らなかったことがわかる。
A
1個の電子

図7·4　半球状スクリーンを用いた思考実験
電子の波動関数は回折して半球状スクリーン上に広がるが、実際に電子が観測されるのはスクリーン上の1点。

するまでの各軌道も潜在的に存在している）ということだ。ところが、実際に測定すると、電子はスクリーン上の一点でしか観測されない（点Aで観測されたとしよう）。すると、測定によって、その電子が点Aに存在する確率は1になると同時に、点Aから空間的に離れた他の点に存在する確率は0になる。つまり、波動関数が個々の電子の過程を記述しているならば、電子が点Aに到達するまでの軌道が残ることによって、電子が点A以外の点に到達するまでの軌道が消えたということになる。すなわち、**点Aで生じたできごとが、瞬間的に空間的に離れた他の点のできごとに影響を与えている**。ところが、アインシュタインの相対性理論では、点Aで生じたできごとが、空間的に離れた点で生じたできごとに瞬間的に（光より速い速さで）影響を与えることを禁じている。

アインシュタインによると、このような問題を避けるには、シュレーディンガー方程式単独で電子がスクリーンに到達するまでの過程を記述できると考えるのではなく、伝播過程の電子が量子力学以外のなんらかのメカニズムによって局在化されていると考えるしかない[4]。すなわち、量子力学は個々の電子についての情報をわれわれに与えてはくれず、電子の集団についての統計的な知識しか与えてくれないということである。

これに対してボーアは、「私にはアインシュタイン氏の意図が正確には理解できていません」と断りつつも以下のように答える。「擾乱《じょうらん》がない観察」という前提自体が誤りであって、「擾乱を排するということは、実験と時空的な観察の全手段を排することを意味します[5]」。私たちは実験をうまく記述してくれる数学的手段を手に入れているものの、「量子力学が何かを私は知りません」と言うのである[6]。

つまり、アインシュタインは、微視的な世界で「何が起きているか」（いまの例でいうと、電子がスクリーンに到達するまでの過程）を私たちのふるまいとは独立に知ることができると考えているが、ボーアによると、微視的世界については、私たちは実験を通じてしか知ることができないのである。それゆえ、どのような実験設定をするかで私たちの知識も限られてくる。

私たちは、**電子の位置を確定するためには、不確定性関係や相補性概念によって因果的な記述を放棄しなければならない**。だから、このような、位置（運動量ではなく）を測定する実験装置においては、電子がスクリーン上の点Aに到達するまでにどのような軌跡を描いたかという因果的な記述はできない。それゆえ、アインシュタインの議論は成り立たないのである。

可動式二重スリットの思考実験①

アインシュタインは、第五回ソルヴェイ会議で、上述の思考実験のほかにもいくつもの思考実験を考えてきて、量子力学に挑戦したのだが、それらのうち、よくとりあげられるのが、次に紹介する「**可動式二重スリットの思考実験**」である。

二つの孔が開いた隔壁D_2を図7・5のようにばねでつるし、自由に動

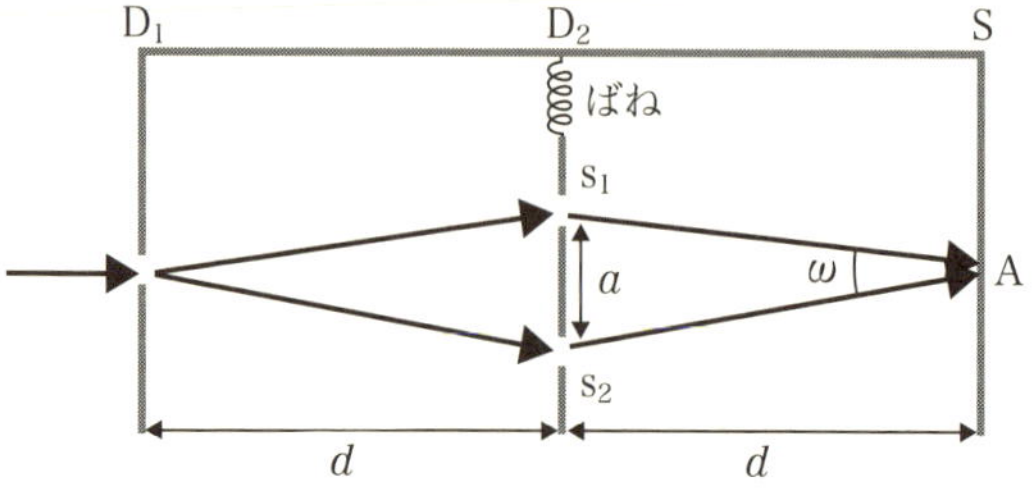

図7·5　可動式二重スリットの思考実験

けるようにした実験装置を考えよう。前節でとりあげた半球状スクリーンの思考実験に、隔壁D_2を加えて、スクリーンを平面にしただけである。

先ほどの半球状スクリーンの思考実験に対するボーアの言い分は、時空の記述を目的とする実験では因果的な記述（電子がどのような軌道を通ったかの記述）は不可能である、というものであった。ところが、アインシュタインによると、軽いバネで吊るし自由に動けるようにした二重スリットのある隔壁D_2を加えることで、**スクリーンに到達するまでの電子の因果的記述（電子がどのような軌道を描いたかを知ること）が可能になる**という。なぜだろうか？

図7・6(a)のように、まず、あらかじめ、D_1通過後D_2通過前の電子と隔壁D_2の、運動量の垂直成分（隔壁と平行な成分）を測っておこう。この測定によってたとえば、図の上向き

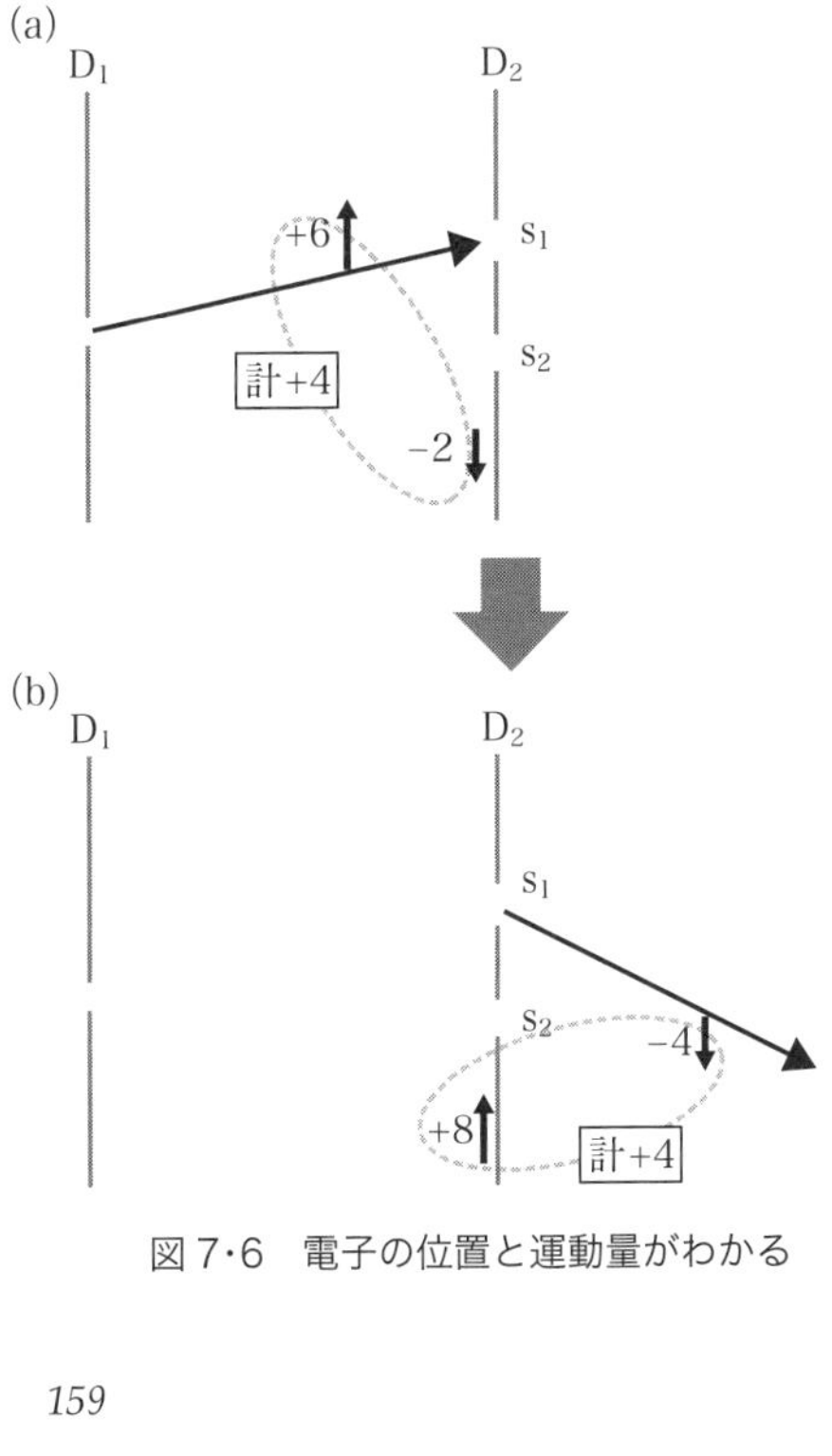

図7・6　電子の位置と運動量がわかる

を正の方向としたとき、電子の運動量は+6（電子は右上方向に運動している）、D_2の運動量は−2とわかったとしよう。つまり、スリット通過前の、電子とD_2を合わせた運動量は+4である。

次に、スリット通過後のD_2の運動量を測定する。これによって、図7・6(b)のように、D_2の運動量が+8だとわかったとする。運動量というのは、全体として保存しなければならないので、スリット通過後の電子の運動量は、(+4)−(+8)＝−4であることがわかる。つまり、電子は右下方向に運動している。右上へ運動していた電子が、スリットに衝突して右下へと運動方向を変えたわけだから、電子は上のスリットS_1を通過したはずである。

このようにして、電子が上のスリット（S_1）を通過したか、下のスリット（S_2）を通過したかがわかるから電子の位置（どちらのスリットを通ったか）がわかるし、上記のように運動量もわかるので、スクリーンに到達するよりも前にこの電子がどのような軌道を通ったのかがわかるのである。

このアインシュタインの議論が正しいとすれば、量子力学は、「**本当は確定している電子の軌道をちゃんと記述できていない**」ということになり、それゆえ、個々の電子を記述するものではなく、電子の集団を記述するものに過ぎないことになってしまう。このアインシュタインの批判に対して、ボーアはどのように答えたのだろうか。

ボーアによると、重要なのは、**不確定性関係を、電子のみに適用するのではなく、巨視的な隔壁D_2にも適用すべきである**ということだ[7]。電子の運動量を測定するには、D_2の運動量を測定しなければならなかったが、そのことによってD_2の位置は不確定になる。すると、スリットの位置も不確定になるから、スリット通過後の電子の運動量は予測できても、位置はわからなくなるのである。

この思考実験で問題となっているのは、（電子の）位置と運動量を誤差なく同時測定できるかどうかではないので気をつけよう。たしかに、隔壁D_2のみで、電子の位置と運動量を同時に測定することはできない。しかし、スリット通過後、スクリーンに到達するまでの電子は外から力を受けないので運動量が保存されるはずだから、隔壁D_2では運動量のみを測定し、スクリーンで位置を測定すればよい。すると、スクリーン到達時の電子の位置と運動量を任意の精度で同時測定できるはずだ。また、そこから逆算してスリット通過直後からスクリーンに到着する前の軌道がわかる（ただし、どちらのスリットを通ったかは、隔壁D_2の位置が、運動量測定によって不確定になっているのでやはりわからない）。

ここで、第五回ソルヴェイ会議の前に行われたコモ講演で、位置と運動量が同時に測定されることがあることをボーアは認めていたことを思い出そう。では、いま問題とされている不確定性関係とはいったい何なのだろうか。

二つの不確定性関係

じつは、**不確定性関係には少なくとも二つの意味がある。**ハイゼンベルクが一九二七年の論文で示した位置と運動量の不確定性関係は、もともとは「**位置と運動量を同時に測定したときに測定誤差をどちらも0にすることはできない**」というものであった。そして、この不確定性関係は、ただ一つの思考実験から導かれたものであるから、一般性があるかどうかがわからない（どのような測定実験でも成り立つのかどうかはわからない）ものであったし、じっさいに同時測定は可能なのであった。

このことを、すぐあとにボーアもハイゼンベルクも認めることになったのはすでに述べた。では、いま話題になっている不確定性関係はどういう意味なのだろうか。

一九二七年七月にアール・ケナードが、量子力学の原理から、一般的に成り立つ不確定性関係を数学的に導き出した(8)。この不確定性関係では、ハイゼンベルクが導き出したものと異なり、不確定なのは、位置や運動量の測定値の「**標準偏差**」である。標準偏差というのは、いくつもとったデータがどれくらいばらついているか、という「ばらつき度」のことである。標準偏差が小さければ小さいほどばらつきも小さく、大きければ大きいほどばらつきも大きい。そして、**ケナードの不確定性関係は、**［**位置の標準偏差**］×［**運動量の標準偏差**］**がある値以下にならない**というものである。

ハイゼンベルクがもともと意図した不確定性関係が、位置と運動量を同時に測定できないというものであるのに対

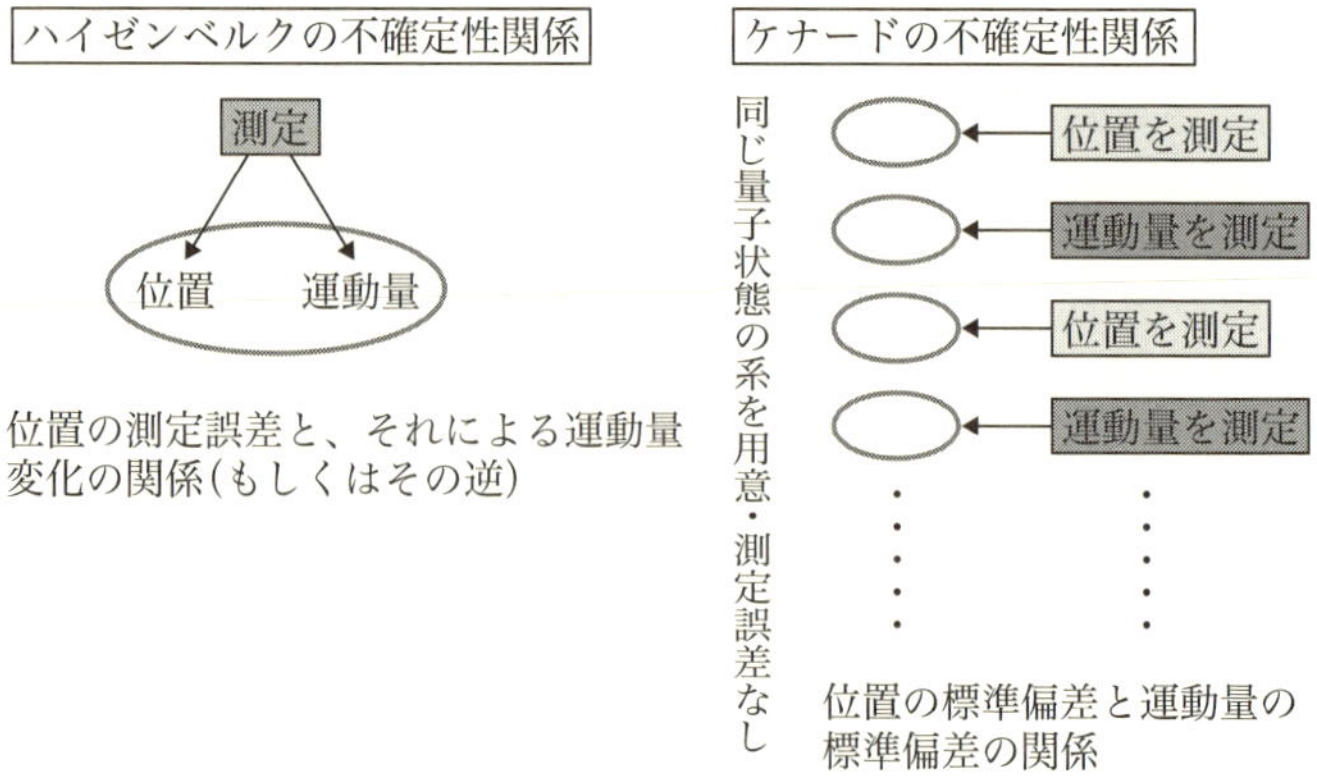

図 7·7　二つの不確定性関係の違い

して、ケナードの不確定性関係は、位置と運動量を別々に測定した場合にも成り立つ（図7・7）。たとえば、同じ初期状態（ここで「同じ状態」とは「同じ波動関数で表現できる状態」という意味）にした電子をたくさん用意して一つの集団をつくる。この集団からいくつかの電子をとり出してあらたに電子の集団をつくり、初期状態から十秒後の位置を測定する。いま測定誤差はないものとしよう[9]。

もしその集団内のどの電子の測定結果も同じなら、それはデータのばらつきがまったくないということだから、この集団に属する電子の位置の標準偏差は0である。これはどういうことを意味するかというと、この初期状態にある電子が十秒後にどこにあるかを理論的に確率1で予測できるということである（同じ初期状態であればつねに同じ測定結果になるから）。

ところが、もとの集団からふたたび新しい集団をつくって、この集団の電子の運動量を測定しようとすると、（位置の標準偏差は0だから）ケナードの不確定性関係によればその測定値は完全にばらつく——標準偏差が無限大になる。それゆえ、この状態にある電子の運動量を十秒後に測定したときの値を予測することはできない。言い換えると、ケナードの不確定性関係は、**量子力学は位置と運動量を同時に確率1で予測することはできない**と主張していると解釈できる。このように、ハイゼンベルクの不確定性関係（**測定誤差に関する不確定性関係**）とケナードの不確定性関係（**標準偏差に関する不確定性関係**）には異なる意味があるのだ。

不確定性関係にこれら二つの意味があることは、カール・ポパーが統計的な解釈（標準偏差に関する不確定性関係）を唱えてから意識されるようになってきた。ただ、どうやら、一九八〇年代くらいまでは、二種類の不確定性関係があるというよりも、これらのうちのどちらかがより本質的であると考えられていたようだ。[10] これら二つの不確定性関係は別のものだと正しく捉えられるようになるのは、次頁で説明する「小澤の不等式」とも関係するが、重力波検出実験に関する論争以降である。[11]

ボーアの不確定性関係

前章で、ボーアがコモ講演において、ハイゼンベルクとは異なる不確定性関係の導出方法を示したと述べた。この**ボーアの不確定性関係は、標準偏差に関するものである**と解釈できる。というのも、量子的な波が実空間で局在しているならば、それだけ運動量空間では広がった波になっているからだ。つまり、波が局在していればしているほど、その波はより多様な波長の平面波の重ね合わせとして表現できるというのが、ボーアの不確定性関係であったのだ。たとえば、電子一個あたりの「波」を考えると、この波の実空間における「幅」はその電子の位置の「不確かさ」、つまり、じっさいにこの電子の位置を測定したときにその幅の中

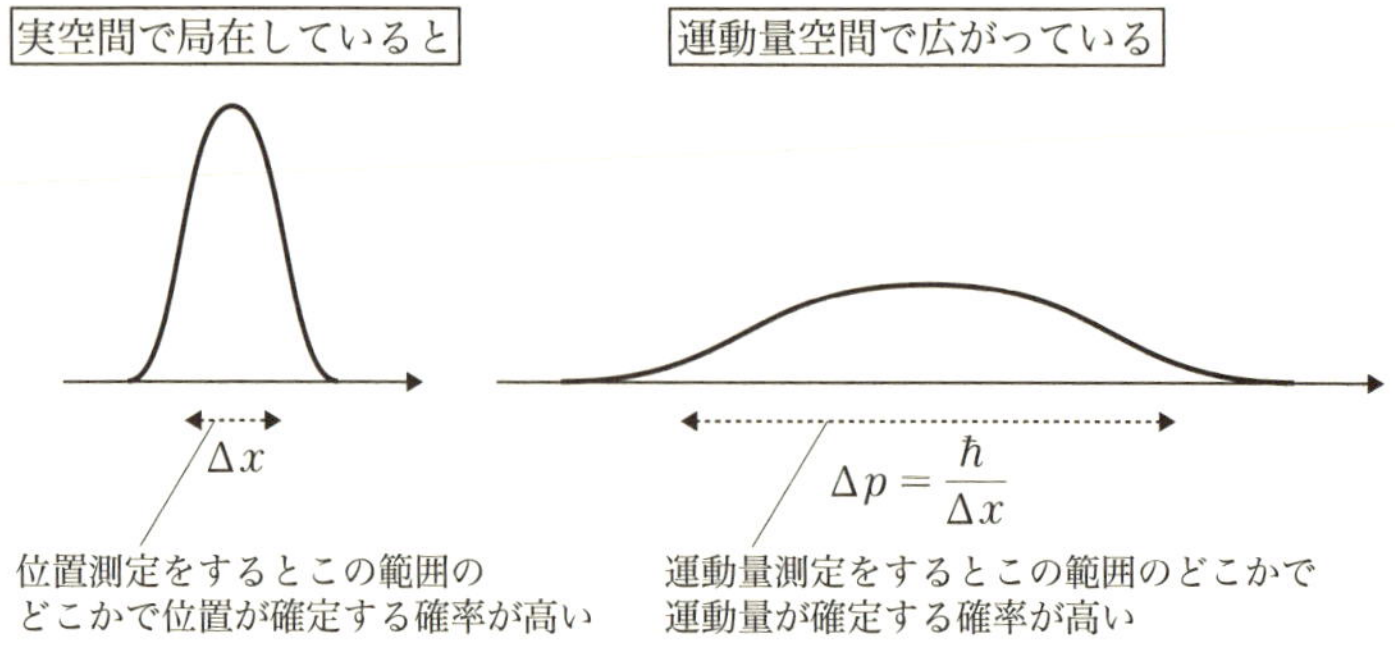
実空間で局在していると
運動量空間で広がっている
Δx
$\Delta p = \dfrac{\hbar}{\Delta x}$
位置測定をするとこの範囲のどこかで位置が確定する確率が高い
運動量測定をするとこの範囲のどこかで運動量が確定する確率が高い

図 7·8　ボーア版不確定性関係

のどこに見いだすことができるかがわからないということを示していると解釈できる（より正確にいうと、同じ幅の波束を多数用意すれば、測定のたびに、この幅の中で電子があちらこちらに見いだされるだろう）。

また、（ボーア版の）時間とエネルギーの不確定性関係に関しても同様に考えることができる。すなわち、たとえばある一個の電子を打ち出したときに、それがある特定の地点Aに到達する時間とその電子のエネルギーを測定したときに得られるであろう値（予測値）のあいだに成り立つ不確定性関係を示しているのである。繰り返すが、これは予測に関する不確定性関係であって、**じっさいにその電子がAに到着したときには、その到着時刻とその電子がもっていたエネルギーを同時に測定できる。**

小澤の不等式

さて、上述のように、理論的には位置と運動量を測定誤差なしに同時に測定できてもおかしくないのであった。では、測定誤差に関しては、量子力学は何も制限を設けないのだろうか。それとも、量子力学から導かれる一般的な、測定誤差に関する不確定性関係も存在するのだろうか。存在するとすればそれはどのようなものなのだろうか。

名古屋大学の小澤正直は、現在では「**小澤の不等式**」と呼ばれている新しい不確定性関係を二〇〇三年に提案した[12]。これは一般的に成り立つ不確定性関係である。二〇一二年には、ウィーン工科大学の長谷川祐司らのグループが、ハイゼンベルクの不確定性は破れているが、小澤の不等式は成り立っているような状況があることを実験的に示した。[13] この小澤の不等式によると、位置と運動量の標準偏差のいずれかが無限大になった場合は、位置と運動量を誤差0で同時測定することが許されるのである。[14] 言い換えると、じっさいに**位置と運動量を同時に測定することは可能なのであるが、そのような状況では、少なくとも一方の標準偏差が無限大になってしまう**のだ。

可動式二重スリットの思考実験②

ここでふたたび可動式二重スリットの思考実験について考えてみよう。まず隔壁D_2（可動式スリット）を固定したうえで、電子を一個ずつ打ち込んでいく。この実験を多数回繰り返すと、スクリーン上に干渉縞があらわれる。干渉縞の明るい線は、そこに電子が到達したことを示す。つまり、明るい線の幅は、電子の到達位置のばらつき具合を示している。

この線の幅はもちろん有限であるから、電子の位置の測定値の標準偏差も有限である。そして、スクリーンのどの位置にどれくらいの幅で明るい線があらわれるかは、実験前から古典的な波動論を用いて正確に予測できる。高校生のころに物理を選択した読者なら、具体的に計算したこともあるだろう。

さて、先に議論したように、隔壁D_2を用いると電子の運動量を予測することができる（とアインシュタインは主張する）。すると、運動量の測定誤差を0にできれば、ある明線に到達した電子のうち、同じ運動量をもつ電子だけで新しい電子の集団をつくることができることになる。つまり、**位置の標準偏差は（特定の明線内の電子から成り立っているのだから）有限にとどまっているのにもかかわらず、運**

動量の標準偏差が0であるような集団をつくることができることになる。これは標準偏差に関する不確定性関係に反する。

ところが、ボーアによると、

アインシュタインの提案した運動量の制御は、その隔壁の位置の知識に不確定をもたらし、そのために肝心の干渉現象が消滅することがわかる(15)。

のである（具体的な計算は付録解説D参照）。すなわち、**ある電子について、それが上のスリットから来たのか、下のスリットから来たのかがわかるほどの正確さで運動量を測定するならば、それによって生じる位置の不確定さは、干渉縞の間隔以上になってしまう**のである。それゆえ、運動量が確定することによって、干渉縞が消滅する。つまり、運動量の標準偏差を小さくするほど、位置の標準偏差が大きくなってしまい、やはり（標準偏差に関する）不確定性関係は成り立っているのである。

続けてボーアは以下のように論じる。

ここはきわめて重要な論点である。というのも私たちは、ある粒子の経路を追跡するか、あるいは干渉効果を観測するか、そのいずれか一方を選択しなければならないという事情があるからこそ、単一の電子ないし単一の光子のふるまいが、隔壁上のその粒子が通過しなかったことを示しうるスリットの存在に左右されるに違いない、というような逆説的な結論から逃れることができるのである。ここで私たちは、**たがいに排他的な実験設定で、相補的な現象がどのように出現するのかの典型的な例に関わっている**のであり、そしてまさに、量子効果の分析においては、**原子的対象の独立なふるまいと、その現象が発生する条件を定めている測定装置との相互作用を明確に分離することが不可能である**という事態に直面しているのである。(16)

こうして、ボーアは、時間・空間的な記述をとる（干渉縞を生じさせる）と因果的記述ができなくなり（運動量がわからなくなり）、因果的記述をとる（運動量を正確に知る）と時間・空間的な記述ができなくなる（干渉縞が消える）という相補性概念を用いて、アインシュタインの挑戦を退けたのである。

この考察を、先の小澤の不等式を用いて説明しなおそう。まず、可動式二重スリットで運動量を誤差0で測定して、その後、スクリーン上に到達した位置を誤差0で測定すれば、位置と運動量を同時に誤差0で測定できるのであった。このとき、小澤の不等式から、これらが誤差0で同時測定できると、少なくとも一方の標準偏差が無限大になることがわかる。じっさい、スクリーンに到達する位置が完全にばらつき、干渉縞が消滅する。つまり、位置の標準偏差が無限大になるのである。

不確定性関係と測定装置による力学的擾乱《じょうらん》

ところで、ハイゼンベルクによるガンマ線の思考実験や、可動式二重スリットの思考実験の分析から、量子力学において位置と運動量の両方を予測できない（これらの標準偏差を同時に0にはできない）のは、測定が対象を力学的に擾乱するからであるように思える。つまり、**測定する際の測定装置との相互作用によって状態が乱されてしまい、その結果、測定後の対象の状態は測定前の状態と異なってしまうので、測定によって得られた値は予測に用いることができない。それゆえ、不確定性関係が成り立つ**ということである。たとえば、この思考実験において、電子の運動量をコントロールすることによって位置が不確定になるのは、隔壁D_2の運動量の測定が力学的に隔壁D_2の位置を乱してしまい、それによって電子の位置も乱してしまい、干渉縞を消滅させるのであった。

　では、対象を、測定装置と相互作用させずに測定すれば、不確定性関係は成り立たなくなるのではないだろうか。つまり、対象に力学的擾乱を与えずに測定する実験設計を考え出すことによって、量子力学の帰結である（標準偏差に関する）不確定性関係を反証し、量子力学が「最終的な答え」でないことを示すことができるのではないだろうか。

　しかし、そのことはむしろ、**測定対象に力学的擾乱を与えずに測定することが不可能である**ことを意味するともいえるのではないか。本章でも引用したボーアの「擾乱を排するということは、実験と時空的な観察の全手段を排することを意味します」とは、まさにそのような「測定対象との相互作用を排した実験」が不可能であるという主張であるように思える。第6章でも同様な主張をしていると思われるボーアの文章をいくつか引用した（たとえば121頁に示した「量子仮説は、原子的現象のすべての観測には、観測装置との無視することのできない相互作用がともなうということを、意味している」など）。

ところが、アインシュタインは、**力学的な擾乱を対象に与えることなしに、測定する実験を考え出すことに成功する**のである。そして、この当時はまだだれも予想していなかったであろう量子力学のさらなる奇妙な性質をあぶり出すことになる。それについては、第8～10章で見ていくこととする。

まとめ

- アインシュタインは、量子力学が個々の電子を記述するものではなく、集団の性質を記述するものでしかないことを示すために、半球状スクリーンの思考実験や可動式二重スリットの思考実験を示した。しかし、ボーアは巧みにこの批判を回避した。
- このとき、どの物理量を測定するための実験設定であるのかということ、そして、対象と実験装置との相互作用が重要となる。
- 不確定性関係には二つの種類がある。測定誤差に関するものと標準偏差に関するものである。
- 小澤正直によると、測定誤差に関するハイゼンベルクの不等式は書き換えられるべきであり、小澤が導いた新しい不等式では、非可換な物理量の同時測定が可能である。

（1）もう少し正確にいうと、波長の整数倍＋波長半分だけずれているとき。

（2）Bohr (1949), p.218［邦訳236頁］; Heisenberg (1996/1969), S.99-100［邦訳130頁］ ボーアによると、しかし、エーレンフェス

トはこのあと、アインシュタインと意見が一致するまでは心が安らがないと述べたという。

（3）Bacciagaluppi, *et. al.* (2009), pp.440-442　正直なところ、これを読んだだけではアインシュタインの意図するところはわかりにくい。本書では、Bohr (1949) の邦訳にある山本義隆の解説も参考にした。

（4）Bacciagaluppi, *etc.* (2009), p.441

（5）*Ibid.*, p.442

（6）*Ibid.*

（7）じつはこの議論はちょっと微妙である。というのも、では、量子力学的に扱わなければならないものと古典論的に扱わなければならないものの境目はどこにあるのか、ということになるからだ。ボーアによると、測定器として考えるときは古典論的に扱わなければならず、測定対象として扱うときには量子力学的に扱わなければならない。だが、このことがきちんと根拠づけられているわけではない。Home and Whitaker (2010/2007), p.67

（8）Kennard (1927)

（9）じつをいうと、「誤差」とか「測定による擾乱」という概念は定義の難しい言葉であり、このあとの同時測定に関する議論は、これらの定義により妥当か否かが決まる微妙なものである。「測定値」も、一回の測定で得られた値を考えるか、何度か繰り返し実行された測定により得られた値の平均値を考えるか、という違いがある（現実の実験では平均値をとる）。しかし、本書ではわかりやすさを優先して、それらの議論には深入りしないことにする。

（10）Jammer (1974), pp.81-82［邦訳94～95頁］

（11）たとえば谷村 (2011)

（12）$\varepsilon(Q)\eta(P) + \varepsilon(Q)\sigma(P) + \sigma(Q)\eta(P) \geqq h/4\pi$

ここで $\varepsilon(Q)$ は位置 Q の測定にともなう誤差、$\eta(P)$ はそれによって生じる運動量の擾乱、σ は位置あるいは運動量の標準偏差。Ozawa (2003a; 2003b)

（13）Erhart, *et. al.* (2012)

（14）先の注でも述べたように、「測定誤差」の定義に依存する。

（15）Bohr (1949), p 217［邦訳234頁］

（16）*Ibid.*, pp.217-218［邦訳235～236頁］強調は原文

第8章

光子箱の思考実験

相互作用なしで測定は可能か

光子箱の思考実験

第五回ソルヴェイ会議から三年後の一九三〇年十月、第六回ソルヴェイ会議が開催され、そこでもアインシュタインはさまざまな思考実験を用いて量子力学を攻撃した。本章ではそのなかでもとくに有名な「**アインシュタインの光子箱**」と呼ばれる思考実験をとりあげる。

内部が電磁波の放射で満たされ、理想的な反射壁をもつ箱を用意する。この箱には内部に取り付けられた時計によって開閉されるシャッターがついている。さて、この箱から光子一つ分だけが放出される短い時間だけシャッターを開ける（図8・1参照）。

光子の通り道に検出器を置いておくと、この光子がどれだけのエネルギーをもっていたかが任意の精度でわかる。もちろん、この光子がいつ検出器に到着したかも任意の精度でわかる。つまり、時間とエネルギーが任意の精度で同時に測定できてしまっている。だが、すでに何度か言及したように、このような過去の知識については、時間とエネルギーが同時に正確に測定されても、不確定性関係を破ることにはならないのだった。しかし、光子のエネルギーと（検出器への）到着時刻を同時に正確に予測ができるなら不確定性関係を破ることになってしまうだろう。

　さて、では、アインシュタインは、この装置でどのようにして、到着時刻とエネルギーを同時に正確に予測できることを証明したのだろうか。アインシュタインは、特殊相対性理論の帰結である**「質量とエネルギーの等価性」**を用いる。「質量とエネルギーの等価性」とは、「質量をもった物質は、静止している状態でもその質量に比例したエネルギーをもっている」ということである。

　すると、**光子放出前に箱の質量を測定しておいて、光子放出後にふたたび箱の質量を測定すれば、減少した質量分が放出された光子のエネルギーであるとわかる**わけだ。さらに、**シャッターを開いた時刻を正確に測定することで到着時刻も予測できる。**なぜ

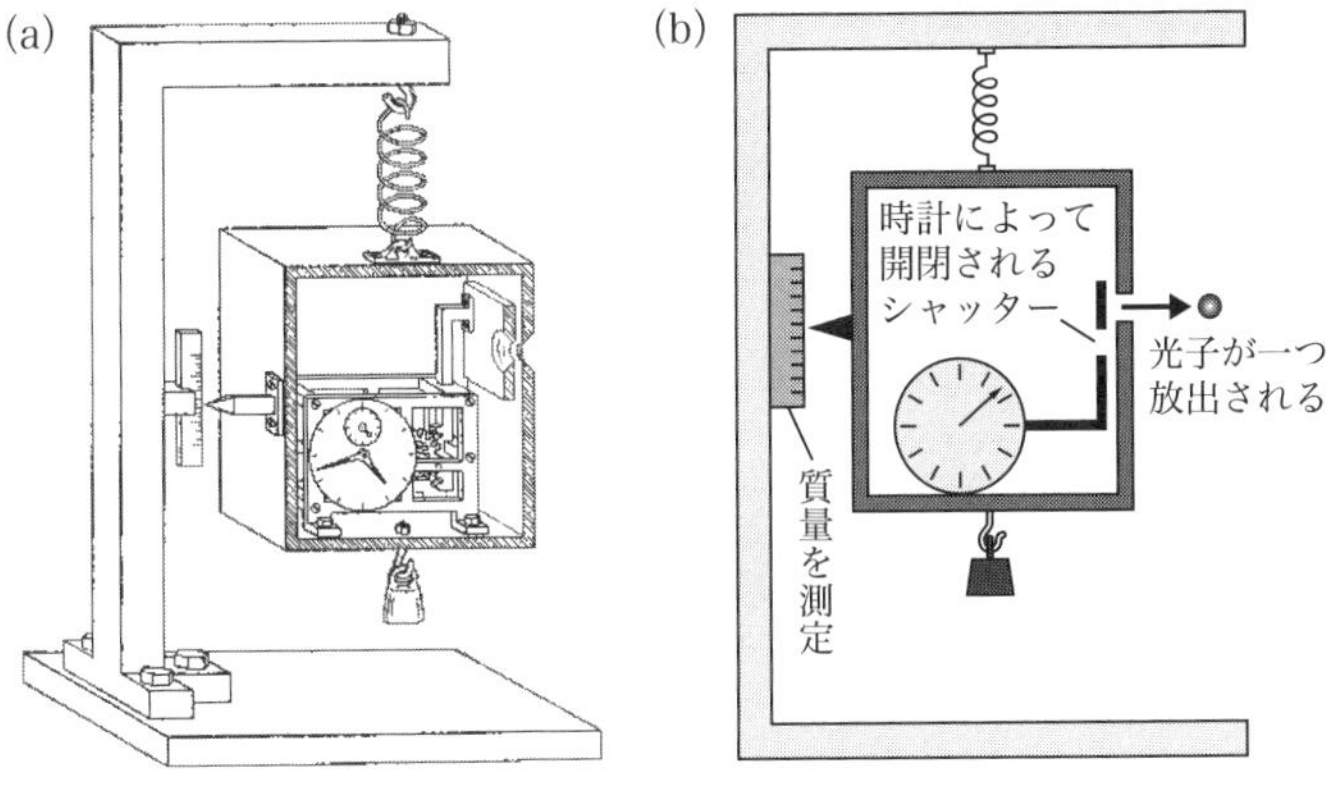

図 8･1　光子箱の思考実験

(a) の写実的な図は Bohr (1949), p.227 より。ボーアは「現実」の実験装置を考えて議論しなければならないと考えていたので、わざわざこのような写実的なイラストを用意した。(b) のイラストはそれを簡潔にしたもので、Jammer (1974), p.135 を参考に作成した。

なら、シャッターの開いた時刻に光子は放出され、光の速度はわかっているので、（箱と検出器の距離がわかっていれば）光子の到着時刻もわかるからだ。こうして、**光子のエネルギーと到着時刻の両方が正確に予測できてしまう！**

この思考実験の重要な特徴は、可動式二重スリットの実験と違って、箱の質量測定は、光子放出後なので、この測定が光子に影響を与えることはないということである。前章までの分析によると、可動式二重スリットの実験がうまくいかなかったのは、位置と運動量を同時に測定できても、測定の際に測定装置と相互作用をしてしまうため、その測定値を予測に用いることができないからであった。

だが、アインシュタインの光子箱では、箱の質量測定が（放出後の）光子に影響を与えることはないはずだから、これによって得られた値は光子のエネルギー予測に問題なく使用できるはずである。じつに巧妙に考えられた思考実験である。ボーアは、このアインシュタインの挑戦にどう答えたのだろうか。

ボーアの回答

ボーアは、このアインシュタインの挑戦に、すぐには答えることができなかった。レオン・ローゼンフェルトの回想によると、

即座に解答を示せなかったのは……ボーアにとってたいへんな打撃であった。その晩中、彼はたいそう不機嫌であった。次から次へいろんな人のところに行っては、そんなことはありえない。もし

アインシュタインが正しいなら、物理はもうおしまいだと説いて回った。しかし、彼はなんらきちんとした反駁ができなかった。私は二人の好敵手がクラブから出ていく際の光景を永遠に忘れることはないであろう。アインシュタインは、背の高い威厳のある姿で、ちょっと皮肉っぽい笑みを浮かべながら静かに歩いて行った。ボーアは彼のそばをたいへん興奮して足早に去っていった(1)」

という。だが、次の朝、ボーアの勝利がやってきた。

先の議論からもわかるように、光子の到着時刻とエネルギーを予測するには、光子の放出時刻と、光子放出後の箱の質量を同時に正確に測定しなければならなかった。ボーアは、アインシュタインの一般相対性理論を用いて、これらを同時に正確に測定することができないことを示したのである。

一般相対性理論によると、重力の強さが異なれば時間の進み方が異なる。そして、地球の重力は高さによって異なる。光子が放出されたあと、光子のエネルギー分だけ箱の質量が減少する。すると、この箱はばねはかりによってぶら下げられているわけだから、箱の高さが変化するはずだ。そのときの箱の高さの測定誤差が大きくなれば、一般相対性理論より、時間の測定誤差も大きくなる。高さが正確にわからなければ重力の強さもわからないので、箱の内部の時計がどれだけ外部の時計とずれているのかがわからない。また、箱の高さ（位置）の測定誤差と箱の運動量の測定誤差のあいだには不確定性関係が成り立つ。すなわち、箱の位置の測定誤差が小さくなるほど運動量の測定誤差が大きくなる。

なお、運動量の測定誤差が大きくなるほど質量の測定誤差が大きくなることは、（量子力学に限らず）

力学の一般的な帰結からわかる。それゆえ、時間の測定誤差が小さくなる（位置の測定誤差が小さくなる）ほど質量の測定誤差が大きくなる（運動量の測定誤差が大きくなる）し、質量の測定誤差が小さくなるほど時間の測定誤差が大きくなるので、**光子の放出時刻と光子放出後の箱の質量を同時に正確に測定することはできず、光子の到着時刻とエネルギーを同時に予測することはできない**のである（具体的な計算は付録解説E参照）。

しかし、アインシュタインが光子箱の思考実験で用いたのは特殊相対性理論なのだから、それに対する反論に特殊相対性理論を用いるのは問題ないが、一般相対性理論を用いるのは、いわば「ルール違反」ではないだろうか。本来、量子力学の正しさは一般相対性理論とは無関係に擁護できなければならないのではないだろうか（もし一般相対性理論がまちがっていたとすると、量子力学の正しさが保証できなくなってしまう）。それゆえ、一般相対性理論に頼るボーアの回答は無効なのではないだろうか。

この疑念に対しては、一九七九年にカナダの物理学者ウィリアム・ウンルーらが、一般相対性理論を使用しなくても、質量とエネルギーの等価性を用いるだけでボーアの議論が再現できることを示すこと

第六回ソルヴェイ会議後にオランダ・ライデンのエーレンフェスト宅で議論するアインシュタイン（右）とボーア（左）
Photo by Paul Ehrenfest, courtesy AIP Emilio Segrè Visual Archives

により答えた。[2]

EPR実験の先駆けとしての光子箱の思考実験

上記のボーアの回答を見る限り、結局は、ここでも力学的な擾乱が重要になっていた。つまり、箱の質量測定が運動量を制限し、そのことによって箱の位置が乱され、箱内部の時計と実験室の時計とがどれだけずれているかを正確に評価することができなくなってしまう。それゆえ、光子のエネルギーと到達時刻を同時に正確に予測することができないのであった。

ところが、エーレンフェストは、ボーアに、アインシュタインが光子箱の思考実験の異なる解釈を思いついたと伝えてきた。すなわち、仮に、箱の重さとシャッターの開閉時刻を同時に正確に測定することができなかったとしても、それでもパラドクスが生まれるというのだ。[3] どういうことだろうか。

まず、シャッターを開く前の箱の重さを測っておく。そしてシャッターを開き、光子を一個分だけ放出させる。ここまでは同じである。そして、先のボーアの反論によると、このあと、光子の放出時刻と、箱の質量を同時に知ろうとしたから、一方の測定によってもう一方の状態が乱されてしまったのであった。それゆえ、「箱の位置を測定し、箱の中の時計を見て、それを標準時と比べて光子の到達時刻を予測する」か、「箱の重さを測定して光子のエネルギーを予測する」かのどちらかだけを選択すればいいのだ。だが、それだと、不確定性関係となんら矛盾することは起きていないように思える。

ここで、箱の位置測定（光子の放出時刻の測定）も二回目の箱の質量測定も、光子の放出後に行われるので、**光子の状態になんら影響を与えないはず**であることが重要になる。もちろん、箱の位置測定を選択すると箱の質量測定に影響を与えるので、もう光子のエネルギーは予測できないし、箱の重さを測定してしまうと光子の到着時刻を予測できない。しかしながら、光子に影響を与えずにこれらのいずれか好きな方を自由に選んで予測できるなら、**これらの値は測定前に確定していたはず**だということになる。

次章の内容を少し先取りすることになるが、この議論にはもう少し説明が必要であろう。「量子力学が完全である」という立場では、「測定するまでは測定値が予測できないということは、その対象は、測定前には確定した値をもっていない」ということを意味するように思える。なぜなら、**もし測定前に確定した値をもっており、かつ理論が完全であるならば、理論的にその測定値を予測することができるはず**だからだ。もし確定した値をもっているのにもかかわらず、その値を予測することができないのならば、その理論は自然をあますことなく記述しているとはいえないのではないか。これは、「理論が完全である」という言葉の自然な解釈の一つであろう。

一方、「測定するまではもっていなかったはずの値を測定によってもつようになる」ということは、そこで何か物理的な変化が起きているということを意味するように思える。そしてその変化をもたらす要因として考えられるのは、測定装置と測定対象との相互作用しかないだろう。これは逆にいうと、**対象と測定装置が相互作用していないのにもかかわらず、測定値を予測できるならば、その対象は、測定前から確定した値をもっていたということになる**のではないか、ということである。

ただ、状況によっては、量子力学においても、すでにこの実験で見たように、たとえば時間だけなら測定値を予測できる。つまり、時間だけなら測定前から確定した値をもっていたとしても量子力学と矛盾はしない。ところが、量子力学が正しいならば、**時間とエネルギーの両方に確定した値をもたせることはできない**のである（なぜ両方に確定した値をもたせることができないのかは、次章で説明する）。

だが、この実験において、時間を予測するか、エネルギーを予測するかは、測定者の自由な選択に任されている。もし時間を予測することを選択すれば、光子は測定前から時間の確定した値をもっていたということになるし、エネルギーを予測することを選択すれば、光子は測定前からエネルギーの確定した値をもっていたということになる（ここまではボーアも認めるはず）。そして、繰り返すが、どちらを選択するかは測定者の自由であり、この意志決定は、光子が箱と相互作用しなくなってからでよく、かつ、どちらを選択しても予測可能なのだから、**光子は測定前から時間とエネルギーのどちらもの確定した値をもっていたといわざるをえないのではないか（それゆえ、量子力学は不完全な理論なのではないか）**というのがアインシュタインの議論である。

シュレーディンガーは、この議論を次のようなたとえ話を用いて説明している（ここでシュレーディンガーが念頭に置いているのは次章で説明するEPR論文だが）。ある生徒に対して、ランダムに二つの質問が出される試験を何度も実施したとしよう。この生徒は、最初に出された問題にはつねに正しく答えることができる。ところが、最初の問いに答えるのに疲れ果ててその後の質問には答えられない。

この事実から私たちは、「どのような順序で出されても最初に出された質問にはつねに正解することができるのならば、その生徒は、たとえ両方の質問に答えることができなくとも、**どちらの正解も知っていたはずだ**」と結論するだろう、というのである。[4]

光子箱の思考実験と遠隔作用

そう考えると、**アインシュタインの挑戦をかわすためには、同時測定ができないことをいうだけではだめだ**ということになる。ボーアの回答は、次章で紹介するEPR実験に対する回答と本質的に同じなので、次章へ譲ることにして、ここでは、二〇〇八年にオランダの科学哲学者であり物理学者でもあるデニス・ダイクスらが提出した回答について見てみよう。[5]

ダイクスらは、「**箱の中の時計の読み**」と「**箱の質量**」**のあいだに標準偏差に関する不確定性関係が成り立つ**ことを示した。質量の不確定さは、エネルギーと質量の等価性から、光子のエネルギーの不確定さに比例するし、箱の中の時計の読みの不確定さと到着時刻の不確定さも比例する。それゆえ、光子の到着時刻とエネルギーの標準偏差に関する不確定性関係が成り立つということである。

しかし、そうだとして、先ほどのアインシュタインの議論をどのように回避できるのだろうか。ここでのポイントは、ダイクスらが導いたのは、測定誤差に関する不確定性関係ではなく、標準偏差に関する不確定性関係であることだ。もし、箱の質量を測定することを選択したならば、そのことによって光子のエネルギーは確定する。すなわち標準偏差は0になる。つまり、たくさんの同じ実験装置を用意して、箱の質量測定で同じ結果を出したものの集団をつくると、これらの光子のエネルギーを測定すればどれも同じになる――測定値のばらつきが0になるはずである。

ところが、先の不確定性関係から、このとき時間をさかのぼって、箱の中の時計の読みの標準偏差は発散してしまうことになるのだ（箱の質量測定をしているときは時計の指針を読んでいない）。すると、これらの集団に含まれる光子箱から放出された光子の検出器への到着時刻を測定すると、その値は完全にばらついてしまうはずである。逆に、箱の中の時計を読むことを選択したならば、検出器に到達したエネルギーの測定値はすべてばらついてしまう。

このことは何を意味するのか。光子はすでに箱から放出されて、箱から十分な距離にあるのに、箱に対してなされた測定が、光子に影響を与えているのである。つまり、**量子力学の結果を認めるならば、遠隔作用が存在することを認めざるをえない**ことになるのだ。これは、第10章で説明するEPRの思考実験を回避する現代的な方法と同じである。

ところで、この光子箱の思考実験に対しては、これまで多くの別の回答が提案されてきた。そもそも時間とエネルギーの不確定性関係は、位置と運動量の不確定性関係以上にさまざまな解釈があり、どれをこの思考実験に適用するかで、回答も変わってくるのである(6)。

ちなみに、私見では、それら多くの議論のうち、アインシュタインがもともと意図したところを汲んで回答できているのは、ボーアのものとダイクスらのもののみである。なお、アインシュタインは、この後、一九三一年に「量子力学における過去と未来についての知識」という論文で、光子箱の思考実験を変形させた思考実験を提案しているが、あまり見るべきものはない(7)。

まとめ

◇アインシュタインは、相対性理論を用いて、光子の到着時刻とエネルギーを同時に予測できる光子箱の思考実験を提案したが、ボーアによって、箱の質量測定の際に、光子が放出された時刻の測定が乱されることを指摘された。

◇しかし、のちに、光子の到着時刻とエネルギーを、同時にではなく、別々に予測することができることに気づいた。この思考実験が次章のEPRの思考実験へとつながることになる。

（1）Pais (2005/1982), pp.446-447［邦訳593頁］
（2）Unruh and Opa (1979)
（3）Bohr (1949), p.228-229［邦訳251頁］
（4）Schrödinger (1935), S.845-846［邦訳397〜398頁］
（5）Dieks and Lam (2008)
（6）たとえば、Busch (1990); (2007) や Hilgevoord (1996) など。くわしくは白井ほか (2012) 9章を参照のこと。なお、細谷(2003)では、小澤の不等式を光子箱の思考実験に応用して、光子のエネルギーと到着時刻を同時測定できることを示している（が、同時予測はできない）。
（7）Einsiten, *et. al.* (1931)

第9章

EPRの思考実験 その1

量子力学は完全か

量子力学の記述は完全か?

第六回のソルヴェイ会議から五年後の一九三五年五月、アインシュタインは、プリンストン高等研究所の同僚であるボリス・ポドルスキー、ネイサン・ローゼンと連名で、衝撃的な論文「**EPR論文**」を発表する(1)。ただ、この論文は、ボーアやシュレーディンガーなど一部の人たちには当時から大きな影響を与えたものの、物理学界全体ではしばらくのあいだはその重要性があまり認識されず、物理学界で最も権威ある雑誌の一つである『フィジカル・レビュー』誌に一九八〇年まで(論文発表から四十五年間)に載った論文のうち、EPR論文を参考文献として挙げたものは三十六本にとどまっていた。ところが、二〇〇三年六月までには『フィジカル・レビュー』誌に載った四五六本以上の論文がEPR論文を参考文献として挙げている(2)。これは、一つにはあとで説明する「ベルの不等式」の論文が発表されたことと、もう一つには「量子情報」という新しい分野でEPR論文が注目されるようになったことが要因である。

さて、前章で述べたように、光子箱の思考実験においては、「時間を予測する」か「エネルギーを予測するか」をこちらの自由意志で、光子を放出したあとに、光子に何の影響も与えずに決めることができ、それぞれ正確に予測できるのであった。このことは、到着時間とエネルギーの両方が測定前から決定されていたことを示しているように思える。

ここで、重要なことは、アインシュタインの量子力学に対する攻撃のパターンに変化が生じたことだ。表9・1に、これまでアインシュタインが提案した思考実験とその特徴、そしてそれがどのように回避されたかをまとめた。

アインシュタインは、可動式二重スリットの実験と第六回ソルヴェイ会議時の光子箱の実験では、経験的に量子力学が不完全であることを示そうとしていた。すなわち、「量子力学では理論的に、位置と運動量（もしくは時間とエネルギー）が同時に正確に予測できないのにかかわらず、実際にはそれができるような実験を設計できる」ということを示そうとしてきたのである。

ところが、ソルヴェイ会議後には、経験的にはあくまで量子力学の理論的予測となんら矛盾はない（つまり、時間とエネルギーは同時に予測できない）が、形而上学的な部分で、量子力学が不完全であるこ

	可動式二重スリットの実験	光子箱の実験（ソルヴェイ会議時）	光子箱の実験（ソルヴェイ会議後）、EPR 実験
特徴	装置で光子の位置を測定し、装置の運動量変化を調べることで粒子の運動量も測定	装置と光子の相互作用が終わったあとに測定（相互作用による乱れが避けられる?）	不確定関係にある物理量の一方のみを、装置との相互作用なしに測定。どちらを測定するかは測定者の自由意志により決定
回避法	装置も量子力学的に扱わなければならない	装置の位置と運動量の同時測定が必要	?

表9・1　アインシュタインの量子力学批判

とを示そうとアインシュタインは考えたのである。そういう意味で、論争は科学論争というよりも哲学論争の様相を帯びてきた（ただし、後で説明するベルの不等式によって、この論争も実験の俎上に乗せることがある程度は可能になった）。もちろん、ソルヴェイ会議前から、アインシュタインの量子力学への不満は、因果律の放棄などといった形而上学的な側面にあったのだが、じっさいの攻撃パターンに変化が生じたということである。

そのように位置づけられるものとして、光子箱の議論を発展させ、ボーアを驚き慌てさせたのが、EPR論文のなかで提示された「**EPRの思考実験**」である。ちなみに、一九三三年にはEPRの思考実験の原型とでもいうべきものを、アインシュタインは口頭で述べている。また、カール・ポパーも一九三四年に類似の思考実験を発表していて、その論文をアインシュタインに送っている（ただし、この思考実験には不備があり、それをアインシュタインが指摘している[3]）。

科学史家のマックス・ヤンマーが調べたところでは、ローゼンは、ポパーの論文がアインシュタインに影響を与えたことはありうることだと述べており、一方で、ポドルスキー夫人（彼女は夫の仕事に密接に関わっていた）は、それはありえないと述べたという。ポパー自身は、ヤンマーに問われるまでそのことを考えたことはなかったが、時間的な順序から考えると、論理的にはありえると答えたという[4]。

EPR論文での議論の進めかた

では、EPR論文の内容へ移ろう。彼らはまず、次のような前提を立てる。

(1)　完全な理論においては、実在の要素のそれぞれに対応する要素が存在する。
(2)　系を乱さずに値を確率1で予測できる物理量には、それに対応する実在の要素が存在する。

ちょっと言いまわしは難しいが、前提(2)の意味することは、たとえば、ある電子の運動量の測定値がある時刻においていくらになるかを、その電子になんら影響を与えることなく予測できるならば、その電子の運動量は「実在する」といってよいということである。前提(1)の意味することは、「完全な理論」というのは、そのような実在する運動量の測定値を予測できるようなものでなければならないということである。

さて、EPRはこのような前提を立てたあと、

(A)　量子力学は、たとえばある粒子について、運動量が決まった状態では位置を正確に予測できず、逆に位置が決まった状態では運動量を正確に予測できない。

ことを示す。これは標準偏差に関する不確定性関係のことをいっているのであるが、量子力学には、運動量と位置の双方に同時に対応する要素がないということである。そして、次に、

> (B)　運動量も位置も系を乱さずに確率1で予測できる。

ことを巧みな思考実験（EPRの思考実験）で示す。すると、(B)と前提(2)より、運動量も位置も「実在の要素」であるが[5]、(A)より、量子力学にはこれらの実在の要素に対応する要素がないことになる（これについてはあとで説明する）。それゆえ、前提(1)より、量子力学は完全ではないというのである（図9・1参照）。

よく考えると、「実在する」とはどういうことかというのも問題なのであるが、第6章でも述べたように、本書では、**「ある物理量が実在する」とは「その物理量が測定前から確定した明確な値をもつ」ということと同義である**として扱う。すると、ある物理量Qが、どのような値をとるかを測定前から確率1で予測できるならば、「物理量Qは測定前から確定した値をもっている」ということは自然なので、前提(2)も自然な前提といえるだろう。また、物理量Qが測定前から確定した値をもっている（実在している）のにもかかわらず、理論Tでは、Qがどの値をとるかを予測

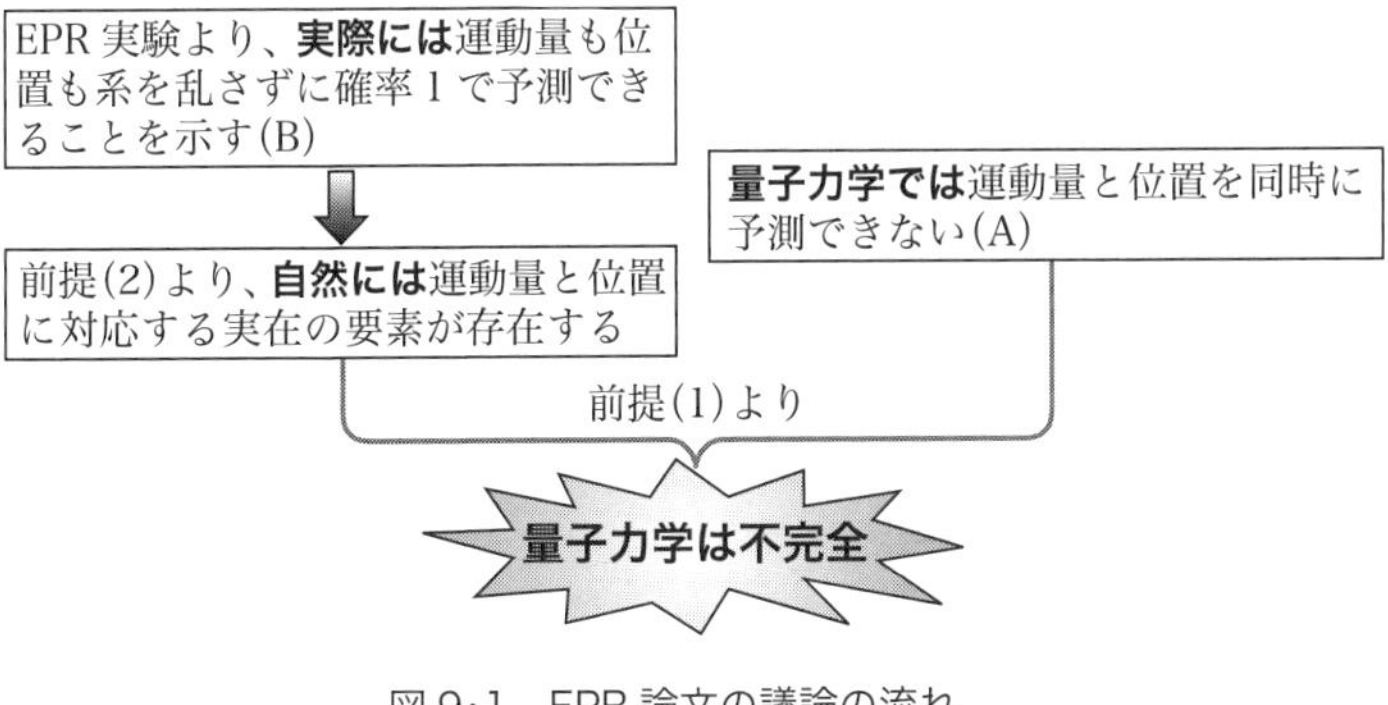
EPR実験より、実際には運動量も位置も系を乱さずに確率1で予測できることを示す(B)
前提(2)より、自然には運動量と位置に対応する実在の要素が存在する
量子力学では運動量と位置を同時に予測できない(A)
前提(1)より
量子力学は不完全

図9・1　EPR論文の議論の流れ

できないのならば、「理論Tは（実在に関して）完全な理論とはいえない」というのも自然であろう。

●「波動関数の収縮」と固有値・固有状態

EPR実験について説明する前に、その準備として、「固有値」「固有関数」という概念について説明しよう。少し難しいかもしれないが、重要なのでがんばって読んでほしい。

量子力学では、あらゆる物理量（位置や運動量、エネルギーといった物理学であらわれる「量」のこと）は「**演算子**（**作用素**）」というものであらわされる[6]。演算子というのは、その後ろに置かれた関数を、別の関数に変化させるものだと思えばよい。量子力学の場合は、第4章で出てきた「波動関数」を変化させる働きをもつ。

いま、ある物理量の演算子をA、波動関数をuとしたとき、$Au = au$と書ける（すなわち、uは演算子を作用させてもa倍になっただけで別の関数になっていない――$Au = bw$のようになっていない）ならば、uを物理量Aの「**固有関数**」といい、aを物理量Aの「**固有値**」という。ここで、aはふつうの数字である。また、系の状態が固有関数で表現されるとき、その系は「**固有状態**」にあるという。（図9・2）

高校生のころに行列を学んだ読者は、固有値問題を思い出

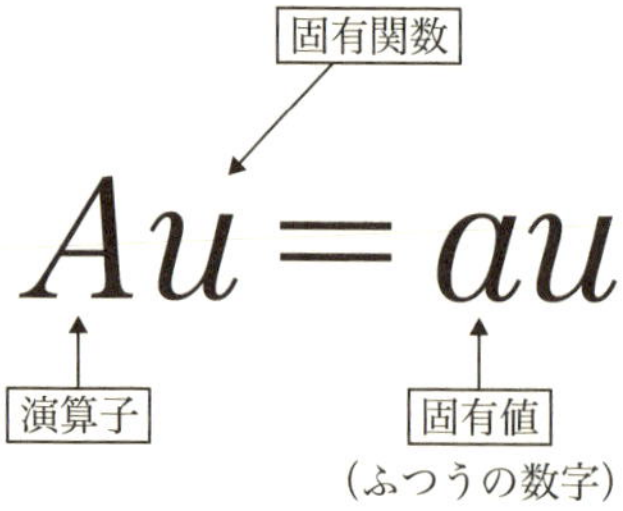

図9・2　固有関数

波動関数uに演算子Aを作用させても、別の波動関数にならないならば（左辺も右辺も同じ関数uになっているならば）、「uはAの固有関数である」という。

してもらえればよい。たとえば、2×2の行列Aと2×1の行列（縦の成分が二つ、横の成分が一つの縦長の行列：ベクトル）uを掛け合わせたときに、aを行列ではないふつうの数字だとして、$Au = au$となるようなuを固有ベクトル、aを固有値というのだった。要するに、演算子は行列のようなものだと思えばよい。

さて、量子力学が物理的実在の完全な記述だとすると、系の状態は、波動関数によって完全に表現されることができるはずである。そして、系が物理量Aの固有状態（このときの固有関数をuとする）であるならば、Aを測定するとその測定値は固有値aと一致する（ただし測定誤差0のとき）。言い換えると、系が固有関数uで表現される固有状態にあることがわかっているならば、**物理量Aの測定値がaであることを確率1で予測できる**。

ここで、EPR論文の前提(2)（系を乱さずに値を確率1で予測できる物理量には、それに対応する実在の要素が存在する）を適用すると、系が固有関数uであらわされる固有状態にあるときは、物理量Aは確定した値aをもっているということになる。

物理量Aはさまざまな値をとりうるわけだから、それに対応してさ

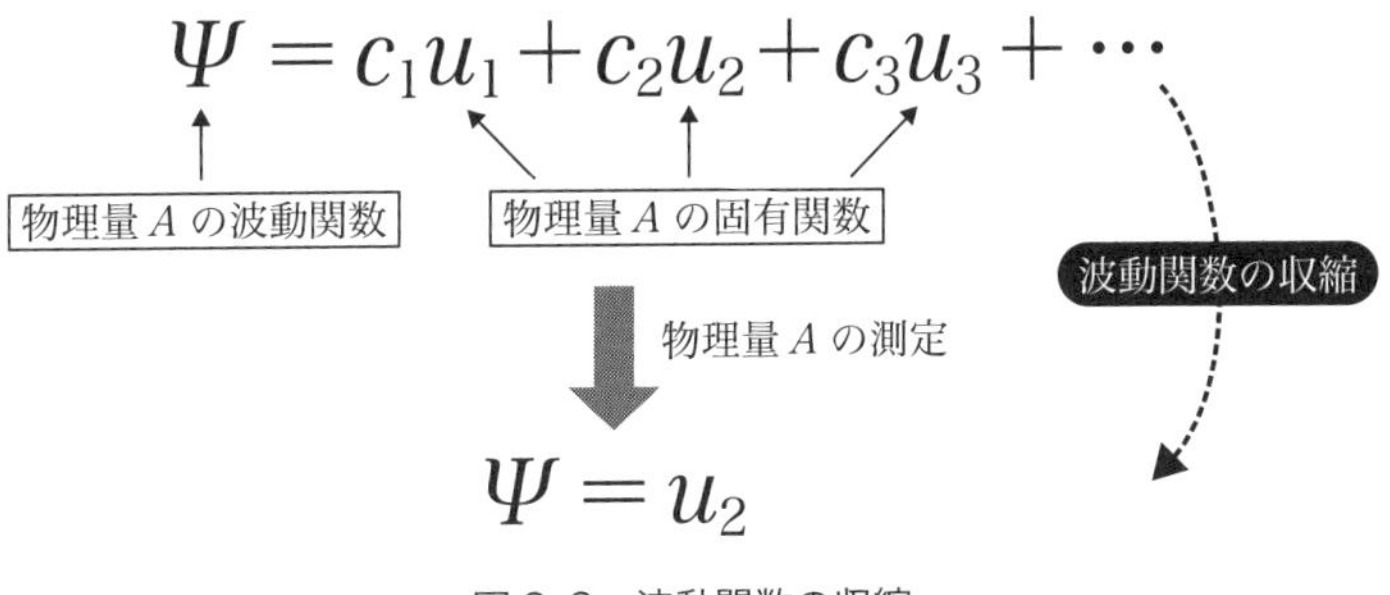

図9·3　波動関数の収縮

まざまな固有値・固有関数をもつ。通常、ある系において、物理量Aは、測定するまではどの値をとるのかわからないのだから、その系をあらわす波動関数は、物理量Aの（uも含めた）固有関数の「**重ね合わせ**」（要するに足し算だと思えばよい）になっている。ところが、測定をしてそのAの値がaだとわかったとたんに系の状態はuで表現される固有状態へと「収縮」するのである（図9・3）。これが「**波動関数（状態）の収縮**」という現象である（「波動関数の収縮」については第6章でも説明した）。

測定によって、**さまざまな固有関数の重ね合わせにある波動関数が、どの波動関数へ収縮するかは確率的にしかわからないので、この現象自体はシュレーディンガー方程式では記述できない不連続で非因果的な過程である。**波動関数の収縮はシュレーディンガー方程式では記述できないのだから、測定過程の記述のためにはシュレーディンガー方程式以外の仮説が必要である。その仮説を「**射影公準**」という。

非可換な物理量と不確定性関係

ところで、このように、系は測定によって物理量Aの固有状態になるのだから、それ以降は、外力を与えない限り物理量Aの測定値は確実に確率1で予測できる。だから、「ある物理量Aについて確率1で測定値を予測できる状況」というのは、量子力学でも禁止されているわけではない。

ところで、二つの物理量AとBを考え、これらから$(AB - BA)$という新しい演算子をつくったとき、この新しい演算子がゼロ演算子であれば、AとBは「**可換**」であるといい、そうでなければ、「**非可換**」であるという。そして、非可換な二つの物理量のあいだには標準偏差に関する不確定性関係が成り立つのである。第7章ですでに述べたように、ある物理量の測定値の標準偏差が0でないということは、その物理量を確率1で予測できないということである。

それゆえ、標準偏差に関する不確定性関係から、同じ状態にある系において、非可換な物理量AとBの測定値がどちらも同時に確率1で予測できることはないはずである。これらのことは、さらに言い換えると、**系の状態は、非可換な物理量AとBの両方の固有関数によって記述されることはない**ということでもある。固有関数にあるということは、必ず測定値はその固有値になるので確率1で予測できるし、標準偏差も0になるからだ。ちなみに、一つの波動関数が、非可換な物理量両方の固有状態にならないことの非厳密な証明を注7に示した[7]。

また、「系がある物理量の固有状態にあれば、その物理量は（測定前から）確定した明確な値をもち、逆に、その物理量が確定した明確な値をもつならば、系はその物理量の固有状態にある」ということを「**固有値－固有状態リンク**」という。このリンクの一方向（固有状態であれば明確な値をもつ）は、ほぼすべて（全員ではない）の論者に受け入れられているといってよいが、逆方向（明確な値をもつならば固有状態にある）は受け入れられているわけではない。このこともまたあとでEPRの思考実験を考える際に重要になる。先回りしていうと、アインシュタインはもちろん認めていない（固有状態になくても確定した値をもつことがあると考えている）が、意外なことに、ボーアも認めていないのではないかという議論がある。

EPRの思考実験

いよいよEPRの思考実験を解説する。いま、たがいに相互作用している二つの電子I、IIがあり、相互作用を終えた直後のこれらの「位置の差」と「運動量の和」はわかっているとする。これらが同時にわかることはとくに量子力学と矛盾しない（これらは可換な物理量である）。位置の差がつねに5になるように、運動量の和がつねに10になるように設定されているとしよう。

さて、相互作用を終えたあとの電子Iの位置を測定したら、測定値が8だとわかったとする。すると、この瞬間に電子IIの位置が3だとわかる（電子Iの位置のほうが大きな値をもつこともわかっているとする）。

これは言い換えると、固有値8をもつ電子Iの固有関数をu_{I}、固有値3をもつ電子IIの固有関数をu_{II}とすると、測定によって、Iの波動関数はu_{I}へと、IIの波動関数はu_{II}へと収縮し、電子IIの位置は3だとわかった、ということである。

ここで重要なのは、**電子IとIIは、たがいに空間的に離れているのだから、電子Iに対する測定が一瞬で電子IIの状態に影響を与えることはないだろう**、ということである。それゆえ、「系を乱さずに値を確率1で予測」できたことになる。

次に運動量について考えよう。運動量の和は10であった。すると、電子Iの運動量を測定することによって6という値を得たならば（このときの固有関数をw_{I}としよう）、IIの運動量は4であると確率1で予測できる（このときの固有関数をw_{II}としよう）。この場合も、位置の場合と同様で、Iの測定はなんらIIへ影響を及ぼさないはずだから、系を乱さずに値を予測できる。

こうして、位置も運動量も系を乱さずに確率1で測定できるのだから、（前提(2)より）これらは実在の要素である。前提(1)によると、「完全な理論においては、実在の要素のそれぞれに対応する要素が存在する」はずであった。それゆえ、もし量子力学が完全な理論であるならば、電子IIの位置も運動量も実在の要素なのだから、電子IIの状態に対して、位置の固有関数 u_{II} と運動量の固有関数 w_{II} の両方を割り当てることができなければならないはずである（「実在の要素に対応する要素」とは対応する固有関数のことである）。

ところが、量子力学では、位置と運動量は非可換な物理量なので、**一つの系が、位置の固有状態であり、かつ運動量の固有状態でもあるということはない**。つまり、位置も運動量も実在の要素であるにもかかわらず、理論側にこれらに対応する要素（位置と運動量の固有関数）が存在しない。したがって、量子力学は物理的実在の完全な記述ではないのである。

EPR論文の最後には次のように書かれている。

> われわれの実在の基準が十分に厳密ではないとしてこの結論に異議を唱えることができるだろう。じっさい、もし、二つもしくはそれ以上の物理量が**同時に測定もしくは予測できるときにのみ**同時的な実在の要素としてみなすことができるとするならば、われわれの結論には至らないであろう。この観点からすると、P〔運動量〕とQ〔位置〕どちらも同時にではなく、一方かもしくは他方しか予

測できないから、これらは同時に実在しないのである。〔強調原文〕

そしてそれに対して、次のように言う。

これは、PとQの実在性を、第一の系で実行された、第二の系を決して乱さない測定の過程に依存させている。どのような実在の合理的な定義もこれを許すことが期待できない。

つまり、**どのような実験をするか（PとQのどちらを測定するか）によってPとQの実在性が決まるというような議論は認められない**、というわけである。

ところで、ボーアは、第6章で引用したように、同時測定の可能性を認めながら、「その抽象からはその個体の未来や過去のふるまいに関するいかなる確定的な情報も引き出すことはできない」と述べている。しかし、このEPR実験の設定を利用すれば、過去のふるまいに関しては確定的な情報を得ることができる。すなわち、電子IIの運動量を電子Iの運動量を測定することによって知ったあとに、電子IIの位置を測定すれば、その時点での位置と運動量が正確にわかる。ここで、位置の測定までは、電子IIにはなんら力学的な作用が働いていないはずだから、電子Iと電子IIが相互作用を終えたあと、電子IIの位置測定をするまでの期間（これには電子Iの運動量測定よりも前の期間も含まれる）の電子IIの軌跡（位置と運動量）が正確にわかるのだ。

ボーアの回答①

ボーアは、EPR論文に対してどのように反応したのだろうか。当時、ボーアとともにコペンハーゲンで研究をしていたローゼンフェルトは、「この猛攻撃は、晴天の霹靂のように私たちを襲った」と記している。そしてボーアは、ローゼンフェルトとともに、「来る日も来る日も、何週にもわたって」とり憑かれたように、EPRへの回答をつくりあげる作業を続けた。こうして六月二十九日に、彼はまず、『ネイチャー』誌で簡単な反論を述べ、ついで『フィジカル・レビュー』誌に、EPR論文と同じ表題（「物理的実在の量子力学的記述は完全と考えうるか？」）の論文を載せる。(8)

『ネイチャー』誌では、ボーアは、EPR論文における「もしもわれわれがある系をいかなるしかたでもかき乱すことなく、ある物理量の値を確実に予言することができるならば、その物理量に対応する物理的実在の要素が存在する」という判定基準が、量子力学に適用されたときに「本質的なあいまいさ」を含むことになると指摘する。

そこで考察されている測定においては、たしかに系と測定装置との直接の相互作用は排除されている。しかし、より立ち入って調べてみるならば、**測定の手続きが、ほかでもない、当の物理量の定義それ自体が依拠している諸条件に本質的に影響している**ことがわかる。これらの諸条件は、「物理的実在」という言葉をあいまいさなく適用しうるどの現象に対しても、その現象に固有の要素と考えられなければならないのであるから、上記の著者たちの結論は正当化されないことがわかるであろう。[9]

そして、『フィジカル・レビュー』誌の論文でも同様の議論を展開する。ボーアのこだわったところは、「系を乱さずに」という言葉のあいまいさである。

私たちの観点からでは、アインシュタイン、ポドルスキーおよびローゼンによって提唱された前述の物理的実在の判定基準の言いまわしでは、「系をいかなるしかたでもかき乱すことなく」という表現の意味にあいまいさが含まれていることがわかる。たしかに、すぐ上に見たようなケースでは、測定過程の最後の決定的な段階では、考察している系に対して力学的擾乱が加わっていないことは明らかである。しかしこの段階でさえ、**その系の将来のふるまいに関していかなるタイプの予測が可能なのかを定める諸条件そのものに対する影響**という問題が、本質的なものとして存在するのである。[10]

電子Iの測定が電子IIに「力学的な」影響を及ぼさないというのはボーアも認める。しかし、「**いまの実験設計を用いてどういう予測をするつもりか**」**ということが本質的だ**というのである。194頁で引用したように、EPR論文の最後では、EPRの結論を避ける方法として「実在性を……測定の過程に依存させ」る方法が考えられるかもしれないが「どのような実在の合理的な定義もこれを許すことが期待できない」としていた。しかし、ボーアはむしろそのような実在性の測定過程依存こそが本質的だと指摘しているのである。

ところで、ボーアのこの論文は、一九八三年に『量子論と測定』という論文集に収められるが、このとき、148頁と149頁が入れ替わっていたらしい。ところが、そのことに気づいたのは（少なくともおおやけに指摘したのは）一九九八年のベラーがはじめてであった。[11] つまり、ページの順番が入れ替わっていても読者が気づかないくらいボーアの文章は難解なのである。たとえば、上記引用箇所をどう解釈するか、専門家たちのあいだでも意見が分かれている。もっとも、ちゃんと読めばさすがに順番がおかしいことくらいには気づくと思うので（その程度には理解可能な文章である）、おそらく、難解なのでちゃんと読もうとする読者がほとんどいなかったといったほうが正しいのだろう。

ボーアの回答②

次章で、ＥＰＲの議論に対する現代の標準的な回避法を見るが、そこでは、電子Ｉの測定が電子IIの状態に一瞬で影響を与えることがあると考える。これを「**非局所相関**」という。

しかし、先に引用した『フィジカル・レビュー』誌の論文（測定過程の最後の決定的な段階では、考察している系に対して力学的擾乱が加わっていないことは明らかである）からわかるように、ボーアはむしろこの非局所相関を認めていなかったと思われる。また、ＥＰＲが「波動関数の収縮」を用いて議論しているのにもかかわらず、ボーアは波動関数の収縮にはまったく言及していない。

そもそも、ボーアはほかの文献においても波動関数の収縮について言及したことはない。じっさい、「波動関数の収縮」は、すでに述べたように、シュレーディンガー方程式で記述できない過程なのだから、これを認めることはある意味で「量子力学が完全でない」と認めることになるだろう。また「固有値-固有状態リンク」についても言及はない[12]。それゆえ、ボーア自身は、測定される物理量は測定前から実在していると考えていたのではないかという最近の研究もある[13]。これらの研究によると、ボーアは、実験の設定によってある一定の「**混合状態**」という状態が実現すると考えていたというのである。

「混合状態とは何か」を言葉で説明するのは少し難しいのだが、次のように説明できるだろう。

先に述べたように、測定前の量子状態は、たとえばさまざまな位置の固有状態の重ね合わせとして表現することもできる。このようにある量子状態を別の状態の重ね合わせとして表現することを「**分解する**」という。量子状態が「**純粋状態**」と呼ばれる状態にある場合は分解のしかたに任意性がある。ある状態を、さまざまな位置の固有状態に分解することもできれば、運動量の固有状態に分解することもできるし、何らかの物理量の固有状態ではない状態に分解することもできる（図9・4）。一方で、

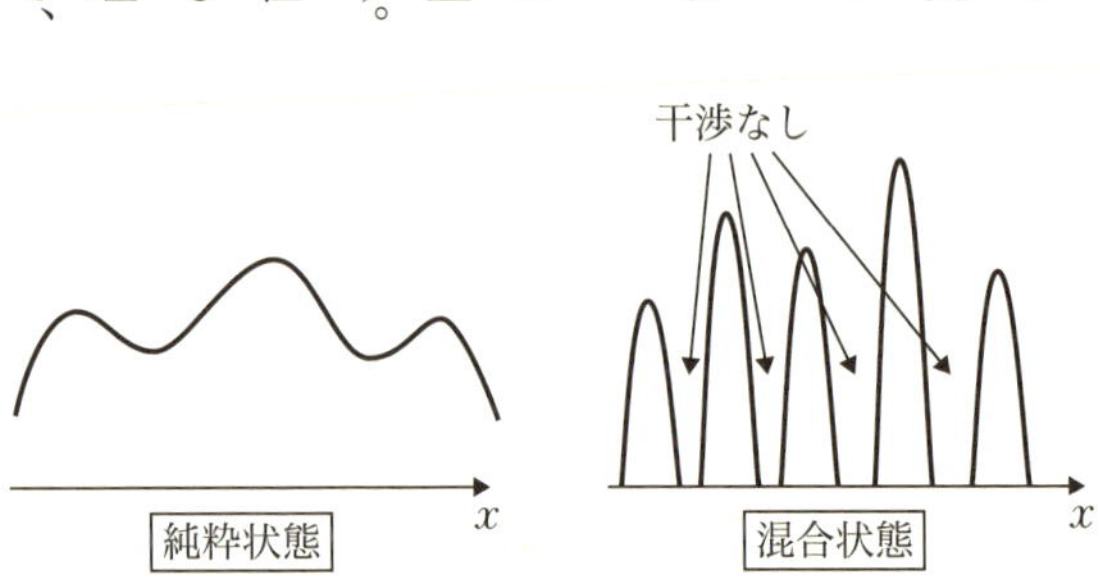

図9・4　純粋状態と混合状態のイメージ

「混合状態」は、ある特定の物理量（たとえば「位置」）の複数の固有状態が「混合」している状態であり、これらのあいだには干渉がないので、分解のしかたは一意的である。[14]

科学史家のドン・ハワードは、ボーアが言う「古典的」とはこのような混合状態のことを指しているのではないかと言う。ボーアの言う「その系の将来のふるまいに関していかなるタイプの予測が可能なのかを定める諸条件そのものに対する影響」とは、**「位置を測定する実験の設計（つまり、位置の予測が可能）のときには電子は位置の混合状態になっており（それゆえ、このときは位置が実在する）、運動量を測定する実験の設計のときには電子は運動量の混合状態になっている（運動量が実在する）」**ということなのである。

「位置」の混合状態になっているならば、それは「運動量」の混合状態ではありえないし、運動量の混合状態になっているならば、位置の混合状態ではありえない。つまり、位置を測定する実験設計であれば、位置は実在するけれども運動量は実在しない（定義できない）し、運動量を測定する実験設計であれば、運動量は実在するけれども位置は実在しない（定義できない）。だから、「位置も運動量も実在する（それゆえ量子力学が実在の完全な記述になっていない）」というＥＰＲ論文の主張はまちがっているとボーアは考えたのだとハワードは言う。

このように、実験状況に依存してどの物理量が実在するかが決まるような量子力学の解釈のことを「**様相解釈**」という（厳密には、様相解釈はもう少し広い意味で使われる）。様相解釈は、バス・ファン・フラーセンらによって、次章で解説するＮＯ-ＧＯ定理を避けつつ物理量に実在を与えるような解釈として提案されたものであったが、すでにボーアがそのような解釈をしていたというのである。ハワードが示唆したこの議論は、のちにハンス・ハルフォーソンとロブ・クリフトンによって数学的に定式化され、さらに小澤（第7章で出てきた「小澤の不等式」の小澤）と北島雄一郎によってより一般化された。

なお、もちろん、ハワードらの解釈が主流というわけではなく、たとえば、ベラーやファイン、ジャン・ファエなど、ボーアは反実在論者だという意見も多くある（とくに、ベラーとファインは、EPR論文以降、ボーアが実在論から反実在論へと転向したと考える）[15]。また、勝守真はそもそもボーアの主張を、実在論―反実在論という枠組みで分類すること自体に反対する[16]。

ところで、ボーアは、EPRの提案した思考実験の具体的な設定について言及している。すなわち、図9・5のような二重スリットを備えた可動式の隔壁を用いれば、運動量の和と位置の差を同時に測定できるというのである。スリットの差は、スリット通過する直後の二つの電子の位置の差に相当するし、電子がスリットを通過前後の隔壁の運動量と、スリット通過前の電子の運動量を測定しておけば、通過後の電子の運動量の和もわかる。

だが、この設定には問題がある。というのも、スリット通過直後の位置の差はたしかにわかるが、そのあとすぐに位置の差はわからなくなるからである。それゆえ、電子Iの位置測定によって電子IIの位置が確率1で予測できるのは、ス

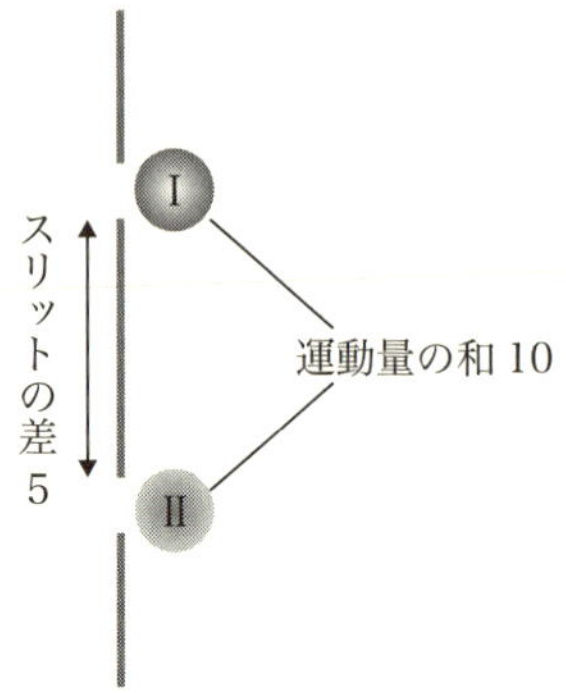

図9・5　ボーアが考えたEPR実験の具体的設定

リット通過直後のみだということになる。[17] そこで現在では、のちほど207頁で解説するように、ＥＰＲ実験について論じるときには、スピンという量子力学独特の物理量を用いて再構成したＥＰＲ実験が用いられることが多い。

ボーアと、波動関数の収縮・固有値-固有状態リンク

ボーアが波動関数の収縮や固有値-固有状態リンクを認めていなかったという点について、その解釈が正しいという前提で、そのボーアの考えについて以下にいくつか批判的なコメントを述べていきたい。

まず、波動関数の収縮について。第6章で引用した、「個体を時間・空間座標に位置づけるどのような試みも、かならず因果連鎖の断絶をもたらす」や「位置を確定するならば、その粒子の力学的ふるまいの因果的記述が断ち切られる」といったボーアの考えは、結局は、波動関数の収縮と同義のことであるように思える。因果的記述とは、シュレーディンガー方程式によって記述される波動関数の一意的な時間発展であるが、電子の位置を確定させようとすると、その記述が絶たれ、波動関数の収縮という不連続で非因果的な現象が生じるからである。

この議論に対して、ボーアの言う「因果的記述が成り立っている」とは「(運動量・エネルギー)保存則が成り立っている」という意味であるから、シュレーディンガー方程式で一意的に記述できるかどうかとは関係がないという反論もあるだろう。[18] だが、系に空間並進対称性があれば運動量保存則があり、時間並進対称性があればエネルギー保存則があることがわかっている(これを「ネーターの定理」とい

う)。そして、シュレーディンガー方程式に従う系はこれらを満たしているが、電子の位置を確定しようとすると、系の変化はシュレーディンガー方程式で記述できないのだから、保存則の成立も保証されない。それゆえ、仮に、ボーア自身は自分の考えと波動関数の収縮という概念に線を引きたいと思っていたとしても、実質的には同じことをいっていることになるだろう。なんにせよ、ボーアの立場でも、シュレーディンガー方程式で記述できない(すなわち、量子力学で記述できない)「何か」が起こっていることになる。これはまさに量子力学が不完全であるということではないか[19]。

続いて、固有値-固有状態リンクのほうに移る。固有値-固有状態リンクを認めないということは、量子力学を不完全だとみなすことになるのではないか。たとえば、ある系において、物理量Qが明確な値をもっているのにもかかわらず、その系はQの固有状態にない(つまり固有値-固有状態リンクが成り立っていない)としよう。つまり、物理量Qが実在しているのにもかかわらず、量子力学は物理量Qの値を確率1で予測できない(量子力学には実在の要素Qに対応する要素がない)。そうすると、EPR論文の前提(1)より量子力学は完全ではないということになるのだ(ボーアは前提(1)についてはとくに文句をいっていない)。

ボーアとアインシュタインでは、「実在」という言葉の用いかたに差があるという反論もありうる。本書では、「物理量Qが明確な値をもつ＝物理量Qが実在する」としたが、物理量Qが明確な値をもっていても物理量Qは実在しないとするならば、少なくとも、固有値-固有状態リンクと量子力学の完全性についての関連は、EPRの議論に関するかぎり、いえなくなる。

しかし、「物理量Qが明確な値をもっていても物理量Qは実在しない」というならば、いったい「実在する」とはどういう意味になるのだろうか？　言葉の自然な使いかたから考えて、この条件で「実在しない」というのは無理がないだろうか？

では、EPRの前提(2)「系を乱さずに値を確率1で予測できる物理量には、それに対応する実在の要素が存在する」をボーアは認めなかったので、いまの議論は成り立たない、とする反論はどうだろうか？　まず、たしかにボーアは前提(2)を批判したが、引用した文からもわかるように、「系を乱さずに」という言いかたが曖昧だと言っているだけである。また、仮に前提(2)が実在の十分条件にならないとボーアが考えていたとして、そのボーアの言い分を認めたとしても、この話と「固有値-固有状態リンクを認めないことは、量子力学の不完全性を認めることになる」という話とは関係ない。というのも、議論の出発点として、「物理量Qが明確な値をもっている」と仮定しているからだ。

残る疑念は、EPRの前提(1)「量子力学で物理量Qを確率1で予測できないということは、量子力学にはQに対応する要素がないということである」が正しいかどうかであるが、ボーアは前提(1)をとくに批判していないし、ボーアの考えは別にしても、自然な仮定であるように思える。

以上から、「固有値-固有状態を認めなければ、量子力学を不完全だと認めてしまうことになる」と私は思う。

ただ、**ボーア自身は、量子力学が、アインシュタインのいう意味での完全であるかどうかにあまり興味がなかった**可能性はある。そして、そこがアインシュタインとボーアの論の「すれ違い」を生んでいるように思える。ボーアが守ろうとしたのは、相補性原理および、その数学的表現である不確定性関係であって、量子力学の実在に関する完全性を守ろうとしていたのではないのではないか。ボーアは、「量子力学のアルゴリズムは、量子の世界をある程度反映しているといえるのでしょうか」と質問されたときに、

量子の世界などありません。あるのは、抽象的な量子物理学的記述だけです。物理学の仕事が、自然とはどのようなものかを明らかにすることだというのはまちがっています。物理学は、私たちが自然について何をいえるかに関わっているのです[20]。

と答えたという。

それゆえ、ボーアが興味をもっていたのは、量子力学が実在について完全であるかどうかでなく、量子力学が「物理現象の完全に合理的な記述[21]」をもたらすかどうかであったと思われるし、それは第6章で見た彼の相補性原理に関するいくつかの発言からもうかがえる。

ボーア以外の反応

パウリは、EPR論文にも、それに対するボーアの回答にもさして興味を示さず、どちらも新しいことは何も含んでいないとシュレーディンガーへの手紙で書いている[22]。それに対してシュレーディンガー

は、

この問題についてのあなたの意見を、ぜひともお伺いしたいと切望しております。もし本当にあなたが、アインシュタインの事例……が、なんら考えるに値するものではなく、自明なことであるとお考えならば（私がこの問題について話を聞いたすべての方々も、一にして聖なるunum sanctumコペンハーゲン信条を十分に学んでおられたので同意見でした）。……しかし、私には、なぜすべてが明白で単純なのかがまったくわからないのです。[23]

と返信した。

量子力学の建設に多大な貢献のあった物理学者たちでは、シュレーディンガー、ド・ブロイらはアインシュタイン側であったが、パウリやハイゼンベルクをはじめ、ほとんどの物理学者は、ボーア側――というよりも、そもそもこれらの問題にあまり関心を寄せなかったようである。ディラックは、どうやらアインシュタイン側、すなわち、量子力学は不完全な理論だと考えていたようである。[24] ただし、ド・ブロイは、一九二七年のソルヴェイ会議で、自身の解釈（本書では「軌跡解釈」と呼ぶ）をパウリらにボロクソに言われて自信を喪失し、デイヴィッド・ボームにより軌跡解釈が再発見されるまでの二十五年間、コペンハーゲン派に寝返ることになる。[25]

ベルの不等式と非局所相関

現在、一般的な量子力学の教科書で示されているＥＰＲ論文への回答は、「ＥＰＲ論文は、電子Ⅰへの測定が電子Ⅱへ影響を与えないと仮定していたが、現実はそうではない」というものである[26]。すなわち、電子Ⅰの位置の測定によって電子Ⅱの波動関数が3を固有値とする固有関数u_{II}へ収縮し、電子Ⅰの運動量の測定によって電子Ⅱの波動関数が4を固有値とする固有関数w_{II}へと収縮したのであるから、「系を乱さずに確率1で値を予測」できたわけではないというのである。つまり、電子Ⅰに対する測定が電子Ⅱの状態に瞬間的に影響を与えた（「**非局所相関**」があった）のである。

たしかに、非局所相関を認めるとＥＰＲの議論を避けることができる。しかし、非局所相関は本当にあるのだろうか？　非局所相関があるのかどうかを直接的に検証するのは難しい。そこで、以下では、間接的に非局所相関があるのかどうかを実験的に確かめることができる方法について考えてみよう。

そのことについて議論する前に、「**スピン**」という量子力学に独特の物理量について説明しておく。スピンは古典論にはない物理量であり、電子の場合は、任意の一つの軸について+1と−1という二つの値しかとらず、中間的な値はとらない[27]。ある軸（z軸と呼ぶことにする）のスピン（z-スピンと名づける）を考えたとき、これと不確定性関係が成り立つ物理量（つまり、非可換な物理量）は、z軸と直交する軸（たとえばx軸）のスピン（x-スピン）である。それゆえ、量子力学によると、z-スピンとx-スピンは、測定前に同時に確定した値をもつことができない。

デイヴィッド・ボーム（第11章で再登場する）は、『量子論』という教科書でＥＰＲ実験を説明する際、オリジナル論文で用いられていた位置と運動量の代わりにスピンを用いたバージョンを提案した。[28] こちらのほうが、とりうる値が二つしかないので、理論的にも実験的にも容易に扱えることと、角運動量保存則を用いることができる（オリジナル版では、運動量に関しては保存則が成り立っていたが、位置に関しては成り立たないので少々扱いが面倒であった——じっさい具体的な実験設定を考えるのが難しい）ことから、現在ではＥＰＲの思考実験について論じる際は、ほとんどはこちらのバージョンが用いられる。

本質的な部分については位置と運動量のバージョンと同じなので、スピン版についてはごく簡単に述べるにとどめる（図9・6参照）。相互作用を終えたときの、電子Ⅰと電子Ⅱのスピンの合計が0であるとする。すると、角運動量保存則から、その後も外力を与えない限り、これらのスピンの合計は0に保たれる。

それゆえ、電子Ⅰのx-スピンを測定して+1であるとわかれば、自動的に電子Ⅱのx-スピンは−1だということになる（す

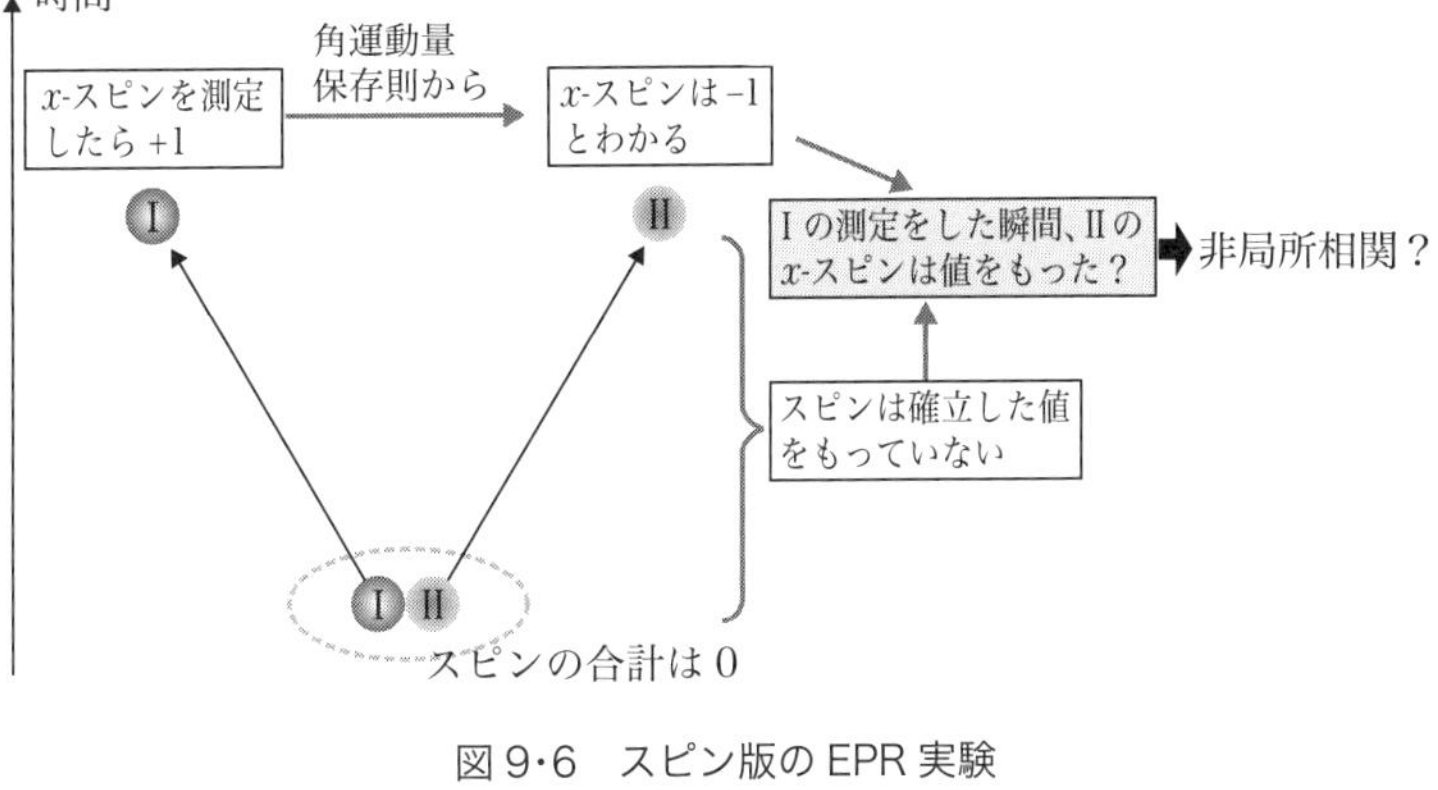

図 9·6　スピン版の EPR 実験

なわち、電子IIに力学的な擾乱を与えずに、そのx-スピンの値が確率1で予測できる）。同様に、x-スピンの代わりに、これと非可換であるz-スピン（もしくはy-スピン）を測定しても、やはり系を乱さずに確率1でその値を予測できる。これがスピン版EPR実験である。

さて、ジョン・ベルは、一九六四年に、このスピン版EPR思考実験において、量子力学にはない「隠れた変数」により、あらかじめ物理量の値が決定されているならば成り立たなければならないはずの不等式を導いた[29]。その後、フランスの実験物理学者アラン・アスペは、一九八二年に、ベルの不等式が実験的に成り立たない場合があることを示した[30]。それゆえ、量子力学にはない「隠れた変数」によってあらかじめ物理量の値が決められているわけではなく、二つの系の測定値には非局所的な相関があるといえるのである。

このように、以前に相互作用をしていた複数の量子力学的系どうしに、相互作用を終えた後にも相関が残ることを「**量子もつれ**」という。これは、シュレーディンガーが「量子力学の現状」という論文のなかではじめて名づけた[31]。

非局所相関は相対性理論に反するか

非局所相関があるならば、EPRの攻撃から量子力学の完全性が守られることはわかった。しかし、非局所相関があるとすると、「何ものも光速を超えることがない」という相対性理論に反するのではないだろうか？　いくつかの教科書では、以下のような議論で、**量子力学の非局所相関では、少なくとも**

情報を超光速で伝達することはできないので、相対性理論の要請を破っているわけではないと結論する。(32)

たとえば、いま、太郎と次郎があらかじめ打ち合わせしておいて、空間的に離れた場所で、太郎は電子Ⅰの、次郎は電子Ⅱの z-スピンを測るとする。すると、太郎は、自分が得た電子Ⅰの測定結果から、次郎が得た電子Ⅱの測定結果を次郎に聞かずに正確にわかる。しかしこれは太郎と次郎が通信していることにはならないし、量子力学に特有な現象でもない。なぜなら、完全に古典的な状況でも同じような状況は想定できるからだ。たとえば、あらかじめ白い玉が一つと黒い玉が一つが入っている箱から、太郎と次郎が目隠しをして箱の中からそれぞれ一つずつ取り出し、十分離れた場所で目隠しをはずし、自分の取り出した玉を確認しているのと同じである。このとき太郎は自分の玉が黒ならば、次郎の玉が白であることがわかるが、これをもって、太郎と次郎が通信しているとはいわないだろう（だが、太郎の玉の色と次郎の玉の色には相関がある）。

では、次のような場合はどうだろうか。太郎と次郎のうち一人が急に測定器の設定を変えるのである。はじめ、太郎は z-スピンを測り、次郎は x-スピンを測ることにしていたとしよう。太郎の測定結果は次郎の測定結果とまったく関連がなく、伝えられる情報はない。ここで太郎が突然約束を破り、次郎に黙って x-スピンを測り始めてしまった。すると今度は太郎の結果と次郎の結果には完全な相関がある。つまり、**測定器の設定を変えることで、遠く離れた太郎の結果と次郎の結果に、いままでまったくなかった相関があらわれる**のである。これは量子力学に特有の現象である。

しかし、太郎が測定器の設定を変えたということを推測する方法が、（古典論的な情報伝達手段で知る以外に）次郎にはない。それゆえやはり、**相関はあるが、超光速で伝えられる情報はない**のである。

だが、非局所相関において、光速を超えて因果作用が伝達しないかどうかを議論するのは難しい。ジュン・サクライは、先に述べたように情報が伝達しないことをもって因果作用も光速を超えないとするのだが、因果とは何かということ自体がいまだ明らかになっていない。因果に関する哲学的理論のうちには、この問題における非局所相関が因果作用であると結論づけることができるものもいくつかあるのだ(33)。

ちなみに、あとで述べるが、アインシュタインが非局所相関を否定するのは、相対性理論に反するからだけではない。

量子力学を完全にする方法——隠れた変数理論

もし、アインシュタインの信じるように、量子力学が不完全であるならば、それを完全にするためには、二つの方法がある。

一つは量子力学の基礎は変更せずに、量子力学が仮定していない「隠れた変数」をつけ加えるものである。たとえば、量子力学では、波動関数によって系の完全な記述ができるとするが、それだけでは不十分で他の変数をつけ加えなければ系の完全な記述にならないというわけである。このようにして、従来の量子力学に新たな変数を加えた理論を「**隠れた変数理論**」という。

もう一つは、これはアインシュタインが考えていたことで、量子力学を根本から書き直すという方法である。アインシュタインは、重力と電磁力を統合した理論をつくることで量子力学の統計的性格は消えると考えていたようだ。ただし、その場合でも、量子力学は経験的に大きな成功を収めた理論なので、（相対性理論や量子力学の近似が古典力学に一致するように）新しい理論を近似すると、量子力学と一致しなければならないと考えていた。

「量子力学の根本的な書き換え」の可能性については現在のところ何もいうことができないが、「隠れた変数」の可能性については、これまでさまざまな議論がなされてきた。ベルの不等式もまさにその一環であった。ただし、ベルの不等式の導出においては隠れた変数があるというだけでなく、局所性も仮定されていた。つまり、「**ベルの不等式が成り立たないときがある**（**＝量子力学が経験的に正しい**）**ならば、局所的な隠れた変数が存在しない**」ということが示されたのである。これを「**ベルの定理**」という（付録解説F参照）。このように、「古典物理学のように物理量すべてに確定した明確な値を割り当てることができない（そうするための隠れた変数はない）」ことを示す定理を「**NO-GO定理**」という（「NO-GO定理」という言葉自体はもっと広い意味をもつが、本書ではそういう意味で用いる）。

コッヘン=シュペッカーの定理

このほかに、ジョン・フォン・ノイマンも一九三一年にNO-GO定理を証明したが、これについては不備があることをベルが指摘した。ベルの定理以外で重要なNO-GO定理は、一九六七年に証明された「**コッヘン=シュペッカーの定理**」である。[34] ベルの定理が、局所的な隠れた変数の存在を否定したのに対して、コッヘン＝シュペッカーの定理は、**一つの系について、やはり物理量すべてに確定した値を割り振ることができない**ことを証明した（くわしくは第11章でとりあげる）。

ただし、ベルの定理もコッヘン＝シュペッカーの定理も、すべての物理量がつねに確定した値をもつことを仮定しているので、すべての物理量がつねに確定した値をもっているわけではないということにすれば、これらの定理を避ける隠れた変数理論を構築することができる。

たとえば、*x*-スピンを測定するときには*x*-スピンはあらかじめ確定した値をもっているのだが、*y*-スピンや*z*-スピンは確定した値をもっているわけではない。だが、*y*-スピンを測定するときには*y*-スピンはあらかじめ確定した値をもっている、とすることは可能である。こうした隠れた変数理論は、どのような実験状況にあるかで、どの物理量があらかじめ確定した値をもつことができるかが決まるので、「**状況に依存した隠れた変数理論**」と呼ばれる。

◆アインシュタインは、ポドルフスキーやローゼンとともに、量子力学が不完全であることを論証するEPR論文を発表した。

◆EPR論文によると、位置と運動量に、同時に確定した値を与えることができるという。ここでのポイントは、ある対象の位置もしくは運動量を、その対象と相互作用することなしに測定できる点にある。

まとめ

◆ボーアは、それまでは、不確定性関係が、測定による力学的な擾乱によって成り立つものだと考えていた。ところが、EPR論文の出現によって、不確定性関係の起源についてよりあいまいにしか語ることができなくなってしまった。

◆現在、EPRの議論は、非局所相関を認めることによって回避するのが一般的である。非局所相関を認めても、情報を超光速で伝達できないので、相対性理論には反しないと一般には考えられている。

◆量子力学の経験的な正しさを認めるなら、ベルの定理により、局所的な隠れた変数の理論は存在しない。

◆コッヘン＝シュペッカーの定理によると、量子力学の経験的な正しさを認めるかぎり、状況に依存しない隠れた変数理論は存在しない。

(1) Einstein, *et. al.* (1935)
(2) Redner (2005), p.52; 筒井 (2011), p.23
(3) Jammer (1974), pp.172-178 ［邦訳202〜209頁］
(4) *Ibid.*, p.177. fn.30 ［邦訳288頁］
(5) 正確には、前提(2)がいっているのは、物理量に対応する実在の要素が存在するということであるが、ここでは物理量そのものを「実在の要素」としておく。実際、EPR論文のなかでも、あたかも物理量そのものが実在の要素であるかのような書き方が見られる。

(6) より正確にいうと、自己共役演算子というものであらわされる。以下、単に「演算子」と書いているものは自己共役演算子のことである。

(7) 非可換な物理量AとBの両方の固有関数となっているϕが存在するとし、その固有値をそれぞれa、bとしよう。すると$(AB-BA)\phi=(ab-ba)\phi$になるが、aやbは「ふつうの数字」なのだから、$ab-ba=0$である。それゆえ、$(AB-BA)\phi=0$となる。したがって、演算子$(AB-BA)$が0でない定数のときは、AとBのどちらもの固有関数となっているϕは存在しない。ただし、定数でない演算子のときはその限りではない。これはじつは、標準偏差に関する不確定性関係についても同じで、非可換な物理量であればつねに標準偏差に関する不確定性関係が成り立つわけではない。清水 (2004/2003), p.84

(8) Bohr (1935a); (1935b)

(9) Bohr (1935a), p.65［邦訳99〜100頁］強調は引用者

(10) Bohr (1935b), p.700［邦訳113〜114頁］強調は原文

(11) Beller (1998)

(12) これらボーアの考えについては、Howard (2004a) を参照のこと。

(13) たとえば、Howard (1994); Halvorson and Clifton (2002); Ozawa and Kitajima (2012)

(14) ある量子系の集団が、純粋状態にあるか混合状態にあるかを式のみで知ろうと思えば密度行列というものを使わなければならない。なお、ここでは純粋状態と混合状態について直感的な説明をしたが、きちんとした解説は Sakurai (1994), p.24 や、並木ほか (2011/1978), p.520-521 を見てほしい。

(15) Beller and Fine (1993); Faye (1993); Fine (2007)

(16) Katsumori (2011)

(17) EPRが提案したとおりの実験については、Banaszek and Wódkiewicz (1998) で論じられている。また、位置と運動量ではないが、連続スペクトルを用いた二粒子相関の実験は Ou, *et. al.* (1992) で実現されている。

(18) Camilleri (2007)。なお、この文献情報と（私のこの議論に対する）ありうる反論は、北島雄一郎氏に示唆していただいた。

(19) なお、ハルフォーソンとクリフトンも、波動関数の収縮を認めれば量子力学が不完全であると認めることになる、として

いる。Halvorson and Clifton (2002), p.6

(20) Petersen (1985), p.305

(21) Bohr (1935), p.696。原文は、"completely rational description of physical phenomena"。このＥＰＲ論文への回答のなかで、ボーアはさらに、「量子力学の数学的完全性 its mathematical completene」という言葉も用いている。

(22) ボーア以外のＥＰＲ論文への回答としては、Kemble (1936); Ruark (1936); Furry (1936)

(23) Beller and Fine (1993), p.29

(24) Bokulich (2008)

(25) Home and Whitaker (2010/2007), pp.250-251

(26) たとえば、上田 (2004), p.144-145; Sakurai (1994), pp.229-232［邦訳314～317頁］、清水 (2004/2003), p.230-232 など

(27) $\hbar/2$ を単位とする。

(28) Bohm (1979/1951), pp.611-615

(29) Bell (1964)　このあと、測定前の物理量の実在性をテストする等式、不等式がいくつか提案された。そのなかで特に重要なのは、Clauser *et. al*. (1969) と Greenberger (1990)

(30) Aspect *et. al*. (1981); (1982a); (1982b)

(31) Schrödinger (1935), S.827［邦訳388頁］「もつれ」に相当するドイツ語は Verschränkung、英語では entanglement。ちなみに、世界の名著シリーズに収められている日本語訳では「組み合わせ」となっている。また、この論文には、有名な「シュレーディンガーの猫」の思考実験がある。「シュレーディンガーの猫」については、森田 (2010) 11章や森田 (2011) 3章を参照のこと。

(32) たとえば、Sakurai (1967), pp.231-232［邦訳316～317頁］; Readhead (1989/1987), pp.113-116［邦訳125～128頁］; 清水 (2004/2003), p.212-215; p.229-230

(33) 白井ほか (2012) 2章など

(34) Kochen and Specker (1967)

第10章

EPRの思考実験 その2

自然界に非局所性はあるのか

アインシュタインのジレンマ

EPR論文が発表された翌年の一九三六年三月、アインシュタインは、「物理学と実在」という表題の論文を発表している[1]。EPR論文の議論の構造は、

> 位置と運動量の（標準偏差に関する）不確定性関係から、位置と運動量は（同時に確率1で予測できないので）同時に実在しないはずだが、EPR実験によってこれらが同時に実在するはずだと示せる。それゆえ、量子力学は不完全である。

というものであった。

ところが、「物理学と実在」においては、「位置と運動量が同時に実在するはずだ」という議論のしかたはせず、

量子力学によれば、系の状態は波動関数により完全に記述できているはずである。ところが、EPR実験で考察したような波動関数は、（系が運動量の固有状態にないときに）測定前のたとえば運動量について、それがどのような値をとるのか答えてくれない。しかし、実際には、運動量の測定値を、測定前に、力学的擾乱なしに予測することができる。だから、測定前から運動量は確定した値をもっていたはずだ（位置は確定した値をもっていなくてもよい）。それゆえ、量子力学は完全な系の記述をしていないのではないか。

という議論をしている。

前章で、ボーアは、（ハワードらの解釈によると）実験状況に依存してどの物理量が実在するのかが変わるという回答によってEPRの議論を避けたと述べた。つまり、位置（運動量）の測定をする実験設定では位置（運動量）は実在するが、運動量（位置）は実在しないので、位置と運動量が同時に実在することはないというのである。しかし、それによって避けることができるのは、不確定性関係に対する批判（つまり、位置と運動量が同時に実在している——同時に確定した値をもっていることになるという批判）であって、**量子力学が不完全であるという批判からは逃れることができていない**のである。

アインシュタインは、さらに、一九四八年にパウリが編集した『ディアレクティカ』誌の特集号に「量子力学と実在」という表題の論文を寄稿し、そこでふたたびEPR実験をとりあげる。このときは、「**量子力学が完全であるとすると、遠隔作用が存在していると仮定せざるをえないので問題がある**」という論じかたをする。もともと、ＥＰＲ論文は、英語の問題でポドルスキーが執筆したのだが、アインシュタインはこの論文について、シュレーディンガーへの手紙でこう書いている。

言葉の問題があるので、この論文はおおいに議論をしたあとでポドルフスキーが書きました。しかし、もともと私が望んだほどにはよくできあがりませんでした。それどころか、本質的な事柄が博識の陰に埋もれてしまっています。[2]

このことと、ＥＰＲ以降にこの実験をとりあげた論文とを見ると、アインシュタインがＥＰＲの思考実験で示したかったのは、

(1) 量子力学は不完全であるか、
(2) 自然には非局所性がある。

のどちらかを選ばざるを得ない、というジレンマである。これを「**アインシュタインのジレンマ**」と呼ぼう。[3] そして、アインシュタインは、あとで述べる理由で「量子力学が不完全である」という選択肢をとったが、量子力学が完全だと考える論者たちは「自然には非局所性がある」という選択肢をとったのである。

アインシュタインはなぜ量子力学を認めなかったか

ここで、第9章のはじめに述べたことについてもう一度振り返ろう。光子箱の思考実験（第六回ソルヴェイ会議版、172頁参照）までの思考実験では、アインシュタインの予測どおりの結果が生じたならば、量子力学ではできないといっていることができてしまうことが経験的に示されるのであった。それゆえ、そこには哲学的な要素はあまり含まれていない。(4) アインシュタインのいうとおりの実験装置が現実に可能になり、アインシュタインのいうとおりの実験結果が得られたならば、量子力学は経験的にまちがいであることは疑いようがない。

ところが、ソルヴェイ会議を終えたあとにエーレンフェストに語った光子箱の思考実験の別の側面（177頁参照）やEPR実験の場合、アインシュタインが予測したとおりの実験結果が得られたとしても、それは量子力学とは経験的には矛盾しない。むしろ、量子力学自体もアインシュタインが可能だということに対して何も反対はしない。時計を見れば光子の到着時刻が予測でき、箱の質量を測れば光子のエネルギーが予測できるし、一方の電子の運動量測定によりもう一方の電子の運動量が確率1で予測できる。ただし、**いくつかの形而上学的前提**（EPR論文の前提(1)・前提(2)など）**を認めると、量子力学が不完全であることになる**という議論に変わっているのである。

しかし、重要なことは、この前後でアインシュタインの「ねらい」は変化していないということである。というのも、アインシュタインの量子力学への不満は、一貫して、因果律と実在の放棄にあるからだ（EPR以降はこれに局所性の放棄も加わる――ただし、156頁で紹介した半球状スクリーンの思考実験のことを考えると、はじめから局所性の問題は念頭にあったともいえるだろう。これらは互いに密接に関わっている）。

では、アインシュタインは、なぜこれら（因果律、実在性、局所性）の放棄を認めなかったのだろうか。まず、局所性については、前述した一九四八年の論文において、彼みずからが語っている。

> この原理〔近接作用の原理〕を否定するならば、（準）閉鎖系という概念が不可能になり、それによって、よく知られた意味での、実験的に検証可能な法則の成立も不可能になる[5]

からである（ここではとりあえず、局所性と近接作用をごっちゃにして語っているが、あとでまたきちんとそれぞれについて議論する）。

「**閉鎖系**」というのは、因果的に閉じているような系のことである。たとえば、「太陽系」は文字どおり一つの系をなすが、太陽系の外から因果的に断絶しているかというとそうではない。私たちが地球から見ることのできる星のほとんどは太陽系外の恒星であるが、恒星から発せられた光が原因となって私たちがそれを見るという結果が生じているわけだから、因果的に閉じていないのは明らかである。厳密な意味で閉鎖系といってよいのは宇宙全体のみである。しかし、ほぼ周囲から因果的に閉じていると考えてよい系は存在し、それを「**準閉鎖系**」という。

物理法則を定式化したり、またそれを検証したりするためには、因果的に（ほぼ）閉じた系――（準）

閉鎖系が必要となる。なぜなら、物理法則とは、(すべてではないが)そもそも因果関係を定式化したものであり、**ある事象が何が原因で生じたのかがわからなければ物理法則そのものを見いだすことができない**からだ[6]。

ところが、局所性が確保されていないとなると、ある系が一見閉鎖系であるように見えても、空間的に遠く離れた系の外部で生じた事象が原因で、系の内部の事象が生じているかもしれない。そうすると、物理法則を定式化すること自体ができなくなってしまうのである。

因果律を放棄してもやはり同様の問題が起きるのはすぐに理解できるだろう。じっさいのところ、非因果的な過程である測定過程(波動関数の収縮)を記述できる物理法則はいまのところない。

また、アインシュタインが、主観とは独立の「**実在**」(場も含む)を考えるのも、**もし対象が主観に依存して変化するようなことがあれば、普遍的な物理法則をつくることなど不可能だから**である。アインシュタインの考えでは、そもそも物理学(自然科学)は「実在」を探求する学問である。経験を超えた「実在」を認めない科学は、たんなる「経験データのカタログ」をつくる作業をしているだけに過ぎない。このような経験を超えた実在を認めない立場では、「原子」のような概念は、たんにそのように集められた経験的データを統一的にまとめるための便利な道具に過ぎない。しかし、アインシュタインにとっては、「原子」はもっと豊かな内容をもった概念なのである(コラム「アインシュタイン vs. マッハ」「アインシュタイン vs. ヒューム」を参照)。

アインシュタインは実在論者か

ここで注意したいことは、**アインシュタインは、素朴な意味での実在論者ではない**ということである。次のようなアインシュタインの言葉は、アインシュタインを素朴な「実在論者」と考えている人たちには驚きだろう。(7)

「物理世界は実在的である」。……この言明そのものは、あたかも「物理世界はコケコッコーである」と言うのと同様に無意味であるように私には思える。私にとって、「実在」とは、本質的に空虚で無意味なカテゴリーだ。……自然科学は「実在」に関わる学問であるが、私は実在論者ではない。(8)

また、レオポルド・インフェルトと共同で執筆した『物理学はいかに創られたか』においては次のように述べる。

物理学の概念は人間の心の自由な創作です。そしてそれは外界によって一義的に決定されているように見えても、じつはそうではないのです。真実を理解しようとするのは、あたかも閉じられた時計の内部の装置を知ろうとするのに似ています。時計の面や動く針が見え、その音も聞こえてきますが、それを開く術はないのです。だからもし才能のある人ならば、自分の観察する限りの事柄に矛盾しない構造を心に描くことはできましょう。しかし**自分の想像が、観察を説明することのでき**

る唯一のものだとはいえません。自分の想像を、真の構造と比べることはできないし、そんな比較ができるかどうか、またはその比較がどういう意味をもつかをさえ考えるわけにはいかないのです。(9)

物理理論を世界の真の構造と比較して「正しい」ということはできないし、そもそもそれがどういう意味をもつのかということすらわからない。しかし、物理学というのは「実在」を探究する学問であるのだから、「実在」の記述を放棄するような営みは物理学ではない。それは「時計の内部を開いてみることができないから、時計には内部構造がない（もしくはそれを推測するのは意味がない）」というようなものである。そして、時計の内部構造を推測するのはけっして意味のない営みではない、とアインシュタインはいう。

けれども、その知識が進むにつれて、自分の想像がだんだんに簡単なものになり、次第に広い範囲の感覚印象を説明しうるようになると信ずるに違いありません。また知識には理想的な極限があり、これは人間の頭脳によって近づくことのできるのを信じてよいでしょう。**その極限を客観的真理と呼んでもよい**のです。(10)

このような「実在」の探求のためには因果律の成立が前提となる。「時計の内部構造」を、時計を開けずに調べるためには、因果律が成り立っていることを前提とせざるを得ないのである。この意味でもアインシュタインにとって物理学を行うためには因果概念が不可欠だったのである。

たしかに、実在も因果律の成立も、経験から論理必然的に証明できない。だが、実在や因果、局所性といった概念は、物理学が物理学として成り立つために必要なのであるから、物理学という「ゲーム」を行う以上、捨て去ってはならないのである。**アインシュタインにとっては、量子力学（に対するハイゼンベルクやボーアの解釈）は、このような物理学を物理学ならしめる最低限の「ルール」をぶちこわしているものであり、それゆえ量子力学が完全であるとは認めることはできないのだ。**だが、ある人が「物理学をやるうえで実在を捨て去ることは認められない」と主張することと、その人が実在論者であるかどうかは異なる。

前章に出てきた科学史家ハワードによると、アインシュタインは、十九世紀フランスの物理学者で科学史家のピエール・デュエムからの影響を強く受けており、規約主義者であったという。[11]「規約主義」とは、たとえば、科学的な真理は、科学者集団のなかでの「とり決め」に過ぎないとする立場である。エルンスト・マッハからの影響も、「経験に先立つ真理（ア・プリオリな真理）」のようなもの（たとえば時間や空間について）を認める態度に対する批判という点に見られる。

アインシュタインと統一理論

ところで、すでに述べたように、アインシュタインは、量子力学を完全であると認めていない一方で、だからといって、なんらかの「隠れた変数」をつけ加えることによって量子力学が完全になると考えていたわけでもない。アインシュタインは、重力と電磁気力を統合することによって、量子力学に代わる新しい物理理論をつくることができるとどうやら考えていたようだ（それゆえ、次章で解説するボームの解釈に対して「チープすぎる」という批判を加えたのだろう）。そして、彼の後半生は、重力と電磁気力の統合に捧げられることになるが、それは無駄に終わる。

彼が存命中に、「強い力」と「弱い力」という、原子核の内部で働く、重力や電磁気力とは異なる新しい力が発見されたが、なぜか彼はこれらを無視して、重力と電磁気力の統合にのみ力を注いだ。しかし、シェルドン・グラショウが提案した理論を、スティーヴン・ワインバーグとアブドゥス・サラムが洗練させることによって、一九六七年には、まずは電磁気力と弱い力が統一された（統一された力を「電弱力」という）。

現在のところ、物理学で描かれている力の統一のスケッチとしては、電弱力がさらに強い力と統一され（「大統一理論」、未完成）、そのうえで最後にそれと重力が統一されるというものである（現在のところそのような理論として「超ひも理論」が有力視されているが、疑問視する声もある）[12]。つまり、アインシュタインのように、一足飛びに重力と電磁気力を統一させることは不可能と考えられている。

非局所相関と遠隔作用

本書では、ここまで、「遠隔作用」と「非局所相関」について一応の説明はしたものの、きちんと区別せずに使ってきた。以下では、あまりテクニカルにならない程度にこれらの違いについてよりくわしく説明しよう（それでも以下の議論は少し難解かもしれない。もし理解しにくいと感じたら、とりあえず次章以降を読んでから、また戻ってきてもよい）。

イメージが湧きやすいように、具体的な状況設定として、図10・1のようなスピン版のEPR実験を考えよう。時刻t_0で電子IとIIが相互作用し、その後、空間的に十分に離れ、時刻t_1で電子Iのスピンを測定する。このとき、電子Iは点Aに、電子IIは点Bにあるとする。スピンの合計は0である。

「**遠隔作用**」について説明するために、まずはその対立概念である「**近接作用**」について考えよう。近接作用は英語でaction through medium、つまり、「媒介物を通じた作用」である。それゆえ、遠隔作用は「媒介物のない作用」ということになる。ここで「作用」とは、「（作用を及ぼされた系の）状態を変化させること」である。まとめると、「**点Aで生じたできごとが、Aから空間的に離れた点Bを含む系IIの状態を媒介物なしに変える**」とき「遠隔作用があった」という。

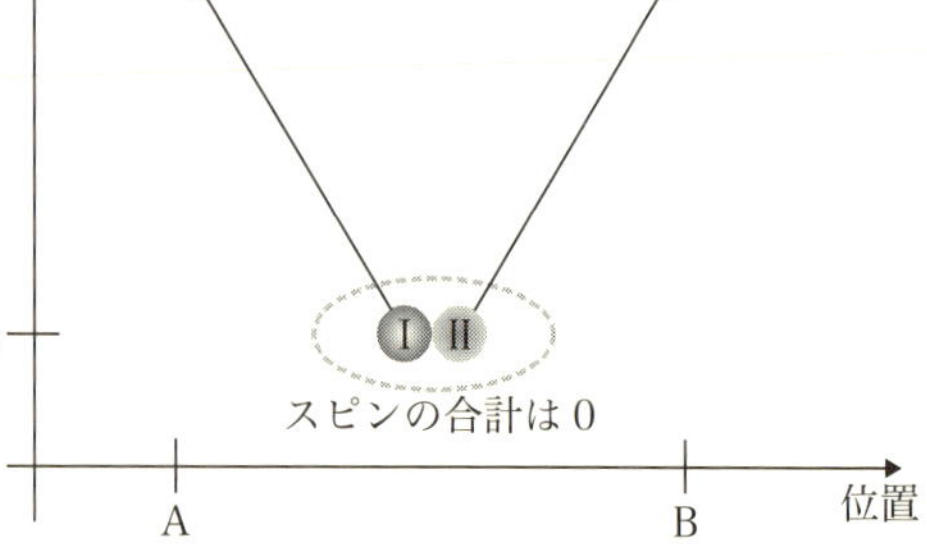

図10・1　EPRの思考実験

この定義からも明らかなように、遠隔作用は一瞬で伝わるものだけではなく、「光速以下で伝わる遠隔作用」というものもあり得る。じっさい、アインシュタインは、「自伝ノート」で「光速で伝わる遠隔作用」を概念的にはあり得るものとして例示している。[13] しかし、それに続けて、超光速ではない遠隔作用がある場合でも、そのようなものを認める理論では、エネルギー保存則がうまく表現できない（ので、やはり遠隔作用は認められない）、と述べている。

波動関数の収縮を認める解釈は、点Aでのスピン測定というできごと（もしくは電子Ⅰの波動関数の収縮というできごと）によって、空間的に離れた点Bでの電子Ⅱの波動関数を収縮させ（系の状態を変化させ）、なおかつ、これらのあいだには、少なくとも量子力学的には、とくに作用を媒介するものを仮定していないのだから、遠隔作用の存在を含意する解釈であると言える。

このような議論に対して、しばしば、波動関数は実体のないものであるから力学的な影響を及ぼしているわけではないとする反論がある。だが、波動関数によって状態が完全に記述されているとするならば、波動関数が変化するということは状態も変化するということなので、明らかに力学的な影響が及ぼされているといってよいだろう。

次に、「**非局所相関**」を説明しよう。空間的に離れた二つの点A、Bで、ある物理量を測定する。このとき、点Aでの測定値が点Bでの測定値に依存し、かつ、これらの測定結果に共通原因がないならば、「これらの測定値（もしくはこれら二つの系）のあいだには非局所的な相関がある」という。

EPR実験において、点Aでの電子Ⅰの z-スピンの測定値が+1ならば、点Bでの電子Ⅱの z-スピンの測定値は−1なのだから、これらのあいだには相関がある。そして、量子力学が完全であるならばこれらの測定結果には共通の原因がないのだから、これらの測定値のあいだには非局所相関があることになる。

遠隔作用との比較のために「**作用が非局所的である**」という言いかたについても説明しておこう。ある時点であるできごとが生じたことによる影響が、光の速さを超えて伝わらないならば「その作用は局所的である」という。いま図10・2のように、二次元空間（XY平面）に時間軸を加えたものを考えよう。時間と空間をまとめて「**時空**」という。なお、本来、時空は四次元だが、紙面上に再現できるように二次元＋一次元＝三次元にしている。

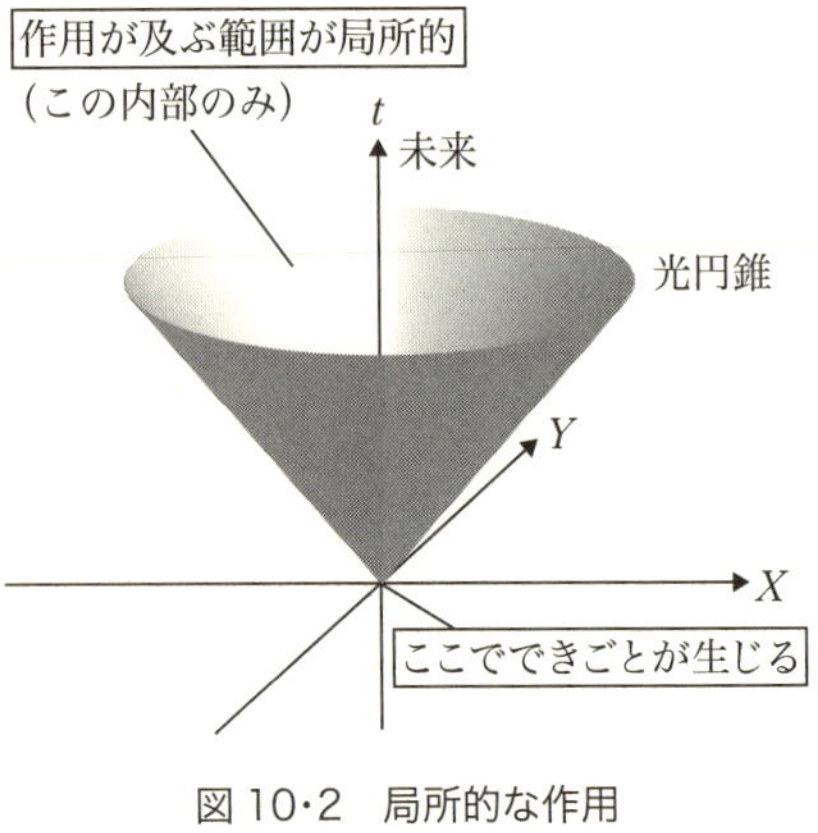

図10・2　局所的な作用

この図に、光が届く範囲を描いてみると、円錐状になる。これを「**光円錐**」という（円錐の側面の傾きが光の速さをあらわしている）。現在に生じたできごとによる影響の伝わる速さが光速度以下なら、その影響が及ぶ範囲は光円錐の内部に限られる。つまり、時空上での影響が及ぶ範囲が限られているので「局所的」というわけだ。そして、作用が及ぶ範囲が光円錐の範囲を超えている場合は「非局所的な作用」である。ここで、ここまではごっちゃに使ってきていたのだが、「非局所相関」と「非局所作用」も区別しておこう。「**非局所的な相関がある**」とは、空間的に離れた系のあいだに（共通原因がないのにもかかわらず）「相関」があるというだけのことで、それ以上のことはいっていない。しかし、「**非局所的な作用がある**」といえば、それは、一方の系から他方の系へ光速を超えた「作用」があるといっているのだから、相関があるということ以上のことを述べている。波動関数の収縮を認める立場の場合は、一方の系における測定という行為（測定による波動関数の収縮）が他方の系における波動関数の収縮を引き起こすのだから、非局所的な作用があるといえ、「量子力学における非局所相関は非局所的な作用によって生じる」といえるだろう。これらをわざわざ区別する理由はあとでわかる。

ちなみに、**非局所的な作用はかならずしも遠隔作用ではない**。なぜなら、媒介物を介した非局所作用もありえるからである。次章で解説する「軌跡解釈」は、パイロット波（ガイド波）といわれる波が系全体に遍く広がっていて、それに従って粒子が明確な位置と運動量をもって運動するという描像なのだが、波のある点に変化が生じると波全体も瞬間的に変化するので、「非局所的な作用」がある。だが、波という媒介物があるわけだから、遠隔作用があるわけではない。

先に、遠隔作用があると閉鎖系が表現できないので、物理理論からは「遠隔作用」を排除すべきだというアインシュタインの考えを紹介したが、この場合はどちらかというと「非局所的な作用」というべきではないかと思われる。なぜなら、理論が局所的であるなら（つまり、理論が局所的な作用しか仮定していないなら）、因果作用の影響は光円錐内部の領域だけなので、ある系が閉鎖系か否かを調べるには光円錐の内部だけ調べればよいが、理論が非局所的であれば因果作用が及ぶ領域が無限にあるので閉鎖系という概念が成り立たなくなるからである（ある系が閉鎖系かどうかわからないので）。では、光速以下の遠隔作用ならよいのかというと、先に述べたように、そのような理論はエネルギー保存則をうまく表現できないからダメなのである。

非局所性と分離不可能性

量子力学では、「遠隔作用」「非局所相関」とともに、「**分離不可能性**」という言葉もしばしば使われるので説明しよう。これも対立概念の「**分離可能性**」から説明する。ハワードによると、「分離可能性」とは、「**時間・空間的に離れている系どうしはたがいに独立である**」ということである。[14] 言い換えると「時間・空間的に離れている」という条件が、系どうしが独立であるための十分条件だということである（量子力学をある程度知っている読者は注15参照[15]）。

これだけだとまだピンと来ないと思うので、非局所的な作用や遠隔作用との違いをもう少し説明しよう。以下では、図10・1の電子Iだけで測定をするのではなく、電子IIでも測定をするという想定で話を進める。また、数式が苦痛でない読者は、付録解説Gもあわせて見ていただいたほうが以下の話がわかりやすくなるだろう。

量子力学が完全だとすると、電子Iのスピンの測定値と電子IIのスピンの測定値とが直接的に相関するように見えるが、量子力学が完全ではなく隠れた変数があるならば、電子IとIIの測定結果に相関があるのは、**隠れた変数という「共通の原因」がある**からということになる。そこで、ベルは、（隠れた変数があると成立する）ベルの不等式を導く際に、隠れた変数による共通原因があるとすると満たすはずの条件（**共通原因条件**）を仮定した。

そして、この共通原因条件だが、これがさらに二つの仮定から導き出されることを、科学哲学者のジョン・ジャレットが指摘した。[16] 一つは「電子IIの測定値の確率分布は電子Iのどのスピンを測定したか（測定装置をどのように設定したか）に依存しない」という「**局所条件**」で、もう一つは「電子IIの測定値の確率分布は電子Iの測定値に依存しない」という「**分離可能条件**」である（ジャレットは別の呼びかたをしたが、ここではハワードの呼びかたに従う）。

また、もともと共通原因条件も、「電子IとIIのスピンが測定前の共通原因によって決定されていたなら、非局所相関がないということである」という考えから来ているものだから、これも「局所条件」なのだが、いま述べた「局所条件」よりも強い条件なので、「**強い局所条件**」とジャレットは呼ぶ。つまり、たしかに、強い局所条件（共通原因条件）を満たせば局所性はあるのかもしれないが、強い局所条件を満たさないからといって非局所的な作用があるとは限らないということだ。というのも、強い局所条件を満たさないのは、「非局所的な作用はないが分離不可能である」からかもしれないからだ。

もう少し具体例に則してジャレットの局所条件と分離可能条件について考えてみよう（図10・3参照）。まずは局所条件から。これは、EPR実験において、「電子Iのx-スピンを測定してもz-スピンを測定しても、電子IIでの測定値の確率分布に変化がないなら、電子IとIIのあいだに非局所的な作用はない」というものである（ただし、あとで述べるように、これを満たしても非局所的な作用がないかどうかは明確ではない）。では、逆に、これを満たしていなかったときには非局所的な作用があるといえるだろうか。測定装置の設定は、電子IとIIが相互作用を終えたあと、実際に測定するまでのあいだにいつでもいくらでも変えることができる。たとえば、はじめは電子IIの z-スピンを測定するような設定をしていたのに、測定相互作用を終えたあとに、x-スピンを測定する設定に変えるということができる。そして、ジャレットの局所条件を満たさないということは、電子IIの z-スピンを測定するか x-スピンを測定するかで電子Iの測定結果が変化するということだから、**相互作用を終えたあとでも**電子IIの測定装置の設定が電子Iの測定結果に影響を及ぼすことになる。（隠れた変数がないなら）これは非局所的な作用があるといってよいだろう。この場合は、情報伝達も可能であるから（確率分布を見て、どのような測定装置の設定になっているかがわかるから）、相対性理論を破るかもしれない[17]。

次に、分離可能条件について考えよう。「電子Iのスピンの測定値が+1であっても−1であっても、電子IIの

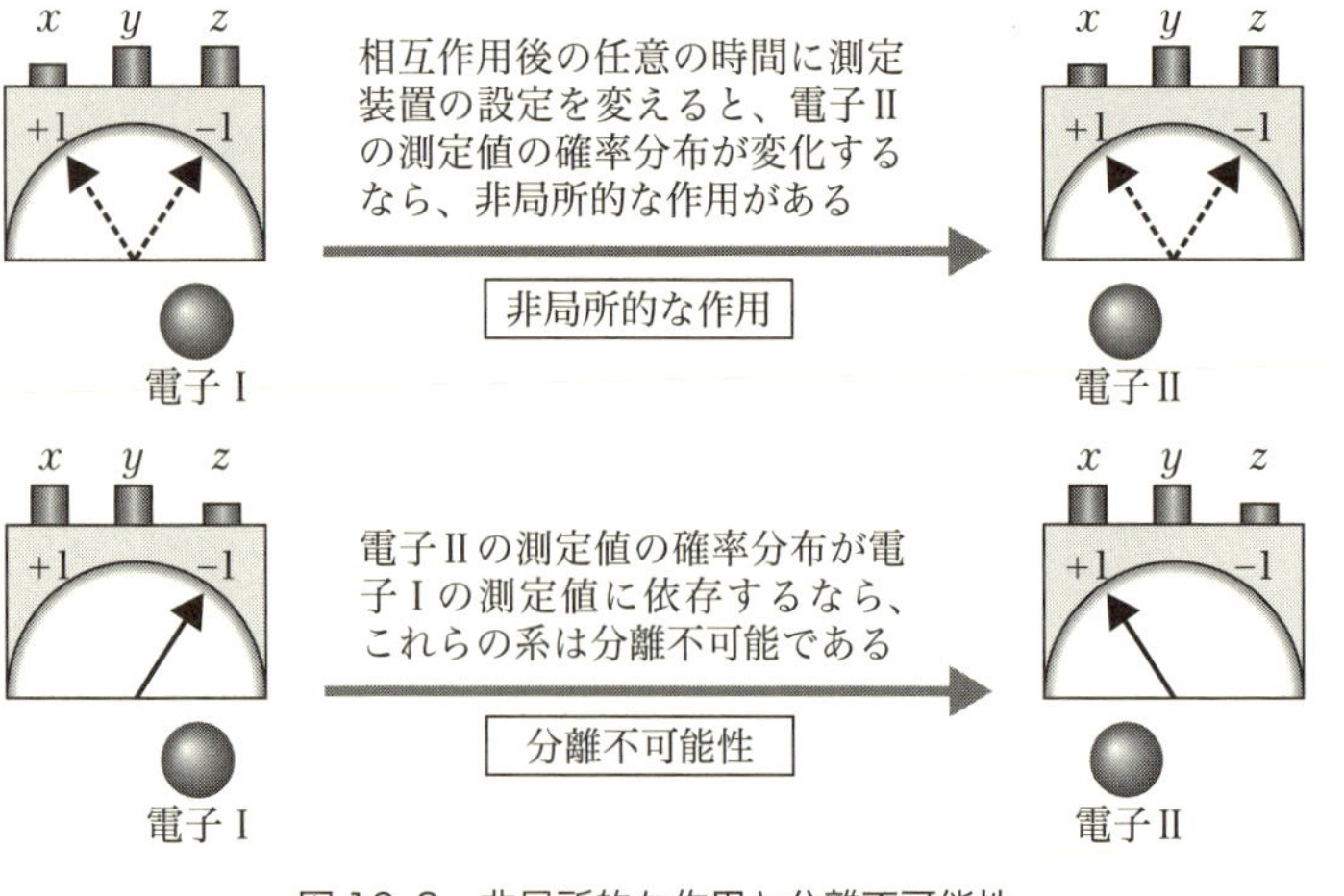

図10·3　非局所的な作用と分離不可能性

スピンの測定値の確率分布に変化がないなら、電子IとIIの系は互いに分離可能である」というのが分離可能条件である。これも逆が成り立つか考えてみよう。(隠れた変数がなく)空間的に離れた系の測定値どうしに相関があるならば、確かに、これらの系は独立ではないといえそうだ。

このように局所条件と分離可能条件の区別をしてみたが、**分離可能条件を満たさない場合も、結局は非局所的な作用があることになるのではないか**という疑問が生じないだろうか。その疑問に答えるためにもう少し説明を続けよう。

228頁でも述べた、非局所相関と非局所的な作用の区別を思い出そう。分離可能条件を満たさず隠れた変数もないならば、空間的に離れた系の測定値どうしに相関があるのだから、非局所相関があるといえる。だが、非局所的な相関があっても、それが非局所的な作用によるものとは限らない。どういうことか。

まず、局所条件や分離可能条件を満たしているかいないかにかかわらず、電子Iの測定装置を相互作用後に任意に変化させることができても、**電子Iの測定値を相互作用後に任意に変化させることはできない**(そのようなことができる方法があるだろうか?)。だから、たとえ分離可能条件を満たさない場合──電子Iの測定値が電子IIの測定値に影響を与える場合──でも、相互作用後に電子Iの測定値を任意に変化させることはできないわけだから、それによって空間的に離れた系の測定結果に影響を与えることができない(すでに述べたように、波動関数の収縮を認める立場の場合は別で、「測定」という行為で電子Iの測定値を不明確な値から明確な値へ変化させることができ、それによって電子IIの測定値も変化する)。それゆえ、**二つの系が分離不可能であるからといって、これらの系のあいだに非局所的な作用があるとはいえない**(が、あるかもしれない)[18]。また、上述のように、局所条件を破る場合は、相対論に抵触する可能性があるが、分離可能条件を破るだけなら(仮に非局所的な作用があったとしても)その心配はない。

さて、じっさいのEPR実験においては、電子Iで x-スピンを測定したか z-スピンを測定したかは、電子IIの z-スピン(でも他の任意の軸のスピンでも)の測定値の確率分布に影響しない(どの場合でも1/2)。それゆえ、**ジャレットの局所条件は満たしている**。一方で、電子Iで z-スピンを測定したならば、その測定値が+1か−1かで電子IIの z-スピンの測定値の確率分布は変化する。それゆえ**分離可能条件は満たさない**。

つまり、**ベルの不等式を満たさない――局所的な隠れた変数がない――からといって、量子力学の世界に非局所的な作用があるとはいえない**(あるかもしれないが)。**しかし、分離不可能性はある。**

●局所性か分離可能性か

ハワードは以上の議論をもとに、自然においては、**局所性は成り立っているが分離可能性は成り立っていない**と主張する。そして、彼によると、局所性は、熱力学第二法則やエネルギー保存則のような、「これだけは破らないような理論をつくりなさい」という、いわば理論を構築するさいの制限となる原理なのだが、分離可能性のほうはそうではないという[19]。

ところで、アインシュタインは、**局所性と分離可能性の区別を明確にしており、かつ二つとも成り立っていると考えていた。**たとえば、「自伝ノート」で、ＥＰＲ実験に言及したあと、量子力学の完全性を守りたいならば、遠隔作用で非局所的な作用があることを認めるか、電子Ⅰと電子Ⅱが独立した存在であることを否定する（分離不可能性があることを認める）かしなければならない。だが、自分はその両方とも受け入れられない、という趣旨のことを述べている。[20]

アインシュタインが、なぜ非局所的な作用を受け入れることができないと考えているのかは、すでに述べたが、分離不可能性を受け入れることができない理由も、やはり同じ論文（一九四八年の論文）のなかで語っている。それは、非局所的な作用が受け入れられないのとほぼ同様で、

物理学に導入された物体のこの配列にとって本質的だと思われるのは、これらの物体が「空間のなかで異なった部分にある」かぎり、ある一定の時刻で、それらがたがいに独立な存在でなければならないという、日常的な思考からまず発生した、このような「そうあるべきこと」を仮定しなければ、われわれにとって容易に理解できるような物理的考察は不可能になるであろう。またこのような明確な仮定なしには、どうして物理法則を定式化するか、さらに、どうしてそれを確かめるかということもわからないのである。[21]

というものである。また、ボルンへの手紙のなかでも、

空間の異なる部分に存在するものが独立の実在をもつという仮定を捨て去るならば、いかにして物理学が描けるのか私にはまったくわかりません。というのも、何を「系」と考えるかは、結局、規約によるものであるのだから、〔もし異なる部分どうしが独立でないならば〕どのようにすれば世界を客観的に分け、部分について何ごとかを主張することができるのかが私にはわからないからです。[22]

と述べている。これもまた、非局所的な作用を否定する理由と似ている。それゆえ、アインシュタインがとくに、分離可能性より局所性を重視したということはなさそうである。

さて、アインシュタインはこのように、局所性と分離可能性を区別し、かつそのどちらも物理学が成立するためには不可欠であると考えた。しかし、すでに見たように、残念ながら、実験的に、局所条件は成り立つが分離可能性条件は成り立っていないことがわかっている。ただ、局所条件が成り立っている以上、分離可能性はあきらめるとしても（第12章で分離可能性もあきらめなくてよい解釈を提示するが）、非局所的な作用はないということをなんとかいえないものだろうか。[23]

EPRに対するボーアの回答とアインシュタインのジレンマ再論

ここで、前章199頁で紹介した、ハワードらが解釈したEPR論文に対するボーアの回答を思い出そう。ハワードらによると、EPR論文に対して、ボーアは次のように回答したという。電子Iでz-スピンを測定するような実験設計をすると、電子IおよびIIの状態がz-スピンの混合状態になるが、このときは、電子ⅠやⅡのx-スピンは定義できない（x-スピンのときも同様）。それゆえ、x-スピンとz-スピンという非可換な物理量をあらわす混合状態が同時に実在の要素になることはないのであり、それゆえ、EPRの量子力学批判はあたらないというわけである。

さて、そうすると、たとえばz-スピンを測定するときには、z-スピンは測定前から（純粋状態ではなく）混合状態になっているので、電子Ⅰの測定により電子Ⅱが純粋状態から混合状態へという状態変化が生じるのではない。それゆえ、非局所的な作用はないといえる。しかし、電子Ⅰのスピンの値と電子Ⅱのスピンの値には相関があるから、分離不可能性はある。すると、**アインシュタインとボーアは、「局所性がつねに成り立っている」という点では一致しているが、「あらゆる物理系は分離可能である」という点では一致していない**ということになる[24]（ついでにいうと、遠隔作用もボーアは認めないと思われる）。

ところで、ハワードらのようにボーアの回答を解釈すれば、アインシュタインのジレンマから逃れることができるだろうか。先ほどは非局所的な作用を避けることができるかのように書いたが、それは本当なのだろうか？　スピン版EPR実験を引き続いて具体例としてとりあげるが、ここでは電子Ⅰのz-スピンを測定するとしよう。

ボーアは量子力学が完全な理論だと考えていたはずだから、隠れた変数は存在しないはずである（「完全」をどの意味でとってもこれは成り立つ）。それゆえ、測定前のz-スピンは確定したただ一つの値をもっていない（混合状態は固有状態ではないので、量子力学ではz-スピンの測定値を確率1で予測できない）ことを認めなければならないだろう。そうすると、この場合、結局、電子Iの z-スピン測定によって電子IIの z-スピンの明確な値が決まるということになるはずだ。言い換えると、電子IIの状態は、電子Iの状態と同じく、測定前は z-スピンが+1の固有値をもつ固有状態と−1の固有値をもつ固有状態の「混合」状態になっていたのが、電子Iの測定によって、電子IIの系でも**混合している状態の一方の状態が選択される**ことになる。これは、明らかに、空間的に遠く離れた系での測定により状態の変化が起きているわけだから、非局所的な作用（であり遠隔作用）があるということだろう。

もちろん、「実験状況を設定することで、電子IもIIも確定したただ一つの値をもつ」という解釈も可能だろう（「ボーアは固有値–固有状態リンクを認めていない」ということはこの意味にとれるだろう）。だが、その場合は、系が固有状態ではないのに確定したただ一つの明確な値をもつわけだから、量子力学を不完全な理論とみなしていることになる。それゆえ、ハワードらの解釈でも**ボーアはアインシュタインのジレンマから逃れることはできていない**。

もちろん、後者の議論に対しては、物理量の実在に対する条件（EPR論文の前提(2)）をボーアは認めていないという反論がありうるかもしれない。じっさい、ハワードらのボーア解釈では、ボーアはそもそも「実在」の定義がアインシュタインとは異なるという（この「実在」を数学的に定式化したのが、前章に出てきたハルフォーソン＝クリフトンである）。しかし、すでに前章で述べたように、ハワードらの解釈する「ボーアの意味する実在」は言葉の自然な意味としての「実在」とかけ離れているように思える。

むしろ、これもすでに前章で述べたことだが、ボーア自身は、実在に関して量子力学が完全であるかどうかという問題に無関心であり、そここそがアインシュタインとボーアの議論のすれ違いを生じさせる要因となったのではないだろうか。量子力学が与える記述は、実験設定を明確に与えれば、経験と矛盾しない。ボーアにとって、それこそが重要な点であり、物理学の課題が「自然とはどのようなものかを明らかにすることだというのはまちがって」いるのである。

ただ、そうはいっても、哲学的にはアインシュタインのジレンマは重要な問題である。なぜなら、哲学とはまさに古代から「自然とはどのようなものかを明らかにする」ことが課題であるからだ。それゆえ、量子力学が実在について完全な理論なのか、また、自然は局所的なのか非局所的なのか、そして本当に「量子力学が完全でありかつ自然が局所的である」は成り立たないのか、は「量子力学の哲学」にとっては重要な課題なのである。

ちなみに、ハワード自身は、現在の量子力学を完全なものであるとは考えていないように見える。というのも、「量子力学は分離不可能である……。しかし、量子力学は基本的な理論ではない」と述べているからである。[25]

ここまでのまとめとこの後の展開

本書のここまでは、量子力学の誕生と発展の歴史とともに、アインシュタインの量子力学への寄与と不満について述べてきた。アインシュタインは、量子力学が完全であるとすると、因果律や局所性といった物理学を成り立たせるための「ルール」を破ることになってしまうと考えた。しかし、量子力学が現在の形で完全だと考える物理学者たちは、因果律の破れや非局所性を認めるという選択肢を選んだのである。

さて、ここからはもうアインシュタインは退場し、「波動関数の収縮」を認めないタイプの量子力学の解釈を三つ概観する。

一つめは、「**軌跡解釈**」と本書では呼ぶが、「ド・ブロイ＝ボーム力学」だとか「因果解釈」などの名でも知られている。この解釈では、因果律と実在性は回復されるが、非局所性は認め、現在の量子力学は不完全であるとする。

二つめは、読者のなかにもすでにご存じの方が多いであろう「**多世界解釈**」である。結論的にいうと、この解釈では実在性は回復できない。局所性も回復しているとはいい難い。現在の量子力学はこのままで完全であるとする。

最後に、「**時間対称的な解釈**」について述べる。これは、従来の解釈が、過去の状態が現在の状態を決めると前提してきたのに対して、過去の状態だけではなく、未来の状態も、現在の状態を決定している要因であると考える。この解釈では、実在性は回復できているし、古典力学的な意味での因果律は回復できていないが、特殊な意味で因果律が回復できる。また、局所性も回復させることができるし、分離可能性も回復できる。さらに、この解釈では量子力学に修正を加えるわけではないので、量子力学が完全であることも認めることができる。つまり、アインシュタインのジレンマから逃れることができるのである。

（1）Einstein (1936)

（2）Fine (1996/1986), p.35［邦訳57頁］

（3）Redhead(1989/1987), p.76［邦訳84頁］

（4）もちろん、アインシュタインの言うとおりの結果になったならば、電子の軌道が測定前から存在していたということだから、電子の軌道に関する、たとえばハイゼンベルクの哲学は変化せざるをえない。しかし、ここでいっているのは、議論そのものに哲学的な要素がないということである。

（5）Einstein (1948), p.322［邦訳197～198頁］

（6）このあたり、多少注意が必要である。因果律が客観的に存在するというのは、「何かある一つのできごとが原因であるということが客観的にいえる」ということではない。複雑な因果連関のなかのどれを「原因」とするかは主観的な要素がある。世界に生じる各事象のあいだの因果的な連関が客観的に存在するということである。

（7）Howard (1993); (2004b) も参照のこと。

（8）一九一八年九月二十五日、アインシュタインからエドワード・スタディへの手紙。Beller(1998), p.31; Howard (2004b), sec. 5; CP 8, p.890

（9）Einstein and Infelt (1938/ 2007), p.31［邦訳35～36頁］強調は引用者

（10）*Ibid.* 強調は引用者

（11）Howard (1993)

（12）たとえば、Smolin (2008) など

（13）「光速度で伝播される遠隔作用を導入することもたしかに考えられうるが、不自然に思われる。なぜなら、このような理論のなかでは、エネルギー保存則をうまく表現することはできないであろうからだ」。Einstein (1949), p.61［邦訳206頁］

（14）Howard(1989), pp.225-228

（15）「系全体の状態が、各部分系の積になっている」というのが、分離可能であるということである（*ibid.*, p.230）。EPR系では、$|+1\rangle_{\mathrm{I}}|-1\rangle_{\mathrm{II}}+|-1\rangle_{\mathrm{I}}|+1\rangle_{\mathrm{II}}$ となっているので、分離不可能である。

（16）Jarrett (1984)　また、Norsen (2009) も参照のこと

（17）ジャレットは、この条件が成り立たなければ相対論に反するのではないかと言うが、ハワードは、この条件が成り立たないときでも相対論に反するかどうかは不明であるとしている。

（18）ちなみに、論理的可能性としては、「二つの系が独立である（分離可能である）が、これらのあいだには非局所的な作用がある」ということもありうる。ただ、量子力学の場合は、二つの系が相互作用してそのあと空間的に離れてもこれらの系のあいだに関係がある（量子もつれ）から、測定値のあいだには相関が見られると考えるわけなので、非局所的な作用があったとしても、それはこれらの系が独立ではないから（分離不可能であるから）だといえる。

（19）アインシュタインは、一九一一年にチューリッヒの学会で、「相対性原理は、可能性を狭める原理である。相対性原理は、熱力学第二法則がモデルでないのと同様に、モデルではない」と述べている〔Brown and Timpson (2005)〕。おそらく、ハワードの主張は、このアインシュタインの発言に沿ったものではないかと思われるが、相対性原理は局所性原理ではないし（ただし、一般相対性理論を構築するにあたって局所性は大きな役割を果たした）、そうであるとしても、アインシュタインが分離可能性はこれらの原理とは異なると考えていたかどうかはわからない。それゆえ、ハワードが、分離可能性に対して局所性をより重視する理由はいまひとつわからない。

（20）Einstein (1949), p.85〔邦訳224頁〕

（21）Einstein (1948), p.321〔邦訳197頁〕

（22）Howard (1989), p.241

（23）すでに述べたように、局所条件が成り立っていても、分離可能条件が成り立っていないならば、非局所的な作用はありうる。波動関数の収縮を認める立場などだ。だが、局所性が成り立っている以上、「ある二つの系が分離不可能であるが、それらの系のあいだに非局所的な作用がない」ということは可能性としてはある。

（24）Faye (1993), p.102

（25）Howard (1989), p.253

コラム

アインシュタイン vs. ヒューム

アインシュタインが相対性理論を構築するにあたって影響を受けた哲学者には、マッハのほかに、十八世紀イギリスの哲学者デイヴィッド・ヒュームがいる。アインシュタインは「自伝ノート」で、本書のコラム「アインシュタイン vs. ニュートン」で紹介した光と競争をする思考実験について述べたあと、次のように語っている。

デイヴィッド・ヒューム
(1711～1776)

このパラドクスのなかには、特殊相対性理論の芽がすでに含まれていたことがわかる。今日なら誰もがもちろん、時間もしくは同時性の絶対的性格についての公理が無意識のうちに根を下ろし、認識されないままであるかぎり、このパラドクスを十分に説明しようとする試みは、どれも挫折の運命にあったことを知っている。この公理とその任意性をはっきりと認識することが、結局は問題の解決を意味するのである。この中心的な点を見つけ出すために必要であった批判的な思考法は、私の場合、**特にデイヴィッド・ヒュームとエルンスト・マッハの哲学的著作を読むことによって決定的に促進された**[1]。

ところで、すでにコラム「アインシュタイン vs. マッハ」で見たように、アインシュタインは、マッハに賛同している点と反対している点があった。では、ヒュームに関してはどうだろうか？　ヒュームは因果概念批判を行ったことで有名であるが、本文で見たように、アインシュタインが量子力学を批判するのは、量子力学において因果律が成立していないように思えるからであった。すると、アインシュタインは、ヒュームの時空論は評価しているが、因果論には反対だったのだろうか。「自伝ノート」には次のような一節がある。

ヒュームは、たとえば因果律のようなある種の概念を論理的な方法によって経験的な材料から導き出すことはできないということをはっきりと認識していた。(2)

そして、このあとアインシュタインは、ヒュームの因果律批判に対して因果律を人間に先天的に備わる概念であるとしたイマヌエル・カントを批判して、次のように述べる。

あらゆる概念は、……論理的観点から見れば、自由に設定されたものなのである。それは、今最初に問題提起としてあげた因果律の概念もまったく同様である。(3)

これらのことからアインシュタインは、因果概念は経験に先んじて必然的に成立するという考えをもっていなかったことがわかる。つまり、因果概念の分析に関してもヒュームに同意していたのである。

では、そうであるならばなぜ、量子力学において厳密な因果律が成立しないことをアインシュタインは問題にしたのだろうか。因果概念も「自由に設定されたもの」に過ぎないのなら、相対性理論によって時空概念が変化したように、量子力学によって因果概念が変化するのも認めるべきなのではないだろうか。この疑問についてはすでに本文で答えておいたが、次の二つが理由になっている。一つは、因果律が厳密に成立しないという前提の上では、われわれは物理学の法則を見いだすことは不可能であるという点。もう一つは、アインシュタインにとって科学とは実在の探求であり、実在の探求のためには因果概念は必要不可欠な概念であるという点。この二つの点――要するに、因果概念なしには物理学（自然科学）は不可能なのであるということ――から、因果律が必然的に成立しないものであることを認めつつも、それを捨て去ることを拒否したのである。

ここでヒュームに戻ろう。ヒュームは確かに人間理性によって因果関係の必然性を証明できないことを示したが、だからといってそのような経験を超えた概念を自然科学において使用すべきではないと主張したわけではない。ヒュームによると

> 人間的推論ないし探求のあらゆる対象は、二種類すなわち観念の関係および事実の問題に自然に区分されよう[4]。

という。ここで「観念の関係」とは、数学や論理学のような学問が属している。一方で、「事実の問題」というのは自然科学で扱うような問題である。そして、次のように言う。

> 事実の問題に関するすべての推論は、原因と結果の関係にもとづいているように思われる。**この関係によってのみ、われわれは記憶や感官の証拠を越え出ることができる**……〔たとえば〕ある人が人影のない島で一つの時計あるいは何かほかの器械を見いだせば、この島にかつて人々がいたと結論するだろう[5]。

それゆえヒュームもアインシュタインと同じく、自然科学では因果概念が不可欠であると考えていたといえよう。また、ヒュームにとっても、やはり因果概念は実在の概念と強く結びついている。先の引用文でも、因果推論によって、われわれが直接観察していない「かつてこの島にいた人々」の存在を結論づけると述べている。また、「……存在に関するわれわれのすべての推論は、因果関係から生じる」とも主張する。(6)

アインシュタインは、さまざまな機会に、ヒュームの自分への影響を語っている。アインシュタイン研究の多くは、その影響を相対性理論構築におけるものに限定しているように見えるが、じっさいにはヒュームの影響はもっと広い範囲に渡り、アインシュタインの量子力学批判（というよりも、そのルーツとなる科学に対する考えかた）にも及んでいるのではないだろうか。もちろん、そういった科学に対する考えは、ほかの哲学者の影響もあるだろうし（ハワードによると、デュエムの影響も大きいという）、またアインシュタイン自身が独自に到達したものもあるだろうし、そういったものの複合的な結果なのであろうが、従来考えられている以上にヒュームの影響は強いのではなかろうか。

（1）Einstein (1949), p.53［邦訳201～202頁］ そのほかモーリッツ・シュリックへの手紙(CP8, p.220)やマッハへの追悼文(CP6, p.279) でも、相対性理論形成においてマッハとヒュームの影響が強かったことが述べられている。

（2）Einstein (1949), p.13［邦訳170～171頁］

（3）*Ibid.*

（4）Hume (2004/1759), p.14: Section IV, Part I［邦訳22頁］ 強調原文

（5）*Ibid.*, p.15: Section IV, Part I［邦訳23頁］ 傍点強調原文、太字強調引用者

（6）Hume (2001/1739), p.116: Book 1, Part3, Section 14［邦訳203頁］

第IV部
アインシュタインはまちがっていたのか

第11章

多世界解釈と軌跡解釈

量子力学の解釈のさまざまな試み

何が問題か——観測問題

ここで、本書で問題になっていることを、「**観測問題**」と呼ばれる問題の定式に従って整理してみよう[1]。「観測問題」とは、

> (A) 波動関数は系の完全な記述になっている。
> (B) 閉鎖系の状態変化はシュレーディンガー方程式によって完全に記述される。
> (C) 測定によってただ一つの測定値が得られる。

の三つが同時に成立することはないという問題である。

(A)は、第III部で問題になっていたことである。波動関数によって系の状態が完全に記述されているならば、波動関数によって記述された系の状態が物理量Qの固有状態のときはQはただ一つの確定した明

確な値をもっているし、固有状態でないときはQは確定した値をもっているときは系の状態は固有状態である。これを「**固有値-固有状態リンク**」というのであった。

(B)と(C)はとくに説明は必要ないだろう。**これらはどれも「もっともらしい」のにもかかわらず、これら三つが同時に成立することはない**。なぜ、これら三つが同時に成り立つことができないのか。

ある閉鎖系を考える。系のハミルトニアンと時刻t_0における系の波動関数はわかっている。さて、時刻t（$t_0 < t$）で物理量Qを測定したとき、どのような値をとるだろうか？ まず、(B)より、時刻tにおける系の波動関数がわかるはずである。シュレーディンガー方程式による計算の結果、時刻tにおける系の状態は固有状態ではなかったとしよう（一般に量子力学的ではそうなることが多い）。すると、(A)から、物理量Qはただ一つの明確な値をもたないはずである。ところが、(C)より、測定値はただ一つの明確な値のはずである。ゆえに矛盾が生じる。

それゆえ、これら三つの条件のうちどれかひとつがまちがっているはずであり、これらのうちのどれを・どのように否定するのかが、「観測問題」とか「解釈問題」とかいわれる問題ということになる（表11・1）。明らかに、**アインシュタインは(A)を認めなかった**。すなわち、系が固有状態になくても、なんらかの確定した明確な値をもっているとみなしていたのである。

そのほかに、上記の不整合を解決する方法とはどのようなものがあるだ

解　釈	(A)	(B)	(C)
射影公準	○	×	○
多世界解釈	○	○	×
軌跡解釈	×	×	○
時間対称的な解釈？	○	○	○

表 11・1　観測問題三条件の解釈
○は認める、×は認めない。

ろうか。一つは、(A)と(C)を認め、(B)を否定する方法であり、「波動関数の収縮」を認めるものだ。つまり、測定するまでは、系の状態はシュレーディンガー方程式に完全に従って発展するのだが、測定により、「波動関数の収縮」（もしくは「状態の収縮」「波動関数の崩壊」）というシュレーディンガー方程式にはない状態変化が生じるとするのである。このような仮定を「**射影公準**」という(2)。

さらに、(A)と(B)を認め、一見、最も否定しがたいと思える(C)を否定する方法もある。すなわち、「測定によってただ一つの明確な値を得る」ということを否定するのである。本章前半で紹介する「**多世界解釈**」がそれだ。というのも、多世界解釈では、測定によって分岐した世界それぞれでは一つずつの明確な値を得るが、宇宙全体では明確な値をもたないとするからである。

また、本章後半で解説する「**軌跡解釈**」は(A)(B)を否定する。この解釈は、「固有状態にあるとき物理量が明確な値をもつ」というのは認めるが、「明確な値をもつなら固有状態である」というのを否定する。つまり、「固有状態になくとも物理量が明確な値をもつことがある」ということを認めるのである。

最後に、次章で紹介する「**時間対称的な解釈**」であるが、じつはこれは上記三つの条件が三つとも成り立ってしまう解釈であり、そういう意味では観測問題の常識から外れる解釈である。どのようにしてそれが可能なのであるかは、次章でのお楽しみということにしておこう。

● 宇宙全体の波動関数を考える——多世界解釈

以下ではまず「**多世界解釈**」について説明する。この解釈については聞いたことがある読者も多い一九五七年、プリンストン大学の大学院生であったヒュー・エヴェレット三世は、測定しようとするミクロな物質だけではなく、**観測者までをも含めた宇宙全体の状態を考え、それらが収縮せずに重なり合っているの**ではないかと提案した。(4) 彼の博士論文は、ボーアを含む数人の物理学者たちに送られたが、無視されたようである。(5) アインシュタインの反応も気になるが、残念ながら一九五五年に亡くなっている。

「多世界解釈」とはどのようなものか、電子のスピンを観測する例で考えてみよう。通常の量子力学の解釈では、測定前の電子の状態は、スピンが上向きの状態と下向きの状態が重なり合っている状態として表現される。それゆえ、測定前は「スピンが上向きか下向きかわからない」状態なのである（この言いかたは少し問題があるのだが、いまは気にしない）。そして、実際にスピンを測定することによって、もし「上向きである」という測定結果が出たら、スピンの状態は上向きの状態に「収縮」する。

だが、宇宙全体の状態を考えてみればどうだろうか。いま簡単のために、宇宙は電子と測定器と観測者だけから成り立っているとする。測定前の世界は、重ね合わせの状態になっている電子と、「準備」状態の測定器、そして「測定結果がどうなるのか知らない」状態の観測者から成り立っている。これが測定によって、「スピン上向き状態の電子、スピンが上向きだという結果を示した測定器、そしてスピンが上向きだということを観測した観測者」という状態（状態α）と「スピン下向き状態の電子、スピンが下向きだという結果を示した測定器、そしてスピンが下向きだということを観測した観測者」（状態β）という状態の重ね合わせへと変化するのである（図11・1）。

こうして、閉鎖系の状態が波動関数の収縮なしでシュレーディンガー方程式に完全に従い、かつ波動関数が系の完全な記述になっていることを認めながら、なぜ測定によってただ一つの明確な値を得るように見えるのかが説明できるわけである（そう見えるだけでじつは測定によって明確な値が得られるわけではない）。

エヴェレットがはじめに提案したのは、宇宙全体の状態を考えたときの量子力学の一形式（「**相対状態形式**」という）であった。このことによって、観測問題が解決できるだけではなく、従来の量子力学の形式では天下り式に与えられていたボルンの規則も、理論形式から導き出せる。[6]

やがて、ブライス・ドゥイットが、宇宙全体の状態の中で重なり合っている各状態を「世界」と解釈し、測定ごとに世界が次々と分岐していくという「多世界解釈」を提案した。たとえば、先の例では、状態αと状態βがそれぞれ異なる世界αとβに対応するわけである。それゆえ、多世界解釈は、あくまで相対状態形式の一つの解釈にすぎず、相対状態形式

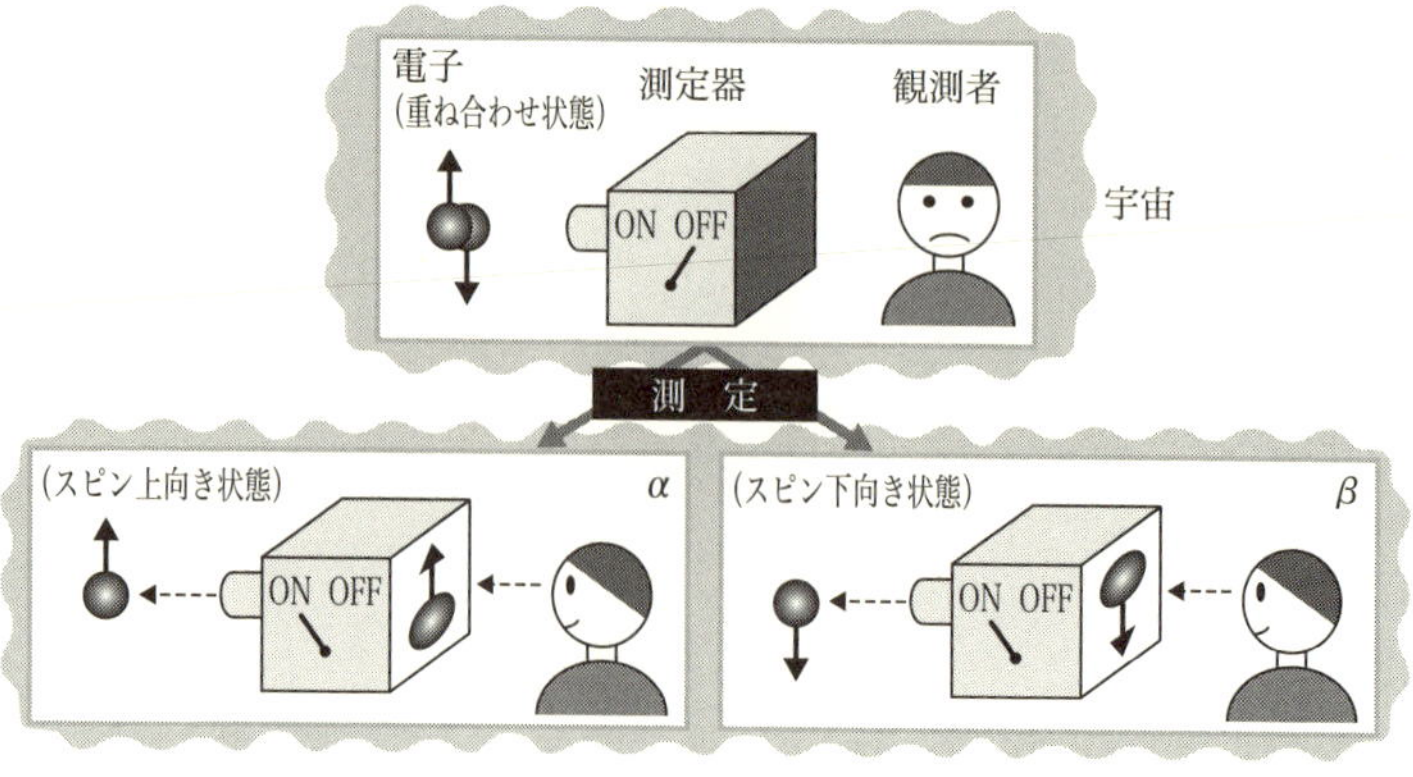

図 11・1　多世界解釈

のほかの解釈のしかたもある。[7]

世界は環境と相互作用して分岐する――デコヒーレンス理論

しかし、状態αと状態βは重なっているわけだから、それらに対応する世界αと世界βもたがいに重なっており、これら二つの世界はたがいに干渉しているはずではないだろうか？　だが、「スピンが上向きであることを観測した観測者」と「スピンが下向きであることを観測した観測者」が干渉している状態が観測されることなど現実的にはない。そもそもこのような干渉状態が観測されるとはどのようなことなのか自体がわからない

そこで、いままでは多世界解釈の支持者たちは「**デコヒーレンス理論**」といわれる理論を適用することが多い。[8] 量子論の世界と古典論的な粒子の世界を比べたときに何が一番大きな違いかというと、「干渉」の存在である。量子論の世界には粒子と波の二重性があるから、物質的な存在でも、波に特有の干渉現象があらわれる。それゆえ、干渉の有無は、古典論的か量子論的かを特徴づける指標となる。言い換えると、干渉現象がなくなれば、量子論的な物質が古典論的な物質となるともいえるだろう。

デコヒーレンス理論とは、（特殊な場合を除いて）**マクロな物質に量子論的性質があらわれないのは、マクロな環境との相互作用によって干渉という性質が消え去ってしまうからだ**とする理論である。そうすると、世界αと世界βがたがいに干渉せずに古典論的な性質を保っているのは、電子が測定器というマクロな環境と相互作用した結果、干渉を失ってしまったからであると説明できるわけである。

純粋状態から混合状態へ

ここまでの説明では、多世界解釈は量子力学の抱えるさまざまな問題を解決できるなかなかよさそうな解釈である。しかし、じつは、いくつかの問題がある。

まず、先ほど測定前の電子のスピンの状態を「上向きと下向きが重なっている状態」といったが、これには少し問題がある。測定前の電子のスピンの状態を「上向きと下向きが重なっている状態」と表現することを、「測定前の電子のスピンの状態を、上向きの状態と下向きの状態に分解する」ともいう。そして、**この分解のしかたはただ一通りではない**というのが問題である。

たとえば、いま漠然と「スピン」といったが、スピンには「軸」がある。そして、測定前の電子は、z-スピンも上向きと下向きが重なっている状態であるし（つまり、z-スピンが上向きの状態と下向きの状態に分解できる）、x-スピンもy-スピンもそのほかの軸のスピンに関しても、上向きと下向きが重なっている状態なのである。要するに、**測定前の電子を複数の状態**（**二つでなくてもよい**）**に分けるやりかたはいくらでもある**のだ。

だから、測定前の状態だけを見ても、これがどのような状態に分かれるのかはわからない。それゆえ、この状態を「上向きと下向きが重なっている状態」ということはできない。つまり、系の状態は、複数の状態が混合しているのではない「純粋状態」なのである（第9章198頁参照）。

さて、話を簡単にするために、いまは電子の状態だけを考える。デコヒーレンス理論が正しいとすると、環境との相互作用によって、たとえばz-スピンが上向きの状態と下向きの状態に分かれ、これらのあいだの干渉が消えるのであった。この状態を（上向き状態と下向き状態が混合しているので）「混合状態」という（第9章198頁参照）。いま考えている問題は、多世界解釈にのみに特有の問題ではなく、一般に**「混合状態の分解の非一意性」**といって量子力学における重要な問題の一つである[9]。

測定後については、デコヒーレンス理論でこの問題は解決できる。デコヒーレンス理論によると、観測（測定）によって、量子力学的状態は、マクロに明確に区別できる状態と安定的に結びつくような状態へと分解されるからである。つまり、z-スピンを測定したなら、z-スピンを測定する測定器は、z-スピンが上向きか下向きかを指針などによって示すことによって、観測者が明確に区別できる状態になるはずである。したがって、これと安定的に結びつくには、元の純粋状態は、z-スピンが上向きの状態と下向きの状態の混合状態となる。

ただし、先に述べたように、この議論では、測定後の世界がz-スピンが上向きの世界と下向きの世界に分かれることは説明できるが、**測定前はやはり明確に世界が分かれていない**ことになる。すると、測定前のz-スピンに明確な値を割り当てることはできない[10]。

もちろん、多世界解釈（および相対状態形式）が提案された動機は、そもそも、「射影公準」という余分な仮定を用いずに、われわれが測定によってただ一つの値を得る（ように見える）ことを説明するためのものであるから、そこにしか興味がない者にとっては、別に測定前のz-スピンに明確な値を割り当てられなくてもよいということになる。だが、本書では、アインシュタインの要求に応えることができるような解釈を探しているので、そういう点では多世界解釈は物足りない。

また、たしかに、EPR実験で一方の測定がもう一方の測定結果に影響を与えるという意味での非局所性はない(11)。だが、世界全体が一瞬(もしくはきわめて短い時間)で分岐するわけだから、物理的影響が世界全体に一瞬(もしくはきわめて短い時間)で行き渡るということになり、そういう意味では非局所性も認めることになるだろう(12)。

さらに、「余分な仮定」がなくなった代償として、世界が果てしなく分岐していくことにより物質が無限に増えていくので、「**余分な存在者**」**を要求する**ことになる。余分な存在者が増えるということは、分岐によって全体の質量(エネルギー)が増えてしまうわけだから、エネルギー保存則に抵触するのではないかという疑問が生じる。

この批判に対しては、「エネルギー保存則は(宇宙全体ではなく)各世界で成り立つ」という反論があり得る。しかし、シュレーディンガー方程式は(分岐したあらゆる世界を含めた)宇宙全体に適用されるというのが多世界解釈の趣旨なのだから、宇宙全体でエネルギー保存則が成り立っていないと物理法則に反することになる(シュレーディンガー方程式には時間対称性があるので、ネーターの定理よりエネルギー保存則が成り立つはず)。

そのほか、多世界解釈には、確率をどう解釈するかという問題もある。多世界解釈によれば、この世界は決定論的である。だが、じっさいの実験結果は、ボルンの規則に従い確率的にしか予測できない。これはいったいどういうことかという問題である。そもそも、多世界解釈の話をおいておいても、「確率とは何か」というのは哲学的には難問である(13)。

たとえば、先ほど、「理論形式からボルンの規則が導ける」と述べたが、エヴェレットらは「確率の頻度解釈」という解釈を使っている。しかし、この確率の頻度解釈にはいくつかの問題点が指摘されている。また、最近は、デイヴィッド・ウォラスらが「確率の主観解釈」という解釈を用いてボルンの規則の導出を試みているが、これらにも批判がある。(14)

軌跡解釈とはどのような解釈か

「**軌跡解釈**」は本章の冒頭であげた三つの条件のうちの(A)と(B)を否定する。この解釈は、もともとはド・ブロイが、物質波の考えを提出したときに同時に提唱したものである。しかし、一九二七年の第五回ソルヴェイ会議のときにパウリらから酷評され、(15)そのショックでその後二十五年のあいだこの解釈を捨ててしまった。だが、一九五〇年代にボームが再発見し、さらに一九八〇年代にベルが発展させたという経緯をたどっている。(16)軌跡解釈には、ほかにも「存在論解釈」「因果解釈」「パイロット波解釈」「ボーム解釈（力学）」「ド・ブロイ＝ボーム解釈（力学）」などという呼び名がある。

軌跡解釈では、シュレーディンガー方程式にあらわれる波動関数を、粒子の運動を決める「場」として解釈する。つまり、ミクロな物質は粒子と波の二重性をもつとされてきたが、この解釈では、それらはすべて粒子であり、**粒子が場（波）にしたがって運動する**（図11・2）。光や電子の波動性は場によってもたらされるのである。粒子が従う方程式は「**先導方程式**」とよばれ、ド・ブロイ関係式から自然に導かれる。この先導方程式により、粒子の運動が決定論的に記述できるのである。ただし、先導方程式を解くためには、位置と運動量の値どちらもが必要である。シュレーディンガー方程式を解くためには、位置と運動量の値の両方は必要なかった。それゆえ、**軌跡解釈は「位置と運動量の値」を「隠れた変数」とする隠れた変数理論である**。言い換えると、量子力学では、位置と運動量の両方を指定していなくとも系の状態を完全に記述できると考えていたが、軌跡解釈では、位置と運動量の両方を指定しなければ系の状態を完全に記述したことにならないのである。

軌跡解釈では、粒子の集団運動に関しては、量子力学とまったく同じ予測をすることが保証されているので、量子力学が経験的に正しいかぎり、軌跡解釈の予測も正しい。たとえば、軌跡解釈においても標準偏差に関する不確定性関係が成り立つ。もともと、標準偏差は統計的な概念であるから、個々の粒子の位置と運動量が決定していても、標準偏差に関する不確定性関係が成り立っていてもおかしくはない。

なぜなら、その（不確定性関係が成り立っている）集団は、**標準的な量子力学では同一の状態にある粒子の集団であっても、軌跡解釈の立場では（隠れた変数によって区別されるので）同一の状態にある粒子の集団ではない**からだ。なお、何をもってして「同一の集団」とするかは次章の時間対称的な解釈でも重要になる。

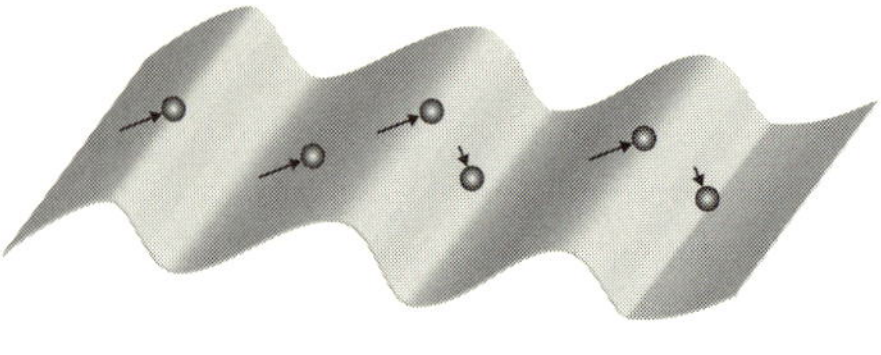

図11･2　粒子が場に従って運動する軌跡解釈のイメージ

しかし、軌跡解釈のいうように粒子が決定論的に運動するならば、粒子の位置と運動量を同時に正確に予測できるのではないか？ そして、それによって量子力学と軌跡解釈のどちらが正しいかを決定することができてしまうのではないか？

だが、軌跡解釈で粒子の運動を記述するためには、初期条件として正確な位置と運動量の両方が必要となることが問題となる。アインシュタインも最終的に認めたように、どのような実験設計を考えても、位置と運動量の同時予測のための初期条件として使用できる形で、位置と運動量を正確に同時測定することはできないのであった。それゆえ、経験的には量子力学との違いは何もない。

そもそも、標準的な量子力学でも、なぜ位置と運動量が同時予測できないのかを直感的に考えると、予測に使用できる形で位置と運動量が同時測定できないからであった（同時測定自体は可能ではあっても、測定後、系が乱されて測定値が予測に使えない）。逆にいうと、もし予測に使用できる形で位置と運動量が同時測定できれば、同時予測も可能なはずである。ハイゼンベルクは不確定性関係を示した論文のなかで次のように言う。

量子論は、……正確に与えられたデータから統計的な結論しか引き出すことができないとの意味で、本質的に統計的な理論である、という見解は、われわれがとらなかったところである。そのような受け取りかたは、むろん、たとえばガイガーとボーテの周知の実験〔エネルギーおよび運動量の保存則が成り立つことを示す実験。87頁参照〕にもまた反するものであろう。それどころか、古典論において、ある関係が正確に測定しうるあらゆる諸量間に成立するすべての場合に、それと対応する正確な関係が、量子

論においてもやはり成り立つのである。(17)

つまり、ハイゼンベルク自身も、初期条件を知ることができればその後の粒子の軌跡を予測できることは認めているのである（これに関してボーアがどう考えていたかはよくわからない）。しかし、不確定性関係から、予測に使える形で初期条件を知ること自体が不可能であり、それゆえ、決定論が成り立たないのであった（第5章112頁参照）。彼に言わせると、

量子論の統計的性格はあらゆる知覚の不正確さと結びついているのだから、知覚された統計的な世界の背後にはなお、因果律の成り立つ「真の」世界が隠れているのではないかという憶測に心をそそられるかもしれない。だがこのような思惑は、とくに強調するのであるが、非生産的であり無意味であると思われる。(18)

ということになる。ハイゼンベルクが、アインシュタインの量子力学批判に対してあまり関心を寄せていないのはこういう理由であると思われる。

たしかに、初期条件を知ることができない以上、「もし初期条件を知ることができれば」という仮定のもとで議論をしても、実験的に確かめることはできないので、物理学としてはあまり生産的ではないのかもしれない。じっさい、ハイゼンベルクは、軌跡解釈に言及して、次のように述べる。

〔量子論がじつはまちがっていて、位置と運動量を同時に正確に予測に使える形で測定できるかもしれないという可能性を除けば、軌跡解釈は〕物理学についてはコペンハーゲン派の解釈のいうことと違うことは何ひとつ言っていない。この場合、この言葉の適・不適の問題が残るだけである。(19)

しかし、哲学的には、因果的な記述が理論的に可能であるということは、微視的世界における因果律の存在の有無などについての議論に有益であり、ボームらの成果は重要な意味をもつ。

軌跡解釈とNO-GO定理

上述のように軌跡解釈では測定前から確定した値をもっていることになるのだが、第9章で議論したように、測定前から確定した値をもっているとすると矛盾が生じるという「**NO-GO定理**」が存在する。軌跡解釈はNO-GO定理をいかにして避けることができるのだろうか？

まず、「**コッヘン=シュペッカーの定理**」はどうだろうか。図11・3を見ていただきたい。表の意味はわからなくてもよい（気になる読者は付録解説F参照）。とりあえず知っておいてほしいのは、この表では九つの項目のうち五つが、スピンどうしの掛け算になっている点とx、y、zの三つの軸

$s^1{}_x$	$s^2{}_x$	$s^1{}_x s^2{}_x$	→ +1
$s^2{}_y$	$s^1{}_y$	$s^1{}_y s^2{}_y$	→ +1
$-s^1{}_x s^2{}_y$	$-s^1{}_y s^2{}_x$	$s^1{}_z s^2{}_z$	→ +1
↓ −1	↓ −1	↓ −1	

図11・3　コッヘン＝シュペッカーの定理

のスピンが登場することである（s_x、s_y、s_z はそれぞれ x、y、z 軸のスピン）。

コッヘン＝シュペッカーの定理の証明のポイントは、これら九つの項目すべてがあらかじめ確定しているとすると矛盾するというものなのだが、言い換えると、**すべてが確定しているわけでなければ、矛盾は避けられる**ということになる。

さて、じつは軌跡解釈でつねに確定した値をもっているのは位置と運動量だけである。位置と運動量以外のスピンなどの物理量も測定前から確定した値をもってはいるのだが、どのような実験状況下でもつねに確定した値をもっているというわけではない。どういうことだろうか？

そもそも「測定」とは何かということから考えてみよう。たとえば、スピンの測定は、次のような「**シュテルン＝ゲルラッハの実験**」と呼ばれる実験を利用して可能である（図11・4参照）。

スピンによって、個々の電子はいってみれば小さな磁石のようになる。スピンが+1と−1とで磁石のN極とS極が逆向きになっていると思えばよい。すると、スピンを磁場中に通過させたとき、+1か−1かで逆の方向に曲げられるのである。

それゆえ、たとえば、+1なら図の測定器の上側から、−1なら下

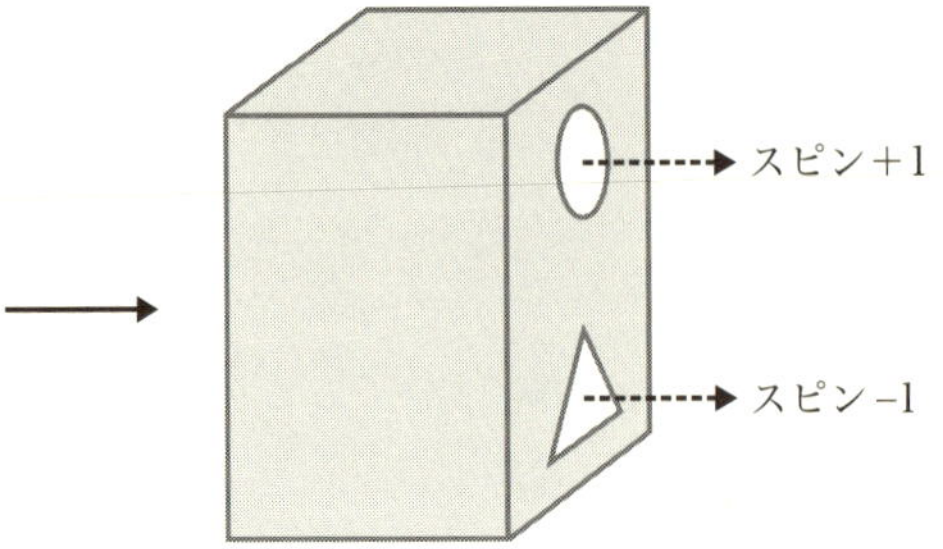

図11・4　シュテルン＝ゲルラッハの実験
スピンの値は「どこから電子が出てくるか」という位置情報でわかる。

側から出てくるようにセッティングしていると、**スピンの値は、「電子がどこから出てくるか」という「位置」の情報によって知ることができる**のである。言い換えると、測定器を通過したあとの電子の位置が予測できるならば、スピンも予測できるということである（上側から出てくるということが予測できたならば、スピンが+1だということを予測できる）。

これらの予測のためには**実験装置全体の情報が必要となる**。電子の運動を先導する場の形は実験系全体がどうなっているかで決まるからである。すると、スピンについては、どの軸についても測定前から確定している必要はなく、いまから測定しようとしている軸についてのみ決定していればよい。どの軸について測定しようとしているかは、実験系全体の情報のなかに入っているはずである。

さて、図11・3の九つのマス目を埋めるには、x、y、zすべての軸のスピンが決まっている必要があった。言い換えると、二つの軸までなら、表の九つのマス目すべてが埋まらないということなので、二つの軸のスピンの値のみが確定しているとしても矛盾は生じない。

とはいうものの、じつはx、y、zの三つの直交した軸のスピンのあいだにはある数学的関係が成り立ち、それゆえ、これらのうち二つが決まれば残りの一つも決定してしまう。それならば、やはり二つの軸について確定した値をもっていればまずいことになる。

ここがポイントなのだが、**物理量どうしの関係がそのままそれぞれがもつ値（所有値）どうしにも成り立つとは限らない**のである。それゆえ、物理量どうしの関係が、そのまま測定前にその所有値どうしの関係になるとは限らない。これを「**状況依存性**」という[20]。

つまり、たとえば x-スピンと y-スピンの測定をしたときに得た測定値と、x、y、zスピンのあいだに成り立つ関係を使って z-スピンの値を計算しても、それが実際に z-スピンの所有値になるとは限らないということである。そして、軌跡解釈では、このような状況依存性がある（物理量どうしの関係がその所有値どうしの関係にならない）場合があることが証明されている。それゆえ、表の九つのマス目を埋めようと思えば、それらのマス目に示された物理量を測定できる状況でなければならないが、実際にはそのような状況は不可能である。軌跡解釈は、それゆえ、**「状況に依存した隠れた変数理論」**である。

なお、第9章で述べたように、「ベルの定理」によって、「局所的な隠れた変数理論」は否定されている。しかし、軌跡解釈では、粒子の運動を決める場は、実験設計全体によって決まるから、非局所性がある。つまり、軌跡解釈は**「非局所的な隠れた変数理論」**でもある。[21]

アインシュタインと軌跡解釈

ちなみに、アインシュタインは、軌跡解釈について、ボルンへの手紙のなかで

ボームが、量子論を決定論的に解釈できると信じている（ちなみに、二十五年前にド・ブロイもそう信じていましたが）ことをお聞きしましたか？　私には、このやり方はチープすぎるように思えます。[22]

と書いている。具体的にどこがどう「チープすぎる」と感じたのかは書かれていないが、非局所性の導入によって決定論的に解釈しようとした点はおそらく気に入らなかった点の一つであろう。また、すでに述べたように、アインシュタインは、隠れた変数理論によって量子力学の概念的問題を取り除こうとしたのではなく、あらたな統一理論をつくることによって量子力学の概念的問題点を解決できると考えていたようなので、ボームのやり方は簡単すぎて「チープ」だと感じたのかもしれない。ベルは、アインシュタインのこの反応について

アインシュタインは、……ボームのモデルは薄っぺらであまりに単純だと思ったのでしょう。私が思うに、アインシュタインはもっと劇的な量子現象の再発見を探し求めていたのでしょう。少数の変数を加えただけで、解釈をのぞいてすべて（量子力学）はそのままだというアイデアは、通常の量子力学につまらない変更を加えただけのもので、アインシュタインをがっかりさせたに違いありません。……きっとアインシュタインは、他の人たちと同じく、相対性原理だとかエネルギー保存則だとかといったレベルの何か大きな原理が登場するのを待ち望んでいたに違いありません。しかし、ボームのモデルはそのようなものではなかったのです[23]。

と語っている。

また、私は、次のような点においても、軌跡解釈はアインシュタインのお気に召さなかったではない

かと推測している。アインシュタインの言葉を引用しよう。

因果律が経験的世界について述べることが意味のあるものとなるのは、次のような場合に限られる。すなわち、原因や結果としてそこに登場することがらは、すべて最終的には観測可能な事実だけであるという場合である。(24)

軌跡解釈は系のふるまいを一意的に決定できる理論である。したがって、波動関数の収縮を認める解釈では異なる結果でありながら同じ原因であるとするような状況でも、軌跡解釈では、それら異なる結果に対してそれぞれ異なる原因を付与することが理論レベルではできる。ところが、すでに述べたように、不確定性関係のために、実験設定において（つまり観測可能なレベルで）、異なる結果をもたらす異なる原因を示すことができない。つまり、軌跡解釈においては、原因が観測可能だといえないのである。アインシュタインは、軌跡解釈が、観測不可能な原因を導入して決定論的に解釈しようとした点も問題だと感じたのかもしれない。

（1）白井ほか (2012) 1章 ; Maudlin (1995)

（2）コペンハーゲン解釈だとか、標準的な解釈だとかと呼ばれる解釈の特徴は、この波動関数の収縮を認めることにある。だが、ボーアは、少なくとも明示的には波動関数の収縮に言及していない（ただし、言及していないからといって否定しているということにはならない）。また、「コペンハーゲン解釈」の名を用いたのは、ハイゼンベルクのようだ。Heisenberg (1955); (1958/1955); Howard (2004a)

（3）多世界解釈については、Bruce (2004); 森田 (2011) 5章；白井ほか (2012) 5章などに初歩的な解説がある。また、より進んだ議論は、Saunders, *et. al.* (2010) を見よ。

（4）その成果を博士論文にまとめて発表した。Everett (1957) は彼の博士論文を要約したもの。Bryce and Graham (1973) に博士論文がおさめられている。

（5）Jammer (1974), p.509［邦訳601頁］

（6）上田 (2004), p.11-12; 和田 (2002),p. 20-22 など

（7）興味がある方は拙著『量子力学の哲学』（講談社現代新書）5章を参照していただきたい。

（8）Bacciagaluppi (2012); Zurek (1991); (2002) など

（9）純粋状態から混合状態への変化をシュレーディンガー方程式のみで記述するのは困難であるとする研究結果もある。たとえば白井ほか (2012),p. 22（とその参考文献）を見よ。

（10）ちなみに、この問題はハワードらの考えるボーアの量子力学的解釈によって解くことができる。

（11）たとえば、Duetsch and Hayden (2000), Timpson and Brown (2003) など

（12）Vaidman (2002) はこの問題に対して、「多世界解釈はある種の非局所性を示す。というのも、『世界』は非局所的概念だからだ。だが、遠隔作用を避けることはできるので、相対論的量子力学とは矛盾しない」と答える。しかし、すでに述べたように、遠隔作用はなくとも、非局所性という性質は、アインシュタインにとっては許容できない性質である。

（13）森田 (2010) 9章などを参照

（14）Saunders *et. al.* (2010)

（15）たとえば、Bacciagaluppi, *et. al.* (2009), pp.365ff; pp.462ff

（16）たとえば、Bell (2004/1987)); Bohm (2002/1980); 白井ほか (2012) 4章などを参照

（17）Heisenberg (1927), S.197［邦訳353～354頁］傍点は引用者

（18）Heisenberg (1927), S.197［邦訳354頁］

（19）Heisenberg (2007/1958), pp.106-107［邦訳128頁］ なお、このあと続けて、ハイゼンベルクは、「ボームの言葉は、量子論に

含まれている位置と速度との対称性を破壊している。というのは、位置の測定に対しては、ボームは通常の解釈をとっているのに、速度または運動量の測定に対しては、それを拒否しているからである。対称性はつねに理論の本質的な特徴となっているから、これをその対応する言葉のうえで省いて、何か得ることがあるのか理解することができない。したがって、ボームのコペンハーゲン派の解釈に対する反対提案が一つの改良であるとは考えがたいのである」と述べている。

（20）原語は“context-dependence”。「文脈依存性」と訳すことが多いが、本書ではわかりやすさを重視して「状況依存性」と訳した。第9章に出てきた「状況に依存しない context-independent 隠れた変数理論」の「状況に依存する・しない」も、本質的にはここでの「状況に依存する・しない」と同じことであるのは、以降の本文の説明でわかるだろう。

（21）なお、軌跡解釈についてのよりくわしい解説は、『量子という謎』4章を参照してほしい。数式を用いた説明もあるので、数式が苦手でない読者はむしろこちらのほうがわかりやすいと思う。

（22）Born (2005/1971), pp.188-189

（23）Bernstein (1991), pp.66-67

（24）Einstein (1916b), S.771［邦訳61頁］

第12章

時間対称的な解釈

過去と未来が現在を決める

観測問題とアインシュタインのジレンマ

前章で観測問題を定式化した。繰り返しになるが、観測問題とは、

(A) 波動関数は系の完全な記述になっている。
(B) 閉鎖系の状態変化はシュレーディンガー方程式によって完全に記述される。
(C) 測定によってただ一つの測定値が得られる。

の三つが同時に成立することがないのにもかかわらず、どれももっともらしいという問題である。一方で、「アインシュタインのジレンマ」とは、

(a) 量子力学は完全である（系の波動関数は完全である）。

(b)　量子力学は局所的である。

という二つの主張が同時に成り立たないというものであった。これら二つとも、もし捨てずに済むなら済ませたい主張である。つまり、まとめると、

(A)　波動関数は系の完全な記述になっている。
(B)　閉鎖系の状態変化はシュレーディンガー方程式によって完全に記述される。
(C)　測定によってただ一つの測定値が得られる。
(D)　量子力学は局所的である。

の**四つすべてが成立するような解釈が存在すれば非常に好ましい**。最終章である本章では、これら四つすべて同時に成り立つ解釈について議論したい。ただし、条件(B)は以下のように修正する。

(B)　閉鎖系の各時刻における波動関数はシュレーディンガー方程式によって完全に記述される。

このようなまわりくどい書きかたをするのは、いまから紹介する解釈では状態変化という考えかたをしないからである。なお、念のためにいっておくが、以下の解釈にはかなり私自身の考えが含まれてお

り、かつ萌芽的なものも含んでいるので、そこに気をつけながら読んでほしい。

時間対称的な量子力学

同じことの繰り返しになるが、もう一度だけ復習しておこう。量子力学の基礎方程式であるシュレーディンガー方程式を用いると、時刻tにおける系の状態は、その系のハミルトニアンと時刻t_0における状態から決定される。だが、そのようにして計算された時刻tにおける状態（これをαとする）は、通常、物理量Qの固有状態ではない。

一方、時刻tで実際にQを測定すればただ一つの明確な値を得ることができるので、量子力学が系の状態を完全に記述しているとすると、そのときの系の状態はQの固有状態（これをβとする）になっている。つまり、測定によって、状態が$\alpha \Downarrow \beta$という不連続な変化を起こしていると解釈することができ、これを「波動関数の収縮（もしくは状態の収縮）」というのであった。実際に測定をしたときに、βへ収縮するのか、もしくはQの別の固有状態へと収縮するのかは確率的にしかわからない。この確率を求める規則が「ボルンの規則」であった（第4章94頁参照）。

ここで、じつは、時刻t_0は、なにも時刻tより前の時刻でなければならないということはない。つまり、原理上、**時刻tより後の時刻における系の状態を用いても、時刻tにおける系の状態をシュレーディンガー方程式を用いて計算することができる**はずである。つまり、現在を時刻t_0として、過去の時刻tの状態を、現在の時刻t_0からシュレーディンガー方程式を用いて計算できるのである（これは別に量子力学に特別なことではなく、ニュートン力学でも同様のことができる）。ただ、混乱するといけないので、時刻tより後の時刻をt_1と表記することにしよう（tより前の時刻をt_0と書く）。

さて、いま、現実には時刻tで測定をしなかったとして、時刻t_1における系の状態（これをβとしよう）からシュレーディンガー方程式で時刻tにおける系の状態を計算する。すると、先ほどと同様に、ボルンの規則を用いて「もし測定をしたならば系の状態がγであることが見いだされたであろう確率」を求めることができる。

それゆえ、「時刻t_0でαであり、時刻t_1にβであるときに、もし時刻tで測定をしたならば系の状態がγになる確率」というものを求めることもできるはずである（図12・1参照）。ボルンの規則を前提にすればこの確率を求める規則を導くのは難しくはなく、これを「**ＡＢＬ規則**」という(1)。ヤキール・アハラノフ、ピーター・ベーグマン、ジョエル・レボヴィッチによって一九六四年にこの規則は見いだされたので、この三人の頭文字をとってそう呼ぶのである(2)。

そして、このＡＢＬ規則を用いた形式を「**時間対称的な量子力学**」もしくは「**二状態ベクトル形式**」と呼ぶ。ここまでは、多世界解釈のもと

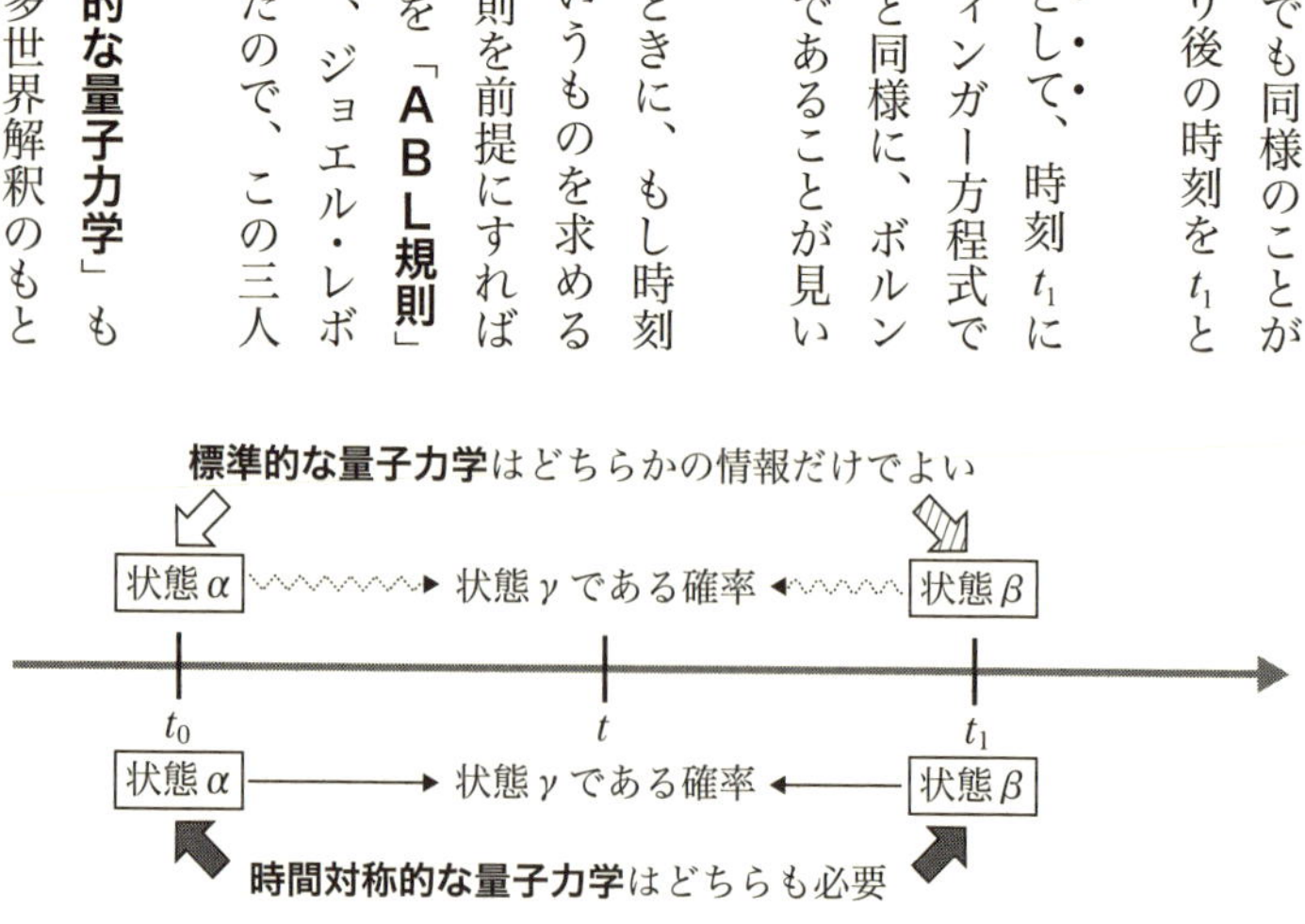

図12・1　時間対称的な量子力学と標準的な量子力学

となった相対状態形式と同じく、量子力学における形式の一つに過ぎないのだが、やはり相対状態形式と同じく、この形式を用いた量子力学の新しい解釈が可能である。

時刻t_1の状態βがQの固有状態である場合、tとt_1のあいだで外力が加えられていなければ、シュレーディンガー方程式によって得られたtの状態もQの固有状態である。すると、t_0での状態（およびt_0からシュレーディンガー方程式によって得られた時刻tでの状態）がなんであれ、ABL規則から、時刻tで測定したときの系の状態がQの固有状態である確率は1となることは簡単な計算でわかる。[3]

固有値-固有状態リンクを認めると（すなわち、波動関数が系の完全な記述になっていることを認めると）、時刻tでの測定値は状態γの固有値であるはずだから、実際は時刻tで測定していないのに、測定値を確率1で予測することができるということである。言い換えると、時刻t_1における測定前から物理量Qは確定した値をもっていたということができる。[4]

時間対称的な量子力学と弱値

しかし、時間対称的な量子力学では、測定が行われていない時点での物理量について議論するわけだから、理論的予測と経験的事実を比較することができないのではないという疑問が生じる。そこで、アハラノフらは「弱値」および「弱測定」という概念を考え出した。[5] まず、弱測定から説明しよう。

もし時刻tでふつうの測定をすれば、測定器との相互作用によって系の状態が乱れてしまう。それゆえ、その後の時刻t_1で測定をして得られた値は、時刻tで測定をしなかったときの値とは異なっていると考えられる。しかし、**測定器と測定される系との相互作用を極限まで弱くしてやれば、系の状態をほとんど乱すことなく、時刻** $\boldsymbol{t}$ **での系の状態を知ることができる**のではないだろうか。このような測定を「**弱測定**」という。

ただ、測定器との相互作用が弱すぎるため、一回の測定で得られる値が非常に不明瞭なものになってしまう。そこで、同じ系をいくつも用意して、弱測定で得られた多数の結果を統計的に処理して誤差を取り除いてやることが必要となる。このとき、時間対称的な量子力学では未来の状態も重要になるのだから、上で述べたいくつも用意する「同じ系」とは、初期状態だけではなく、弱測定をした後の状態も同じものを用意しなければならない。

もちろん、あらかじめどれが同じ値になるかはわからないので、たくさん用意した同じ初期状態の系に対して弱測定を行い、その後、通常の測定（これを「強測定」と呼ぼう）を行って、そのなかで同じ状態が得られた系の弱測定の値を集めて処理するのである（図12・2参照）。このように強測定をしたあとに同

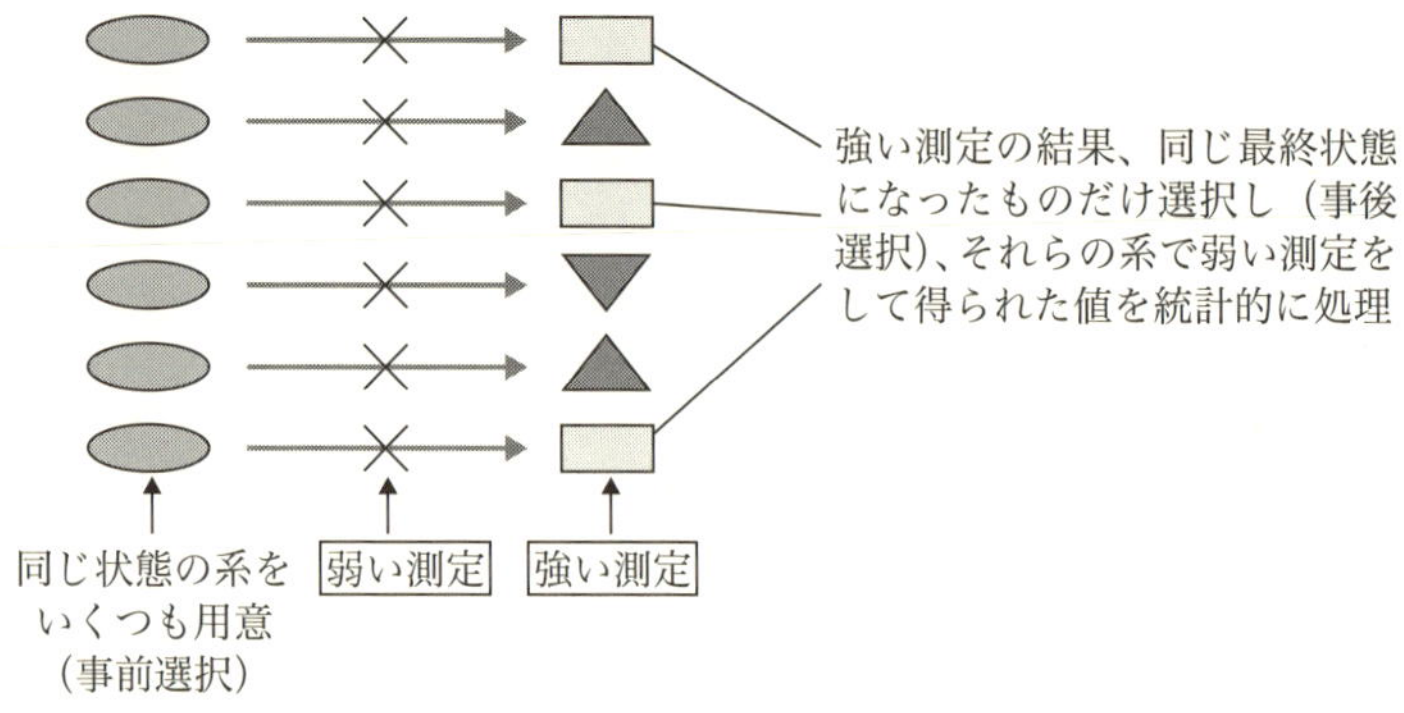
強い測定の結果、同じ最終状態になったものだけ選択し（事後選択）、それらの系で弱い測定をして得られた値を統計的に処理
同じ状態の系をいくつも用意（事前選択）
弱い測定
強い測定

図 12・2　事前選択と事後選択

じ状態の系を選ぶことを「**事後選択**」という。同じ初期状態の系を用意することは「**事前選択**」である。

一方、「**弱値**」とは、弱測定によって得られるであろう測定値の理論値を指す。弱測定の実験はじっさいにいくつか行われており、弱値による予測が確かめられている。(6) ただし、「弱値」をどう解釈するかはいまでも議論があり、統一的な見解はない。(7)

非局所性をどのようにして避けるか

先に述べたように、時間対称的な量子力学では、ある時刻での量子力学的系がある物理量Qの固有状態（これをγとする）になっている確率を0か1で求めることができる。系が状態γになっている確率が1であるならば、**測定していないのにもかかわらず物理量Qの測定値は確定した明確な値をもっているるということができる**（固有値-固有状態リンクを仮定）。このような量子力学の解釈を以下では「**時間対称的な解釈**」と呼ぶことにしよう。

さて、通常の量子力学ではなぜ非局所性を考えなければならなかったかというと、直感的には測定前の物理量が確定した値をもっていないからである（軌跡解釈を考えるとそう単純ではないのだが、一つの要因としてそう考えられる）。それゆえ、時間対称的な解釈では非局所性を避けることができるかもしれない。

第9章で考えた、スピン版のEPR実験をふたたび考えよう（図12・3）。時刻t_1で電子Iのx-スピンを強測定して+1を得たとする（すなわち、電子Iは、固有値+1をもつx-スピンの固有状態になっている）。すると、ABL規則から、時刻tにおける電子Iの状態が、固有値+1をもつx-スピンの固有状態になっている確率が1であることがわかる。同様に、時刻tにおける電子IIの状態が、固有値−1をもつx-スピンの固有状態になっている確率が1である。

それゆえ、時刻t_1以前にどちらも固有状態になっているといえる。だから、時刻t_1で電子Iのx-スピンを測定したことによって電子IIのx-スピンの値が確定するという意味での非局所的な作用は避けることができる[8]。また、これらの系の状態も分離していると考えることができるので、分離不可能性も回避できる（量子力学をある程度知っている読者は注9を参照してほしい[9]）。

だが、スピンの値があらかじめ決定されていると、ベルの定理に反するのではないだろうか？　ここで注意すべきは、ベルの不等式を導く過程で、局所性と分離可能性を仮定しただけではなく、三つの軸のスピンがあらかじめ確定した値をもっていることも仮定していた点である。言い換えると、**あらかじめ確定した値をもっているのが最大二つの軸のスピンまでであれば、ベル**

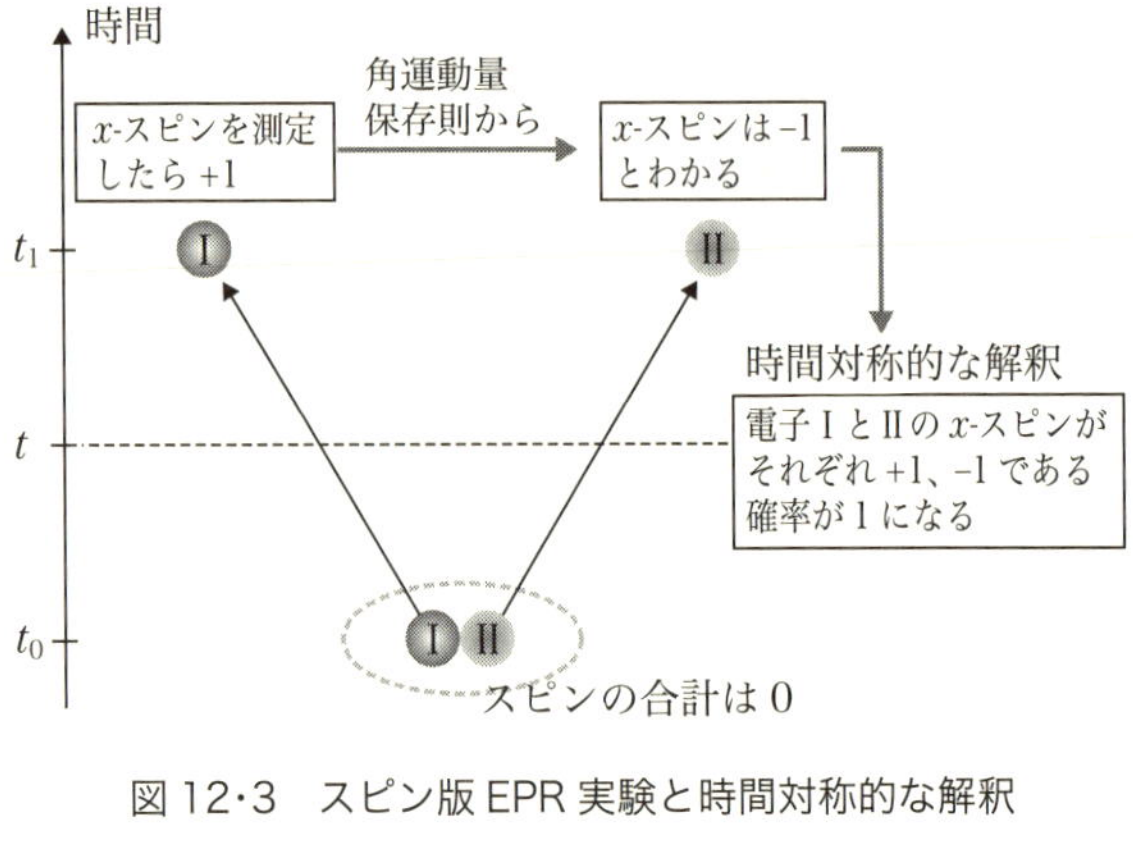

図 12・3　スピン版 EPR 実験と時間対称的な解釈

の定理を避けることができる。それゆえ、時間対称的な解釈では、値が確定しているスピンは、時刻 t_1 において測定するスピンのみだとすればよい[10]。じっさい、EPR実験でも、同時に測定できるスピンは最大二つまでである。コッヘン＝シュペッカーの定理も、第9章で述べたように、同様の考えかたで回避することができる。

このように、未来においてどの物理量を測定するのかによって、確定した値をもつ物理量が決まるという意味で、時間対称的な解釈は「様相解釈」(199頁参照)の一種であるといえよう[11]。

時間対称的な解釈と不確定性関係

時間対称的な解釈では、ベルの定理とコッヘン＝シュペッカーの定理を避けながら、測定前の物理量に確定した値を与え、非局所性と分離不可能性も避けることができることを見た。しかし、次のような状況を考えたとき、問題が起きないだろうか(以下で考える状況はEPR実験とは関係ない)。

図12・4のように、まず、時刻 t_0 において電子の z-スピンを測定して +1 を得たとする。次に時刻 t_1 において電子の x-スピンを測定して +1 を得たとする。ABL規則に従って、$t_0 < t < t_1$ なる時刻 t で系が固有値 +1 をもつ

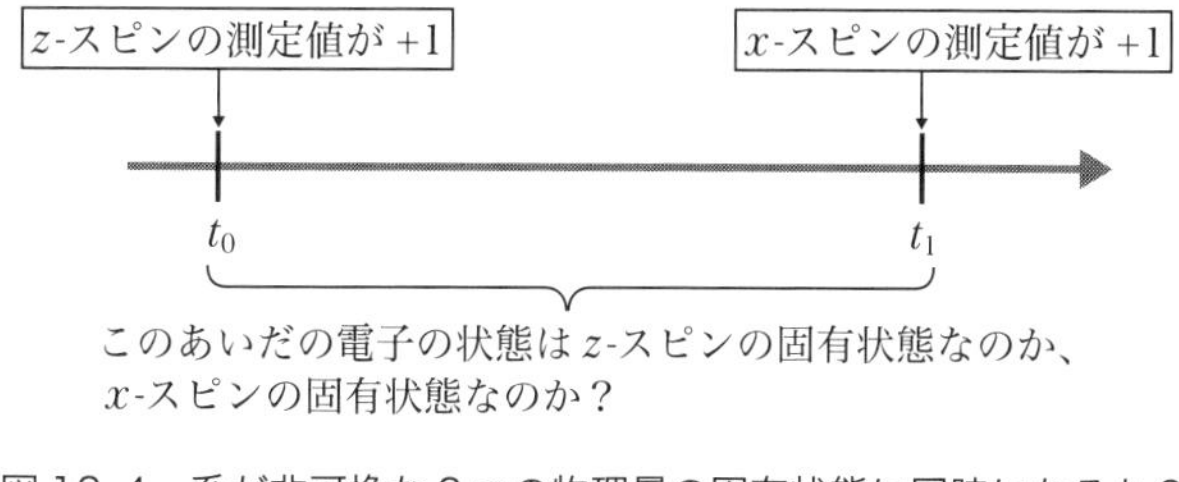

図12・4　系が非可換な2つの物理量の固有状態に同時になるか？

x-スピンの固有状態になっている確率と、固有値+1をもつz-スピンの固有状態になっている確率を計算すると、どちらも1になってしまう。だが、第9章で述べたように、量子力学では系の状態が、非可換である二つの物理量の固有状態に同時になることはない。

では、時刻tにおける系の状態はどうなっているのだろうか？　この問題について、アハラノフらは次のように答える。

もし時刻tでz-スピンを測定すれば、時刻t_0でそうおいた（z-スピンの値が+1だった）から、+1の値をとる。一方で、もし時刻tでx-スピンを測定すれば+1を得る。なぜなら、そうでなければ、時刻t_1でx-スピンが+1にならないからだ。[12]

実際には時刻tで測定をしていないのだが、時刻tでもしz-スピンを測定したなら確率1で+1をとっただろうし、x-スピンを測定したなら確率1で+1になっただろうという予測はできる（時刻tでx-スピンとz-スピンの値を同時に弱測定することは、通常の測定と同じくできない）。

しかし、アハラノフらの主張が正しいとしても、これで標準偏差についての不確定性関係に関する問題が解決したわけではない。いま、多数の電子を用意して、時刻t_0でz-スピンを測定し、値が+1であったものの集団をつくる（図12・5）。この集団をさらに半分ずつ二つの集団に分ける。そして、時刻tにおいて一方はx-スピンを弱測定し、もう一方はz-スピンを弱測定する。その後、時刻t_1においてどち

らも x-スピンを測定し、それぞれから測定結果が+1だったものをより分け、また新たな集団をつくる。この二つの集団は、どちらも時刻 t_0 での z-スピン測定で+1を得、時刻 t_1 での x-スピン測定で+1を得たものだから、同じ状態の系を集めた集団だといえる。

ところが、時刻 t で x-スピンを弱測定したほうは集団内の測定結果がすべて+1になっているはずだし、z-スピンを弱測定したほうも集団内の測定結果がすべて+1になっているはずである。それゆえ、x-スピンの測定値の標準偏差も z-スピンの測定値の標準偏差もどちらも0になっているはずである。これは標準偏差についての不確定性関係を破っていることにならないだろうか？

この問題については以下のように答えることができるだろう。そもそも「標準偏差についての不確定性関係」というのは、あくまで時刻 t_0 における系の状態が同じもので集団をつくったときの標準偏差に関するものである。時間対称的な量子力学では、時刻 t_0 だけではなく、時刻 t_1 も同じ状態をもってはじめて「同

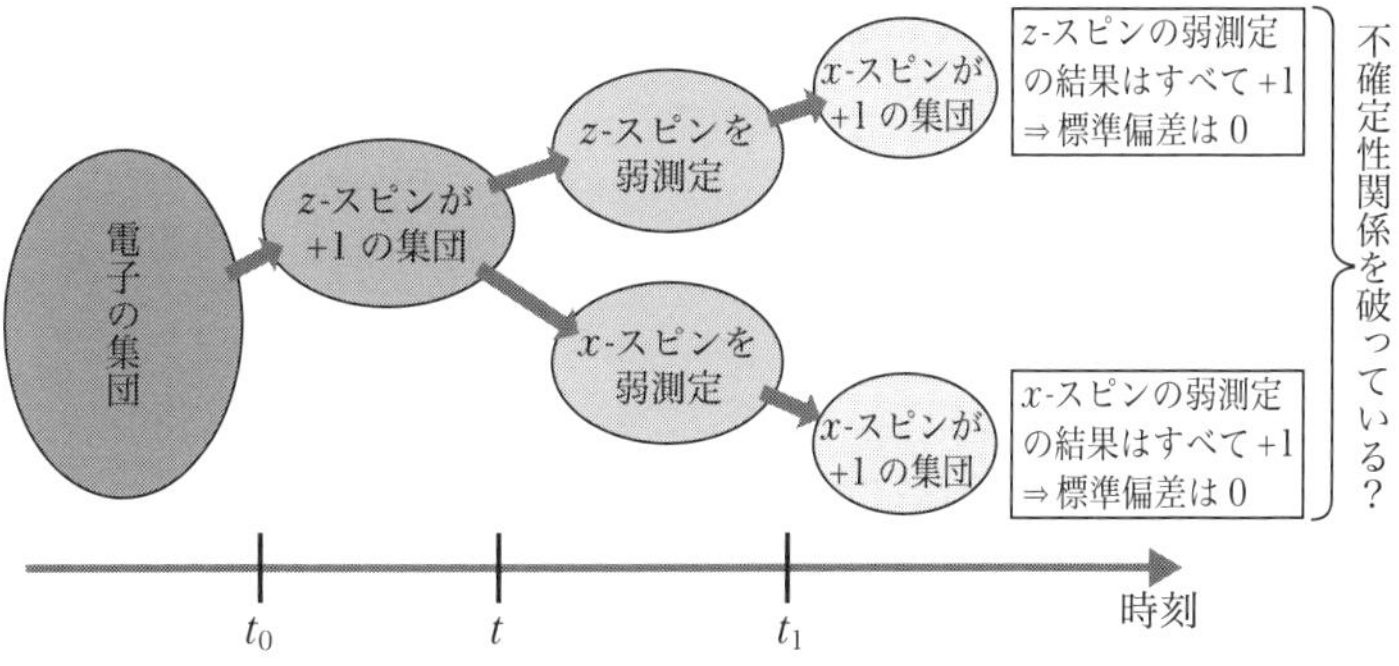

図12･5　時間対称的な解釈は、不確定性関係を破るのか？

一の状態」と呼ぶ。

上述の思考実験では、時間対称的な量子力学の意味での「同一の状態」にある電子集団の標準偏差を求めたから、不確定性関係に反してしまっただけなのである（言い換えると、時間対称的な量子力学の意味での「同一の状態」の場合は、位置と運動量のどちらの標準偏差が0になってもよい）。

時間対称的な解釈と観測問題

さて、では、時間対称的な解釈によってどのように観測問題が解けるのか。[13] 観測問題の三条件のうち、「(A)波動関数は系の完全な記述になっている」と「(C)測定によってただ一つの測定値が得られる」をまず認めよう。問題は、これらと、「(B)閉鎖系の各時刻における波動関数はシュレーディンガー方程式によって完全に計算される」が両立するかだ。

先に、「ＡＢＬ規則では、時刻tで系がある状態をとる確率を計算するときに、時刻t_0における波動関数（これをαとしよう）と、時刻t_1における波動関数（これをβとしよう）を用いる」と述べた。しかし、より正確にいうと、シュレーディンガー方程式を用いて、αとβがそれぞれ時刻tでどのような形になるかを計算し、その計算によって得られた波動関数をＡＢＬ規則に代入する。それゆえ、**シュレーディンガー方程式によって各時刻における波動関数が計算できている**とみなしているわけである。

なお、時間対称的な量子力学においてボルンの規則を導き出すことができ、すでに述べたように、ＡＢＬ規則はボルンの規則から容易に導き出せるので、量子力学の体系にあらたにＡＢＬ規則という体系外の規則をつけ加えているわけではない[14]。

時間対称的な解釈とアインシュタインのジレンマ

次に、アインシュタインのジレンマについて考えよう。すなわち「量子力学は不完全である（系の波動関数は完全ではない）」か「量子力学は非局所的である」かのどちらかである、というアインシュタインの主張である。

先に議論したように、時間対称的な解釈によると、非局所相関を認める必要はない。しかも、量子力学が完全であることも認める（これまでの議論では、量子力学になんら修正を加えていない）。こうして、**ジレンマのどちらの選択肢をも選ぶ必要はない**のである。

しかし、軌跡解釈で「初期状態での位置と運動量」が「隠れた変数」であったのと同様に、「未来の状態」が「隠れた変数」ではないのかという疑念もあるかもしれない。これに対しては以下のように答えることができるだろう。

第11章で述べたように、本来の量子力学では波動関数のみで系の状態の完全な記述となっていたのに対して、軌跡解釈では（情報として同時に含まれないはずの）位置と運動量が与えられて初めて系の状態の完全な記述であるとしていたので、これは隠れた変数理論である。ところが、時間対称的な量子力学（の解釈）の場合は、波動関数で系の状態を完全に記述できているという点に関しては通常の量子力学と同じである。ただ、系の完全な記述には、**波動関数（もしくは状態ベクトル）が一つではなく二つ**

必要なのである。

時間対称的な解釈と因果律

時間対称的な解釈によって、アインシュタインがこだわった性質のうち、実在性と局所性は回復することは明らかになった。だが、因果律（もしくは決定論）についてはどうだろうか？　これについては正直なところ微妙である。古典論的な意味での決定論は回復できていない。というのも、「現在を正確に知れば、未来を算出できる」というハイゼンベルクによる因果律の定義は、まさに古典論的な意味での決定論の定義であるが、時間対称的な解釈でもそれができているとはいえないからである。しかし、特殊な意味でなら回復しているといえる。すなわち、**現在の状態というのは、過去だけから決定されるのではなく、過去と未来の両方から決定されるという意味での決定論**である。

純粋に物理学的な観点からいえば、過去のできごとが現在のできごとを「引き起こす」という意味での因果律は必ずしも必要ではない。古典論においてはもちろん因果律が成立しているが、だからといって、少なくとも理論の形式上は過去から現在へという時間的方向性（原因が結果に時間的に先行するという性質）が組み込まれているわけではない。もう少しいうと、因果概念は組み込まれていても、「原因」という概念は組み込まれていない。**原因は、何を結果として、そしてどのような文脈で「問い」を立てるのかということに依存するのである。**[15]

たとえば、「時刻 t で電子の z-スピンが+1である」をできごとEとしよう。いま、「このできごとE

の原因とは何か」という問いを考える。それに対して「時刻 t_0 における電子の波動関数で指定される系の状態」をXとしたとき、XはEの原因として不十分である。なぜなら、同じ条件でもEが生じず、「z-スピンが−1である」というできごとが生じる場合があるからだ。

ところが、Xに「時刻 t_1 において z-スピンが+1である状態」という要素（これをCと呼ぼう）を加えると、できごとEの原因というにふさわしくなる。なぜなら、X＋Cという条件のもとではつねにできごとEが生じるからだ。このときこのCをEの原因と呼んでよいだろう[16]。

それゆえ、時間対称的な解釈において、「因果律が成り立っている」と主張するのは不自然なことではないと私は考える。

マッハ＝ツェンダー干渉計

最後に、「粒子と波の二重性」についても考えておこう。十九世紀までには、ヤングの二重スリット実験など、光の正体は波であると考えなければ説明できない実験によって、光の波動説が科学界に受け入れられるようになった。しかし、二十世紀に入ってから、アインシュタインが、光を粒子と考えると光電効果などの現象が説明できることを示し、またプランクの量子仮説も光が粒子であることを暗黙裡のうちに仮定していることを証明した。

その後、さまざまな実験によって光量子仮説は受け入れられていくが、光が波であることも実験から証明されている。それゆえ、「光は波でありかつ粒子でもある」という、直感的には受け入れがたい性質を受け入れざるを得なくなった。これが「(光の) 粒子と波の二重性」である。

一方、ド・ブロイが、それまで粒子だと考えられてきた電子も波としての性質をもつのではないかと主張し、じっさい、電子が波でなければ生じないはずの、回折・干渉という現象を生じることが確かめられた。こうして、微視的な物質もまた、「粒子と波の二重性」をもつことが認められたのであった。

第3章でも述べたように、アインシュタイン自身は、「波動的構造と量子的構造はたがいに両立しえないものと考えるべきではない」と主張する一方で、二つの観点の統合は「物理学者の知力を凌駕する」とも述べていた。このことから、アインシュタインは、(因果律の破れや非局所性だけではなく) 波動的構造と量子的構造の統合という意味でも、現在の形の量子力学に満足していなかったことがわかる。満足していたならば、「物理学者の知力を凌駕する」とは述べていないはずである。

一方で、さまざまな論者たちがいまでも、微視的物質を、このような二重構造をもったものではなく、波として、もしくは粒子として、一元論的に解釈しようと試みている。たとえば、軌跡解釈では、微視的な物質そのものは粒子であり、それがパイロット波に、いわば「乗って」運動するので、波としての性質もあらわれるのである。

時間対称的な解釈は、軌跡解釈や多世界解釈のように成熟した解釈ではないので「一般的な見解」なるものはまだないのだが、アハラノフらは、微視的物質を粒子として解釈しているように見える (私の知る限り明言はしていないと思うが)。だが、以下のような状況を考えたとき、微視的対象を、単純に粒子としては解釈できないように私は思う。

いま、図12・6で示したような、**マッハ＝ツェンダー干渉計**という実験装置を考えよう。図の左下から光を光子一個分打ち込む。光を波として考えると、ハーフミラー（光の半分を通過させ、半分を反射させる）によって光は左回りの経路Ⅰと右回りの経路Ⅱに分かれる。経路Ⅰを通った光は、右上のハーフミラーを通過してAへ向かう光と、反射されてBへ向かう光に分かれる。経路Ⅱを通った光もやはり、右上のハーフミラーを通過してBへ向かう光と、反射してAへ向かう光に分かれる。

このとき、経路の長さをうまく調整してやることによって、Aへ向かう光どうしは強め合い、Bへ向かう光どうしは打ち消し合うようにすることができる。すると、同じ実験を何度やっても、**光はAからのみ出てきて、Bからは出てこない**ことになる。ところが、光が粒子だとすると、光子一個分しか打ち込んでいないので、干渉はせず、光がAから出てくるかBから出てくるかの確率は50％になるはずだ。

実際に実験をすると、光はAからしか出てこない。つまり、波としての性質があらわれている。では、経路ⅠとⅡの途中に光の検出器を置くとどうなるだろうか？　光子一個分しか打ち込んでいないので、経路ⅠかⅡのどちらかの検出器しか反応しないはずである。すると、右上のハーフミ

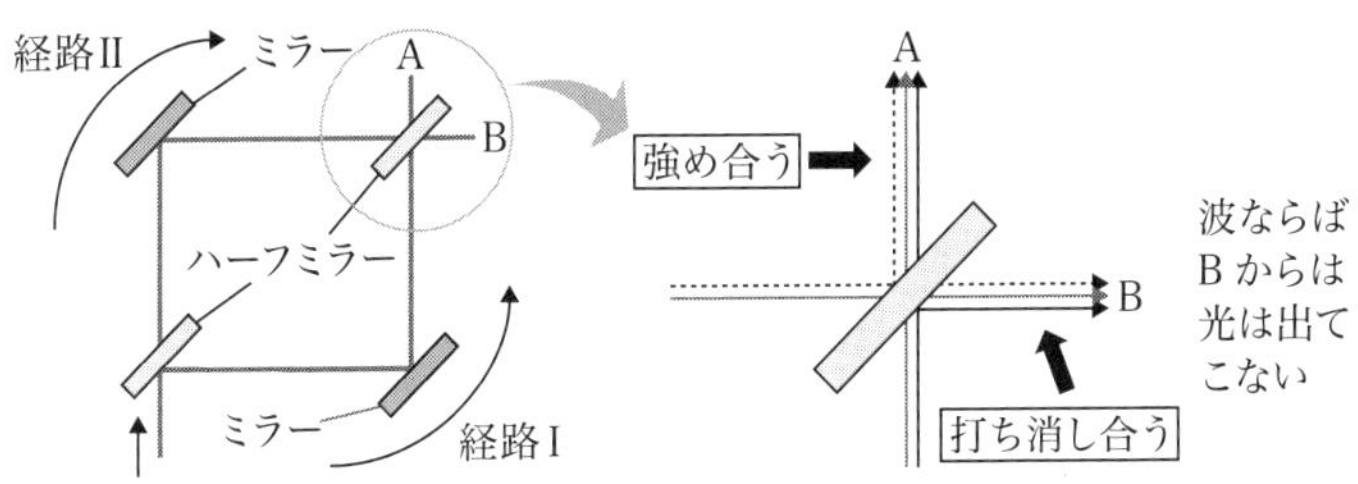

図12·6　マッハ＝ツェンダー干渉計

ラーで干渉を起こさないので、50%の確率で**Bからも光が出てくるようになる**。**つまり、経路の途中に検出器を置くと光は粒子としてふるまう**のである。

時間対称的な解釈とマッハ＝ツェンダー干渉計

この現象は、従来の解釈ではどのように説明できるだろうか？　波動関数の収縮を認める解釈では、検出器で波動関数が収縮することによって光が粒子としてふるまうようになると説明できるだろう。干渉計内に検出器を置いていないときは、干渉計外部の検出器で検出されるまで波としてふるまう。要するに、粒子と波の二重性を認めている。

軌跡解釈ならば、検出器を置くか置かないかで、パイロット波のふるまいが変化するが、光はつねに粒子である。多世界解釈の場合、検出器で検出される際に、経路Ⅰを通った世界と経路Ⅱを通った世界に分かれると説明できる。粒子か波かは同じ多世界解釈支持者でも、論者によって異なるのかもしれない。私の印象では、多世界解釈ではあまりそのあたりのこと（粒子か波か）は議論されていないように思う。

では、時間対称的な解釈ではどうだろうか？　検出器を置いている場合、たとえば、経路Ⅰの検出器が反応したとすると、そのときの光の状態は、「経路Ⅰを通った」という状態であることがわかる。干渉計に光が入ったときの状態は、「経路Ⅰを通った状態と経路Ⅱを通った状態が重なった状態」であったから、これらを用いて、ＡＢＬ規則により、このあいだの任意の時刻において光子が「経路Ⅰを通った状態」である確率を求めると、1になる。つまり、測定前から（検出器が反応する前から）光は経路Ⅰを通っていたことになる。

一方で、検出器を置いていないときは、右上のハーフミラーを出る直前の光の状態も「経路Ⅰを通った状態と経路Ⅱを通った状態が重なった状態」になっている。この状態を使って計算すると、「経路Ⅰを通った状態」も「経路Ⅱを通った状態」もその確率は1/2になる。これはどのように理解すればよいのだろうか？

私は、この場合は、光が波になっていると考えればよいのではないかと思う。つまり、実際の状態も「経路Ⅰと経路Ⅱの両方に光が存在している」と考えればよいのである。[17]

シュレーディンガーは波動関数を実在の波と考えたが、その解釈は成り立たないことをハイゼンベルクが指摘した。だが、その後、ハイゼンベルク自身が波一元論的な解釈を認めたということを第4章で述べた。この波というのは、波動関数を実体的に解釈したものではない。いわば、「**量子化された波**」であり、微視的な物質は粒子ではなく、このような量子化した波だと解釈するのである。[18]

さて、しかし、光を波だと解釈した場合、次のような問題がありそうである。マッハ＝ツェンダー干渉計の実験で、経路の途中に検出器を置くかどうかは光が入射したあとに選択できる（これを「**遅延選択実験**」という）。そして、検出器を置けば粒子としてふるまう（局在化する）が、置かなければ波としてふるまう（両方の経路に波が広がる）。つまり、入射時点では、波でも粒子でもない。もしくは、入射時点では波であったのに、検出器をおいた途端に粒子になるということが生じていることになる。

それゆえ、非局所性があるのではないかという問題である。

だが、時間対称的な解釈の利点は、検出器を置くかどうかという未来のできごとをいわば「知っている」ことにある。それゆえ、入射時点で検出器を置くならば、はじめから最終的に検出される側の経路のみを通るし、検出器を置かないならば両方の経路を通ると解釈できるのである。

さらに、本書では詳細を省略するが、実験状況によっては、数密度の弱値が−1という値になるという問題が指摘されることがある。[19] 一部の論者はこれを確率として解釈するが、すると、確率としてはありえない負の値が出てきてしまうという問題がある。しかし、アハラノフらは、これを反粒子が一個あると解釈する。[20] 一方、私のように波として解釈するならば、これは粒子一個分の「谷」があると考えることができるだろう(図12・7)。

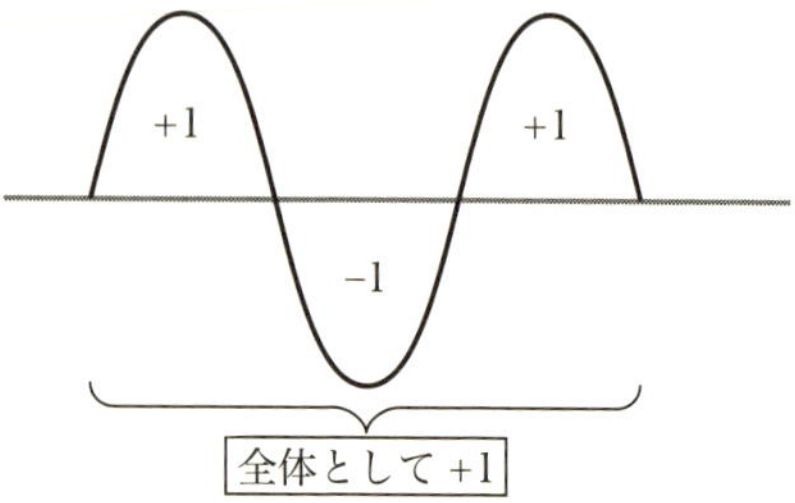

図 12･7　数密度の弱値が −1 であるとは？

時間対称的な量子力学とその哲学的意義

すでに引用したハイゼンベルクとボーアの言葉から、彼らも、たとえば、二つの時刻の電子や光子の位置を測定すれば、そのあいだの量子の軌跡が明確にわかることを否定はしないだろう。スピンなどに関してもおそらく同様であると思われる。

ただ、彼らは、このようなデータは「ある抽象」であり、意味のないものであると考えていた。しかし、$t_0 < t < t_1$なる時刻tでの物理量の値が時刻t_1にならなければわからないのならば、本当に意味がないことなのだろうか。「意味がない」とされる理由の一つは、物理学としては「予測」ができなければならないということだろう。だが、本章で議論したように、弱値や弱測定という概念のおかげで、ある意味で「予測」とその「検証」が可能になった。

また、仮に予測ができないとしても、その場合はたしかに「物理学」としてはあまり生産的ではないかもしれないが、哲学的には、このように、測定前の物理量に矛盾なく確定した値を付与することができる理論形式が可能であることは、おおいに意義のあることである（軌跡解釈がなんら量子力学と異なる経験的な予想をしないのにもかかわらず、重要な意義をもつのと同様に）。なぜなら、本章で議論したように、この解釈によって観測問題やアインシュタインのジレンマといった問題が解けるからである。

また、非決定論的な解釈では、「未来が決まっていない」のだから、未来の実在を否定するという立場になるだろう。しかし、もし、時間対称的な解釈が正しいならば、**未来はすでに実在する**という立場になるだろう。つまり、「量子力学の解釈においてどの立場に立つか」は「時間論においてどの立場に立つのか」ということにも影響を与えることになる。そういう意味でも、哲学的に意義のある議論であると私は思う。

アインシュタインはまちがっていたのか

本書第Ⅳ部は「アインシュタインはまちがっていたのか」というタイトルであった。では、本書でのこの問いに対する答えは結局どういうものだったのだろうか。まず、この問いは二つの意味にとれるだろう。「『量子力学は不完全である』というアインシュタインの考えはまちがっていたのか」という問いと、「『微視的な世界においても因果律や局所性そして実在性は守られているはずだ』というアインシュタインの考えはまちがっていたのか」という問いである。

私の考えでは、前者の問いに対する答えはイエス（**アインシュタインはまちがっていた**）であり、後者の問いに対する答えはノー（**アインシュタインはまちがっていなかった**）である。量子力学は、超ひもを通してなのか、ほかの理論によってなのかはわからないが、いずれは一般相対性理論と統合されるだろう。しかし、そのことによって量子力学の法則が根本的に変えられるということはないだろう。だが、では、いま解釈されているように、微視的な世界においては、因果律や局所性、実在性をあきらめなければならないのかというとそうではないと考える。本章では、量子力学が完全であることを認めつつ、因果性や局所性、実在性を維持した解釈を提示した（前章でも述べたように、このような解決法はアインシュタインにはお気に召さないかもしれないが）。

この解釈のもととなる「時間対称的な量子力学」という形式から生み出された「弱値」や「弱測定」という概念については、それを受け入れて研究している物理学者も少なくない（日本の研究者たちも優れた業績をあげている）。だが、この形式から生み出される哲学的な解釈については、時間対称的な量子力学の提唱者であるアハラノフや、アハラノフの弟子のバイドマンといった人たち以外はあまり議論していない状況である。

しかし、本章で見たように、この形式は、量子力学の解釈問題を解決するための魅力的な解釈を提示してくれるし、さらにその解釈は、量子力学を超えて一般的な哲学的問題（時間論や因果論）にも新しい光を当ててくれると私は信じている。本書を通して一人でも多くの読者が、この形式から生み出される解釈に興味をもっていただければ著者として望外の喜びである。

（1）$P(q_i, t)$ を時刻 t で状態が $|q_i\rangle$ である確率とすると、$P(q_i, t) = |\langle\Psi_{\rm fin}(t)|q_i\rangle\langle q_i|\Psi_{\rm ini}(t)\rangle|^2/\Sigma_k|\langle\Psi_{\rm fin}(t)|q_k\rangle\langle q_k|\Psi_{\rm ini}(t)\rangle|^2$ が、ＡＢＬ規則である。ここで、$|\Psi_{\rm fin}(t)\rangle = \exp[i\mathrm{H}(t_1 - t)]|\Psi_{\rm fin}(t_1)\rangle$、$|\Psi_{\rm ini}(t)\rangle = \exp[-i\mathrm{H}(t_0 - t)]|\Psi_{\rm ini}(t_0)\rangle$ であり、$|\Psi_{\rm ini}(t_0)\rangle$ は時刻 t_0 での系の状態、$|\Psi_{\rm fin}(t_1)\rangle$ は時刻 t_1 での系の状態を表す。導出のしかたは、白井ほか (2012), p.180 を見よ。

（2）Aharonov, *et. al.* (1964)

（3）いま、$\Psi_{\rm fin}(t)$ が物理量 Q の固有状態 $|q_n\rangle$ のとき、時刻 t における系の状態も $|q_n\rangle$ になっている確率を計算する。注1のＡＢＬ規則を用いると、$P(q_i, t) = |\langle q_n|q_n\rangle\langle q_n|\Psi_{\rm ini}(t)\rangle|^2/\Sigma_k|\langle q_n|q_k\rangle\langle q_k|\Psi_{\rm ini}(t)\rangle|^2$ となる。$|\Psi_{\rm ini}(t)\rangle$ は物理量 Q の固有状態の重ね合わせとして表現できるはずだから、$P(q_i, t) = 1$。

（4）時刻 t_1 で Q の測定をしていれば波動関数の収縮が生じるので、時刻 t_1 直前と直後で状態の不連続な変化が起きているはずだから、不連続な変化が起きたあとの状態 β を用いても、時刻 t の状態をシュレーディンガー方程式で求められないのではないかと思うかもしれない。だが、時間対称的な解釈の利点は、そもそも**波動関数の収縮を仮定しなくてよい**ことにある（つまり状態 β は波動関数の収縮により生じた状態ではない）。なぜなら、すでに述べたように、時刻 t における系の状態が固有状態であるからだ（「波動関数の収縮」は、時刻 t における系の状態が固有状態ではないのにもかかわらず、測定によって明確な値が得られることを説明するために仮定されたものである）。

（5）Aharonov, *et. al*. (1988)

（6）Ritchie, *et. al*. (1991); Resch, *et. al*. (2004); Yokota, *et. al*. (2009) など。また、弱値と弱測定の関係については Shikano (2012) を見よ。

（7）たとえば、Aharonov and Botero (2005); Vaidman (1996) など

（8）Aharanov *et. al*. (2012) も見よ。

（9）第10章の注15で述べたように、系全体の状態が、$|+1\rangle_{\mathrm{I}}|-1\rangle_{\mathrm{II}} + |-1\rangle_{\mathrm{I}}|+1\rangle_{\mathrm{II}}$ となっており、部分系へと、まさに「分離できない」ことが分離不可能な系の特徴であったが、いまの解釈では、測定前から系全体の状態は $|+1\rangle_{\mathrm{I}} + |-1\rangle_{\mathrm{II}}$ となっているので、分離可能な系なのである。

（10）なお、逆向き因果によってベルの定理を避けるアイデアは、Costa de Beauregard (1976); Cramer (1986); Price (1994); (1996) や Sutherland (1983) など、すでに多く提唱されている。

（11）時間対称的な量子力学において、所有値どうしの積が必ずしもオブザーバブルどうしの積と一致しないことは、たとえば Tollaksen (2007) において証明された。

（12）Aharonov, *et. al*. (2010), p.27　ただし、一部、本文の記述に合わせた改変を施している。

（13）繰り返しになるが、以下の考えは私の考えであり、異論がありうることは強調しておく。

（14）Hosoya and Koga (2011)

（15）たとえば、森田 (2012) 6章 ; Morita (2008) など

（16）もちろん、これはまだ完全な因果についての哲学理論ではない。が、本書での議論においては、これで十分であろう。

（17）以前、拙著『量子力学の哲学』（第7章）では、ここから時間対称的な解釈でも「粒子と波の二重性」があると論じた（つまり、検出器を置いたときははじめから粒子で、置いていないときは波）が、いまでは「波一元論」に傾いている。というのも、粒子としてふるまう場合も、波が局在化していると考えればよいからだ。

（18）なお、Sutherland (1998) や Wharton (2010) でもミクロ物質を波として解釈する提案がなされている。

（19）たとえば、白井ほか (2012) 7章を見よ。

（20）Aharonov, *et. al*. (2002), p.134

おわりに

本書では、アインシュタインによる量子論への寄与と、量子力学への批判を見てきた。本文でも何度か指摘したが、アインシュタインは、量子力学の経験的内容には異を唱えていない。問題とされているのは、量子力学が本当に実在の世界を捉えているのかどうかということである。私自身の回答としては、最後の章に示したように、「時間対称的な解釈をとれば量子力学は実在の世界を捉えているといえる」というものである。しかし、私の回答の是非は置いておき、そもそも「量子力学が本当に実在の世界を捉えているのか」という問い自体が重要な問いなのだろうか、という疑問も生じるだろう。事実、本文でも引用したが、ボーアは「物理学の仕事が、自然とはどのようなものかを明らかにすることだというのはまちがっています。物理学は、私たちが自然について何をいえるかに関わっているのです」と言った。ハイゼンベルクも、この点についてはボーアに賛同している。

「自然科学の目的は何か」というのは近代以前（もっとも近代以前には現代の意味での自然科学は存在していないが）からの問題であるといってもよい。たとえば天文学について考えてみよう。周知のように、コペルニクス以前は、プトレマイオスが考案した地球を中心とした天体モデルが支配的であったが、そのプトレマイオス自身は、そのモデルが「実在をあらわしている」とは考えていなかった。天上の世界は、地上の世界とは異なり、人間には知る由もない世界なので、とりあえず、観測事実にうまく適合さえすればよいと考えていたのである。プトレマイオスはこのような考えを「現象を救う」という言葉で表現した。現代の科学哲学においても、たとえば「構成主義的経験論」という立場では、「現象を救う」ことこそが科学の目的だとされる。このような立場の言い分としては、まさにプトレマイオスが言うように、「実在」はわれわれ人間には知る由もないのだから、そのようなものを探求してもしかたがなかろうというものである。

　アインシュタインは、もちろんそのようなことは先刻承知であった。しかし、それならば、なぜアインシュタインは「現象を救えればそれでよし」としなかったのであろうか。これについても、すでに本文で述べておいた。すなわち、アインシュタインは「知識には理想的な極限があり、これは人間の頭脳によって近づくことのできるのを信じてよいでしょう。**その極限を客観的真理と呼んでもよい**のです」と考えていたからである。だが、もちろん、アインシュタインの信念が正しいということは証明できない。

　結局のところ、「科学の目的とは何か」という問いに対する答えは、ある程度回答者の「好み」に依存するとしかいえないのかもしれない。だが、自然科学、特に基礎的な分野に関わる人たちは、なぜ科学に惹きつけられたのだろうか。それは科学がただ、現象をうまく説明できるモデルを提供してくれるからなのだろうか。そうではなく、科学が私たちの実在世界の構造を明らかにしてくれることを期待しているからではないだろうか。すると、やはり、基礎科学や哲学に惹かれる人間にとっては、アインシュタインの科学観のほうが魅力的ではあり、アインシュタインの科学観に魅力を感じるならば、やはり「量子力学が本当に実在の世界を捉えているのか」という問いは重要であり、これからも考えていかなければならない問いなのではないだろうか。

＊

本書の企画は、二〇一〇年に拙著『理系人に役立つ科学哲学』を出版していただいた化学同人に、私自身が持ちかけたものであるが、それがたしか二〇一一年の四月ごろである。翌春、タイミングよく、東京大学教養学部で科学哲学の講義を半期のあいだ行うことになったので、すでにある程度書き上げていた本書の草稿をもとに講義をした。講義を受講した学生さんたちは積極的に質問をしてくれて、改稿の際に非常に役立った。この場を借りてお礼を申し上げる。

それで、夏休み中にその講義原稿を改稿して、二〇一三年のはじめごろには出版したいと思っていたのだが、結局、ずるずると延期してしまった。いつまでも、草稿を読み直すたびに、直したいところ、もっと調べたいところ、もっと考えたいところが出てくるのである（本書に限らず、本を出すとき、論文を投稿するときはいつものことなのであるが……）。だが、開き直るわけではないが（いや、開き直っているのか)、私のような凡夫ではどれだけ時間をかけても「完璧」なものなどできないので、少しでも、今後のこの分野の議論のきっかけにでもなれば幸いであるという気持ちで、踏ん切りをつけることにした。

なお、本書の草稿のすべてを白井仁人氏に、一部を北島雄一郎氏に読んでいただき、貴重なご意見をいただいた。また、本書は、『理系人に役立つ科学哲学』に続いて化学同人の後藤南氏に担当していただいたが、氏は前著と同じく、読者目線で草稿を丁寧に読んでくださり、適切なコメントをくださった。この場を借りて感謝したい。

本書に関わる研究の一部は、文部科学省科学研究費補助金若手研究(B)「二状態ベクトル形式による新しい量子力学の解釈の提案と因果概念及び時間概念の分析」(研究代表者:森田邦久)からの支援を受けたものである。ここに記して謝意を表す。

ブックガイド

〔もっと知りたい読者のために、日本語で読めるものを中心に参考図書をリストアップした。文献の一覧は巻末(9)頁に別途掲載してある。〕

伝記（日本語で読めるもの）

■アインシュタインの伝記

①アルベルト・アインシュタイン「自伝ノート」、『未知への旅立ち——アインシュタイン新自伝ノート』佐藤恵子訳（一九九一年、小学館）161～230頁　Einstein, Albert (1949) Autobiographical Notes. In: *Albert Einstein: Philosopher-Scientist* (Paul A. Schilpp, *ed.*), pp.1-94. La Salle: Open Court Publishing Company

②ウォルター・アイザックソン『アインシュタイン——その生涯と宇宙（上・下）』二間瀬敏史 監訳（二〇一一年、ランダムハウスジャパン）　Isaacson, Walter (2007) *Einstein: His Life and Universe*. New York: Simon & Schuster

③アブラハム・パイス『神は老獪にして…——アインシュタインの人と学問』西島和彦 監訳（一九八七年、産業図書）Pais, Abraham (2005/1982) *Subtle is the Lord: The Science and the Life of Albert Einstein*. New York: Oxford University Press

〔①は、アインシュタインの哲学を知るうえで貴重な資料（物理的知識がある程度は必要）。アブラハム・パイスは、アインシュタインとボーアの双方と深く親交のあった物理学者であり、彼の手による③はすぐれた伝記である。ただし、物理学の知識が必要。〕

■ボーアの伝記

①西尾成子『現代物理学の父ニールス・ボーア——開かれた研究所から開かれた世界へ』（一九九三年、中央公論社）

②アブラハム・パイス『ニールス・ボーアの時代——物理学・哲学・国家』（１・２）西尾成子・今野宏之・山口雄仁 訳（二〇〇七・二〇一二年、みすず書房） Pais, Abraham (1993/1991) *Niels Bohr's Times, in Physics, Philosophy, and Polity*. New York: Oxford University Press
〔②もパイスの手によるすぐれた伝記である。物理学の知識はあったほうがよいが、なくても読めるようにはなっている。ボーアのエピソードにはいろいろとおもしろいものがある。〕

■ハイゼンベルクの伝記

①デヴィッド・キャシディ『不確定性——ハイゼンベルクの科学と生涯』金子務・宇多村俊介・佐藤恵子・伊藤憲二・大槻有紀子・村松俊彦 訳（一九九八年、白揚社） Cassidy, David C. (1991) *Uncertainty: The Life and science of Werner Heisenberg*. New York: W. H. Freeman & Company
②ヴィーナー・ハイゼンベルク『部分と全体——私の生涯の偉大な出会いと対話』山崎和夫 訳（一九九九年、みすず書房） Heisenberg, Werner (1996/1969) *Der Teil und das Ganze: Gespräche im Umkreis der Atomphysik*. München: Piper Verlag Gmbh
〔②はハイゼンベルクの自伝だが、量子力学建設当時の様子を知るのによい本である。〕

■そのほかの重要人物の伝記

①高田誠二『プランク』（一九九一年、清水書院）
②グレアム・ファーメロ『量子の海、ディラックの深淵——天才物理学者の華々しき業績と寡黙なる生涯』吉田三知世 訳（二〇一〇年、早川書房） Farmelo, Graham (2009) *The Strangest man: The Hidden Life of Paul Dirac, Mystic of the Atom*. New York: Basic Books

③ジョン・グリビン『シュレーディンガーと量子革命——天才物理学者の生涯』松浦俊輔 訳（二〇一三年、青土社） Gribbin, John (2012) *Erwin Schrödinger and the Quantum Revolution*. London: Black Swan

④デイヴィッド・リンドリー『ボルツマンの原子——理論物理学の夜明け』松浦俊輔 訳（二〇〇三年、青土社） Lindley, David (2001) *Boltzmann's Atom: The Great Debate That Launched a Revolution in Physics*. New York: Free Press

⑤アーサー・ミラー『137——物理学者パウリの錬金術・数秘術・ユング心理学をめぐる生涯』阪本芳久 訳（二〇一〇年、草思社） Miller, Arthur I. (2010) *137: Jung, Pauli, and the Pursuit of a Scientific Obsession*. New York: W. W. Norton & Company, Inc.

⑥アブラハム・パイスほか『ポール・ディラック——人と業績』藤井明彦 訳（二〇一二年、筑摩書房） Pais, Abraham, Maurice Jacob, David I. Olive and Michael F. Atiyah (1998) *Paul Dirac: The Man and His Work*. Cambridge: Cambridge University Press

⑦ウィリアム・H・クロッパー『物理学天才列伝（下）』水谷淳 訳（二〇〇九年、講談社） Cropper, William H. (2001) *Great Physicists*. New York: Oxford University Press

量子力学史（日本語で読める一般向けのもの）

①石井茂『ハイゼンベルクの顕微鏡——不確定性原理は超えられるか』（二〇〇六年、日経BP社）

②マンジット・クマール『量子革命——アインシュタインとボーア、偉大なる頭脳の激突』青木薫 訳（二〇一三年、新潮社） Kumar, Manjit (2011) *Quantum: Einstein, Bohr, and the Great Debate about the Nature of Reality*. New York: W. W. Norton & Company, Inc.

③デイヴィッド・リンドリー『そして世界に不確定性がもたらされた――ハイゼンベルクの物理学革命』阪本芳久 訳（二〇〇七年、早川書房） Lindley, David (2008) *Uncertainty: Einstein, Heisenberg, Bohr, and the Struggle for the Soul of Science.* New York: Random House

④アンドリュー・ウィテイカー『アインシュタインのパラドックス――EPR問題とベルの定理』和田純夫 訳（二〇一四年、岩波書店） Whitaker, Andrew (2011) *The New Quantum Age.* New York: Oxford University Press

〔①は、小澤の不等式が生まれた経緯についても解説している。④はベルの定理以降の量子力学の基礎についての研究史を一般向けに書いたものである。〕

量子力学の哲学（日本語で読める初級者向けのもの）

①筒井泉『量子力学の反常識と素粒子の自由意志』（二〇一一年、岩波書店）

②並木美喜雄『量子力学入門――現代科学のミステリー』（一九九二年、岩波書店）

③森田邦久『量子力学の哲学――非実在性・非局所性・粒子と波の二重性』（二〇一一年、講談社）

④デヴィッド・アルバート『量子力学の基本原理――なぜ常識と相容れないのか』高橋真理子 訳（一九九七年、日本評論社） Albert, David Z. (1994/1992) *Quantum Mechanics and Experience.* Cambridge: Harvard University Press

⑤コリン・ブルース『量子力学の解釈問題――実験が示唆する「多世界」の実在』和田純夫 訳（二〇〇八年、講談社） Bruce, Colin (2004) *Schrödinger's Rabbits.* Washington, D.C.: Joseph Henry Press

⑥ポール・デイヴィス&ジュリアン・ブラウン 編『量子と混沌』出口修至 訳（一九八七年、地人選書） Davies, Paul C. W. and Julian R. Brown (eds.) (1986) *The Ghost in the Atom.* Cambridge: Cambridge University Press

〔③では、本書で紹介した以外の量子力学の解釈についても紹介している。①と②は、量子力学の「哲学」の入門書ではないが、量子力学における測定の問題、ベルの定理やコッヘン＝シュペッカーの定理など、量子力学の哲学を知るために必要な基礎的内容を平易に解説している。⑥はＢＢＣでラジオ放送されたベルやボームといったそうそうたるメンバーへのインタビュー集。〕

量子力学の哲学（さらに進んで勉強したい読者に）

①白井仁人・東克明・森田邦久・渡部鉄兵『量子という謎——量子力学の哲学入門』（二〇一二年、勁草書房）

②Bub, Jeffrey (1999) *Interpreting the Quantum World*. Cambridge: Cambridge University Press

③アイシャム『量子論——その数学および構造の基礎』佐藤文隆・森川雅博 訳（二〇〇三年、吉岡書店） Isham, Chris J. (1995) *Lectures on Quantum Theory: Mathematical and Structural Foundations*. London: Imperial College Press

④マイケル・レッドヘッド『不完全性・非局所性・実在主義——量子力学の哲学序説』石垣壽郎 訳（一九九七年、みすず書房） Redhead, Michael (1989/1987) *Incompleteness, Nonlocality, and Realism: A Prolegomenon to the Philosophy of Quantum Mechanics*. New York: Oxford University Press

〔①は、量子力学の初歩的な知識をもつ読者向けの入門書。数式もそれなりにある。さらに進んだ内容なのが②と④で、本格的に量子力学の哲学を学びたいのなら必読である。〕

アインシュタインと量子力学の関わりに焦点を当てて書かれたもの

①佐藤文隆『孤独になったアインシュタイン』（二〇〇四年、岩波書店）

②アーサー・ファイン『シェイキーゲーム——アインシュタインと量子の世界』町田茂 訳（一九九二年、丸善） Fine, Arthur (1996/1986) *The Shaky Game: Einstein Realism and the Quantum Theory* (2nd ed.). Chicago: University of Chicago Press

③Home, Dipankar and Andrew Whitaker (2010/2007) *Eistein's Struggles with Quantum Theory: A Reappraisal*. New York: Springer New York

④Mehra, Jagdish (1999) *Einstein, Physics and Reality*. Singapole: World Scientific

索　引

人　名

欧 文

ア 行

カ 行

サ　行

タ　行

ナ　行

ハ 行

マ 行

ヤ 行

ラ 行

参考文献リスト

■全集

＊現在，プリンストン大学出版局からアインシュタイン全集（*The Collected Papers of Albert Einstein*, Princeton University Press, 1987 〜）が順次出版されている（2014 年 8 月現在で Vol. 13）．本書でこの全集を引用する場合は，「**CP 巻数**」の略記を用いる．すなわち，全集の Vol. 1 を引用する場合なら「CP1」といった具合である．ちなみに，ヘブライ大学（Hebrew University of Jerusalem）が Einstein Archives Online を開設している〈http://www.alberteinstein.info/〉．これはヘブライ大学が所蔵しているアインシュタインの手稿をデジタル化して閲覧できるようにしたものである．

＊ボーア全集は Elsevier から全 12 巻で出版されている．本書でこの全集を引用する場合は，「**BCW 巻数**」の略記を用いる．すなわち，全集の Vol. 1 を引用する場合なら「BCW1」といった具合である．

■邦語文献

安孫子誠也 (2013)「プランク共鳴子は原子・分子による光吸収・放出機能のモデル化である」，『科学史研究』，第 52 巻，5-9 頁．

石井茂 (2006)『ハイゼンベルクの顕微鏡――不確定性原理は超えられるか』，日経 BP 社．

上田正仁 (2004)『現代量子物理学』，培風館．

佐藤文隆 (2004)『孤独になったアインシュタイン』，岩波書店．

清水明 (2004/2003)『新版 量子論の基礎』，サイエンス社．

白井仁人・東克明・森田邦久・渡部鉄兵 (2012)『量子という謎――量子力学の哲学入門』，勁草書房．

高田誠二 (1991)『プランク』，清水書院．

高林武彦 (2002/1977)『量子論の発展史』，筑摩書房．

――― (2001)『量子力学――観測と解釈問題』，保江邦夫 編，海鳴社．

田崎晴明 (2008)『統計力学 I』，培風館．

谷村省吾 (2009)「干渉と識別の相補性」，『数理科学』2 月号，14-21 頁．

――― (2011)「21 世紀への量子論入門：新しい不確定性関係」，『理系への数学』12 月号，49-54 頁．

筒井泉 (2011)『量子力学の反常識と素粒子の自由意志』，岩波書店．

朝永振一郎 (1969/1952)『量子力学 I』第 2 版，みすず書房．

並木美喜雄 (1992)『量子力学入門――現代科学のミステリー』，岩波書店．

並木美喜雄・位田正邦・豊田利幸・江沢洋・湯川秀樹 (2011/1978)『量子力学 I・

II』新装版，岩波書店.
西尾成子（1993）『現代物理学の父ニールス・ボーア——開かれた研究所から開かれた世界へ』，中央公論社.
林光男（2013）『完全独習 量子力学』，講談社.
細川亮一（2004）『アインシュタイン 物理学と形而上学』，創文社.
細谷暁夫（2003）「量子力学をめぐるアインシュタインとボーアの論争——光子箱と EPR の思考実験」，『数理科学』10 月号，46-51 頁.
森田邦久（2010）『理系人に役立つ科学哲学』，化学同人.
———（2011）『量子力学の哲学——非実在性・非局所性・粒子と波の二重性』，講談社.
———（2012）『科学哲学講義』，筑摩書房.
和田純夫（2002）「量子力学の多世界解釈」，大槻義彦編『現代物理学最前線 6』，1-60 頁，共立出版.

■邦訳論文集

『アインシュタイン選集 1: 特殊相対性理論・量子論・ブラウン運動』，湯川秀樹監修（1971，共立出版）.
『アインシュタイン選集 2：一般相対性理論および統一場理論』，湯川秀樹 監修（1972，共立出版）.
『ニールス・ボーア論文集 1: 因果性と相補性』，山本義隆 訳（1999，岩波書店）.
『ニールス・ボーア論文集 2: 量子力学の誕生』，山本義隆 訳（2000，岩波書店）.
『現代の科学 II』，湯川秀樹・井上健 責任編集（1978，中公バックス）.
『物理学古典論文叢書』，東海大学出版会.
第 1 巻　熱輻射と量子（1970）.
第 2 巻　光量子論（1969）.
第 3 巻　前期量子論（1970）.
第 5 巻　気体分子運動論（1971）.
第 8 巻　電子（1969）.
第 9 巻　原子模型（1970）.
第 10 巻　原子構造論（1969）.

■その他の欧語文献

Aharonov, Yakir, David Z. Albert, Lev Vaidman (1988) How the Result of a Measurement of a Component of the Spin of a Spin-1/2 Particle Can Turn Out to Be 100. *Physical Review Letters* **60**, 1351-1535.
Aharonov, Yakir, Peter G. Bergmann and Joel L. Lebowitz (1964) Time Symmetry in the Quantum Process of Measurement. *Physical Review* **134**, B1410-1416.
Aharanov, Yakir, Alonso Botero, Sandu Popescu, Benni Reznik and Jeff Tollaksen (2002)

Revisiting Hardy's Paradox: Counterfactual Statements, Real Measurements, Entanglement and Weak Values. *Physical Letters A* **301**, 130-138.

Aharanov, Yakir and Alonso Botero (2005) Quantum Averages of Weak Values, *Physical Review A* **72**, 052111.

Aharanov, Yakir, Eliahu Cohen, Doron Grossman and Avshalom C. Elitzur (2012) Can a Future Choice Affect a Past Measurement's Outcome? 〈arxiv: 1206.6224〉.

Aharonov, Yakir, Sandu Popescu and Jeff Tollaksen (2010) A Time-Symmetric Formulation of Quantum Mechanics. *Physics Today* **63**(11), 27-32.

Albert, David Z. (1994/1992) *Quantum Mechanics and Experience*. Cambridge: Harvard University Press. デヴィッド・アルバート『量子力学の基本原理――なぜ常識と相容れないのか』, 高橋真理子 訳（1997, 日本評論社）.

Anonymity (1923) Einstein and the Philosophies of Kant and Mach, *Nature* **112**(2807), 253-253; 1922 年 7 月 に 開 催 さ れ た The Bulletin de la Société Française de Philosophic の報告書.

Aspect, Alain, Philippe Grangier and Génard Roger (1981) Experimental Tests of Realistic Local Theories via Bell's Theorem. *Physical Review Letters* **47**, 460-463.

——— (1982a) Experimental Realization of Einstein-Podolsky-Rosen Gedankenexperiment: A New Violation of ell's Inequations. *Physical Review Letters* **49**, 91-94 .

Aspect, Alain, Jean Dalibard and Génard Roger (1982b) Experimental Test of Bell's Inequalities using Time-Varying Analyzers. *Physical Review Letters* **49**, 1804-1807.

Bcciagaluppi, Guido (2012) The Role of Decoherence in Quantum Mechanics. In: *Stanford Encyclopedia of Philosophy* (Edward N. Zalta, ed.). 〈http://plato.stanford.edu〉.

Bacciagaluppi, Guido and Antony Valentini (2009) *Quantum Theory at the Crossroads: Reconsidering the 1927 Solvay Conference*. Cambridge: Cambridge University Press.

Banaszek, K. and Wódkiewicz, K. (1998) Nonlocality of Einstein-Podolsky-Rosen state. *Physical Review A* **58**, 4345.

Bell, John S. (1964) On the Einstein Podolsky Rosen Paradox. *Physics* **1**, 195-200.

——— (2004/1987) *Speakable and Unspeakable in Quantum Mechanics: Collected Papers on Quantum Philosophy* (2nd ed.). Cambridge: Cambridge University Press.

Beller, Mara (1992) The Birth of Bohr's Complementarity: The Context and The Dialogues. *Studies in History and Philosophy of Science* **23**, 147-180.

——— (1998) The Sokal Hoax: At Whom Are We Laughing? *Physics Today* **51**(9), 29-34.

——— (1999) *Quantum Dialogue: The Making of a Revolution*. Chicago: The University of Chicago Press.

Beller, Mara and Arthur Fine (1993) Bohr's Response to EPR. In: *Niels Bohr and Contemporary Philosophy* (J. Faye and H. Folse, eds.), p. 1-31. New York: Kluwer.

Bernstein, Jeremy (1991) *Quantum Profiles*. Princeton: Princeton University Press.

Bohm, David J. (1979/1951) *Quantum Theory*. New York: Dover Publications Inc. デビッド・ボーム『量子論』，高林武彦ほか 訳（1964，みすず書房）.

——— (2002/1980) *Wholeness and the Implicate Order*. London: Routledge. デビッド・ボーム『全体性と内蔵秩序』，井上忠ほか 訳（2005，青土社）.

Bohr, Niels (1913) On the Constitution of Atom and Molecules (Part I). *Philosophical Magazine* (6) **26**, 1-25.『物理学古典叢書』10，後藤鉄男 訳，163-186 頁.

——— (1987/1927) The Quantum Postulate and the Recent Development of Atomic Theory. In: *The Philosophical Writing of Niels Bohr Volume I*, pp. 52-91, Ox Bow Press.『ボーア論文集 1』，19-64 頁 .

——— (1987/1929a) The Quantum of Action and the Description of Nature. In: *The Philosophical Writing of Niels Bohr Volume I*, pp. 92-119, Ox Bow Press.『ボーア論文集 1』，65-100 頁 .

——— (1987/1929b) Introductory Survey. In: *The Philosophical Writing of Niels Bohr Volume I*, pp. 1-24, Ox Bow Press.

——— (1935a) Quantum Mechanics and Physical Reality. *Nature* **136**, 65.『ボーア論文集 1』，99-100 頁 .

——— (1935b) Can Quantum-Mechanical Description of Physical Reality be Considered Complete? *Physical Review* **48**, 696-702.『ボーア論文集 1』，101-120 頁 .

——— (1936) Kausalität und Komplementarität. *Erkenntnis* **6**, 293-303.

——— (1939) The Causality Problem in Atomic Physics. In: *New Theories in Physics: Conference Organized in Collaboration with the International Union of Physics and the Polish Intellectual Co-operation Committee, Warsaw, May 30th-June 3rd, 1938*, pp. 11-45, Scientific Collection.『ボーア論文集 1』，139-168 頁 .

——— (1948) On the Notions of Causality and Complementarity. *Dialectica* **2**, 312-318.『ボーア論文集 1』，193-208 頁.

——— (1949) Discussion with Einstein on Epistemological Problem in Atomic Physics. In: *Albert Einstein: Philosopher-Scientist* (Paul A. Schilpp, ed.), pp. 199-241, Open Court Publishing Company.『ボーア論文集 1』，209-272 頁.

Bohr, Niels, Hendrik A. Kramers and John C. Slater (1924) The Quantum Theory of Radiation. *Philosophical Magazine* (6) **47**, 785-802.

Bokulich, Alisa (2008) Paul Dirac and the Einstein-Bohr Debate. *Perspectives on Science* **16**, 103-114.

——— (2010) Bohr's Correspondence Principle. In: *Stanford Encyclopedia of Philosophy* (Edward N. Zalta, ed.). 〈http://plato.stanford.edu〉.

Boltzmann, Ludwig (1884) Ableitung des Stefanschen Gesetz, betreffend die

Abhängigkeit der Wärmestrahlung von der Temperatur aus der elektromagnetischen Lichttheorie. *Annalen der Physik* **258-6**, 291-294.『物理学古典叢書』，前川太市 訳，35-38 頁.

Born, Max (1926) Zur Quantenmechanik der Stossvorgänge. *Zeitschrift für Physik* **37**, 863-867.

Born, Max (ed.) (2005/1971) *The Born-Einstein Letters*. Borm Trans. Basingstoke: Macmillian.

Born, Max and Pascual Jordan (1925) Zur Quantenmechanik. *Zeitscrift für Physik* **34**, 858-888.

Bose, Satyendra N. (1924) Plancks Gesetz und Lichtquantenhypothese. *Zeitschrift für Physik* **26**, 178-181.

Brown, Harvey R. and Christopher G. Timpson (2005) Why Special Relativity Should Not Be a Template for a Fundamental Reformulation of Quantum Mechanics. ⟨arXiv: quant-ph/0601182⟩.

Bruce, Colin (2004) *Schrödinger's Rabbits*. Washington, D.C.: Joseph Henry Press. コリン・ブルース『量子力学の解釈問題――実験が示唆する「多世界」の実在』，和田純夫 訳（2008，講談社）.

Bub, Jeffrey (1999) *Interpreting the Quantum World*. Cambridge: Cambridge University Press.

Busch, Paul (1990) On the Energy-Time Uncertain Relation Part I: Dynamical Time and Time Indeterminancy. *Foundation of Physics* **20**, 1-32.

——— (2007) The Time-Energy Uncertainty Relation. In: *Time in Quantum Mechanics Vol. 1* (G. Muga *et al*., eds.), pp. 73-105. Springer,

Camilleri, Kristian (2006) Heisenberg and the Wave-Particle Duality. *Studies in the History and Philosophy of Modern Physics* **37**, 298-315.

——— (2007) Bohr, Heisenberg and the Divergent Views of Complementarity. *Studies in History and Philosophy of Modern Physics* **38**, 514-528.

——— (2009a) *Heisenberg and the Interpretation of Quantum Mechanics*, Cambridge University Press.

——— (2009b) Constructing the Myth of the Copenhagen Interpretation. *Perspectives on Science* **17**, 26-57.

Cassidy, David C. (1991) *Uncertainty: The Life and science of Werner Heisenberg*. New York: W. H. Freeman & Company. デヴィッド・キャシディ『不確定性――ハイゼンベルクの科学と生涯』，金子務・宇多村俊介・佐藤恵子・伊藤憲二・大槻有紀子・村松俊彦 訳（1998，白揚社）.

Clauser, John F., Michael A. Horne, Abner Shimony and Richard A. Holt (1969) Experimental Test of Local Hidden-Variable Theories. *Physical Review Letters* **23**, 880-884.

Costa de Beauregard, O. (1976) Time Symmetry and Interpretation of Quantum Mechanics. *Foundations of Physics* **6**, 539-559.

Cramer, John G. (1986) The Transactional Interpretation of Quantum Mechanics. *Reviews of Modern Physics* **58**, 647-687.

Cropper, William H. (2001) *Great Physicists*. New York: Oxford University Press

Davies, Paul C. W. and Julian R. Brown (eds.) (1986) *The Ghost in the Atom*. Cambridge: Cambridge University Press. ポール・デイヴィス & ジュリアン・ブラウン編『量子と混沌』，出口修至 訳（1987，地人選書）.

D'espagnat, Bernard (1999/1965) *Conceptual Foundations of Quantum Mechanics* (2nd ed.). Perseus. バーナード・デスパーニア『量子力学における観測の理論』，町田茂 訳（1980，岩波書店）.

Deutsch, David, and Patrick Hayden (2000) Information Flow in Entangled Quantum Systems, *Proceedings of the Royal Society of London A* **456**, 1759-1774.

DeWitt, Bryce S. and Neill Graham (eds.) (1973) *Many-Worlds Interpretation of Quantum Mechanics*. Princeton University Press.

Dieks, Dennis and Sander Lam (2008) Complementarity in the Einstein-Bohr Photon Box. *American Journal of Physics* **76**, 838-842.

Dirac, Paul A. M. (1967/1925) The Fundamental Equations of Quantum Mechanics. *Proceedings of the Royal Society A* **109**, 642- 653. Reprinted in *Sources of Quantum Mechanics* (B. L. van der Waerden, ed.), pp. 307- 320, New York: Dover Publications Inc.

——— (1927) The Physical Interpretation of the Quantum Dynamics. *Proceedings of the Royal Society A* **113**, 621-641.

Dobbs, B. J. T. (1991) *The Janus Faces of Genius. The Role of Alchemy in Newton's Thought*, Cambridge University Press.

Erhart, Jacqueline, Stephan Sponar, Georg Sulyok, Gerald Badurek, Masanao Ozawa and Yuji Hasegawa (2012) Experimental Demonstration of a Universally Valid Error-Disturbance Uncertainty Relation in Spin Measurements. *Nature Physics* **8**, 185-189.

Einsiten, Albert (1905) Über einen die Erzeugung und Verwandlung des Lichtes betreffenden heuristischen Gesichtspunkt. *Annalen der Physik* **17 (322-6)**, 132-148.『物理学古典叢書 2』，高田誠二 訳，3-20 頁.

——— (1906a) Zur Theorie der Lichterzeugung und Lichtabsorption. *Annalen der Physik* **20 (325-6)**, 199-206.『物理学古典叢書 2』，広重徹 訳，23-29 頁.

——— (1906b) Die Plancksche Theorie der Strahlung und die Theorie der Spezifischen Wärme. *Annalen der Physik* **22 (327-1)**, 180-190.『物理学古典叢書 2』，高田誠二 訳，34-43 頁.

——— (1909) Über die Entwicklung unserer Anschauungen über das Wesen und die

Konsititution der Strahlung. *Physikalische Zeitschrift* **10**, 817-825.『物理学古典叢書 2』，上川友好 訳，75-90 頁.

——— (1916a) Strahlung-Emission und –Absorption nach der Quantentheorie. *Verhandlung der Deutsche Physikailische Gesellschaft* **18**, 318-328.『物理学古典叢書 2』，上川友好 訳，94-98 頁.

——— (1916b) Die Grundlage der allgemeinen Relativitatstheorie. *Annalen der Physik* **49** (354-7), 769-822.『アインシュタイン選集 2』，内山龍雄 訳，59-114 頁.

——— (1917) Zur Quantentheorie der Strahlung. *Physikalische Zeitschrift* **18**, 121-128.『物理学古典叢書 2』，上川友好 訳，101-115 頁.

——— (1924) Über der Äther. *Verhandlungen der Schweizerischen Naturforschenden Gesellschaft* **105**(2), 85-93.

——— (1936) Physik und Realität. *The Journal of The Franklin Institute* **221**, 313-347.『現代の科学 II』，井上健 訳，207-252 頁.

——— (1948) Quanten-Mechanik und Wirklichkeit. *Dialectica* **2**, 320-324.『アインシュタイン選集 1』，谷川安孝 訳，195-200 頁.

——— (1949) Autobiographical Notes. In: *Albert Einstein: Philosopher-Scientist* (Paul A. Schilpp, ed.), pp. 1-94. La Salle: Open Court Publishing Company. アルベルト・アインシュタイン「自伝ノート」，『未知への旅立ち——アインシュタイン新自伝ノート』，佐藤恵子 訳（1991 年，小学館），161-230 頁.

Einstein, Albert and Leopold Infeld (1938/ 2007) *The Evolution of Physics*, New York: Simon & Schuster. アインシュタイン，インフェルト『物理学はいかに創られたか』，石原純 訳（1939/1963 改版，岩波書店）.

Einstein, Albert, Boris Podolsky, and Nathan Rosen (1935) Can Quantum-Mechanical Description of Physical Reality be Considered complete? *Physical Review* **47**, 777-780.『アインシュタイン選集 1』，谷川安孝 訳，184-194 頁.

Einstein, Albert, R C. Tolman and Boris Podolsky (1931) Knowledge of Past and Future in Quantum Mechanics. *Physical Review* **34**, 780-781.『アインシュタイン選集 1』，谷川安孝 訳，180-182 頁.

Everett III, Hugh (1957) "Relative State" Formulation of Quantum Mechanics. *Reviews of Modern Physics* **29**, 454-462.

Farmelo, Graham (2009) *The Strangest man: The Hidden Life of Paul Dirac, Mystic of the Atom*. New York: Basic Books. グレアム・ファーメロ『量子の海，ディラックの深淵——天才物理学者の華々しき業績と寡黙なる生涯』，吉田三知世 訳（2010，早川書房）.

Faye, Jan (1993) Non-Locality or Non-Separability? A Defense of Bohr's Anti-Realist Approach to Quantum Mechanics. In: *Niels Bohr and Contemporary Philosophy* (J. Faye and H. Folse, eds.) pp. 97-118. New York: Kluwer.

——— (2008) Copenhagen Interpretation of Quantum Mechanics. In: *Stanford*

Encyclopedia of Philosophy (Edward N. Zalta, ed.). 〈http://plato.stanford.edu〉.

Fine, Arthur (1996/1986) *The Shaky Game: Einstein Realism and the Quantum Theory* (2nd ed.). Chicago: University of Chicago Press. アーサー・ファイン『シェイキーゲーム――アインシュタインと量子の世界』，町田茂 訳（丸善）.

Fine, Arthur (2007) Bohr's Response to EPR: Criticism and Defense. *Iyyun・The Jerusalem Philosophical Quarterly* **56**, 1-26.

Furry, W. H. (1936) Note on the Quantum-Mechanical Theory of Measurement. *Physical Review* **49**, 393-399.

Geiger, Hans and Ernest Marsden (1909) On a Diffuse Reflection of the α-Particles. *Proceedings of the Royal Society of London A* **82**, 495-500.『物理学古典叢書 9』，辻哲夫 訳，51-57 頁.

Greenberger, Daniel M., Michael A. Horn, Abner Shimony and Anton Zeilinger (1990) Bell's Theorem without Inequalities. *American Journal of Physics* **58**, 1131-1143.

Gribbin, John (2012) *Erwin Schrödinger and the Quantum Revolution*. London: Black Swan. ジョン・グリビン『シュレーディンガーと量子革命――天才物理学者の生涯』，松浦俊輔 訳（2013，青土社）.

Halvorson, Hans and Rob Clifton (2002) Reconsidering Bohr's Reply to EPR. In: *Modality, Probability and Bell's Theorems* (J. Butterfield and T. Placek, eds.), pp. 3-18. Dordrecht: Kluwer Academic Publishers.

Heisenberg, Werner (1925) Über quantentheorische Umdeutung kinematischer und mechanischer Beziehungen. *Zeitschrift für Physik* **33**, 879-893

——— (1927) Über den anschaulichen Inhalt der quantentheoretischen Kinematik und Mechanik. *Zeitschrift für Physik* **27**, 172-198.

——— (1949/1930) *The Physical Principle of the Quantum Theory* (Carl Eckart and F. C. Hoyt, trans.). Dover Publications.

——— (1955) The Development of the Interpretation of the Quantum Theory. In: *Niels Bohr and the Development of Physics* (Wolfgang Pauli, ed.), pp. 12-29. London: Pergamon.

——— (1958/1955) The Copenhagen Interpretation of Quantum Theory. In: *Physics and Philosophy: The Revolution in Modern Science*, chapter 3. New York: Harper and Row.

——— (1958) Atomic Physics and Causal Law. In: *Phyisicist's Conception of Nature* (A. J. Pomerans, trans.), pp. 32-50. London: Hutchinson Scientific and Technical.

——— (1964) Quantum Teory and Its Interpretation. In: *Niels Bohr—His Life and Work as Seen by His Firiends and Colleague* (S. Rozental, ed.). pp. 94-109, New York: John Wiley & Sons, Inc.

——— (1996/1969) *Der Teil und das Ganze: Gespräche im Umkreis der Atomphysik*. München: Piper Verlag Gmbh. ヴィーナー・ハイゼンベルク『部分と全体――

私の生涯の偉大な出会いと対話』，山崎和夫 訳（1999，みすず書房）．

——— (2007/1958) *Physics and Philosophy: The Revolution in Modern Science*. New York: Harper Collins Books.

Hilgevoord, Jan (1996) The Uncertainty Principle for Energy and Time. *American Journal of Physics* **64**, 1451-1456.

——— (2006) The Uncertainty Principle. In: *Stanford Encyclopedia of Philosophy* (Edward N. Zalta ed.). ⟨http://plato.stanford.edu⟩.

Home, Dipankar and Andrew Whitaker (2010/2007) *Eistein's Struggles with Quantum Theory: A Reappraisal*. New York: Springer New York.

Hosoya, Akio and Minoru Koga (2011) Weak Values as Context Dependent Values of Observables and Born's Rule. *Journal of Physics A: Mathematical and Theoretical* **44**, 415303.

Howard, Don (1989) Holism, Separability, and the Metaphysical Implications of the Bell Experiments. In: *Philosophical Consequences of Quantum Theory* (J. T. Cushing and E. McMullin, eds.), pp. 224-253. Notre Dame: University of Notre Dame Press.

——— (1993) Was Einstein Really a Realist? *Perspective on Science* **1**, 204-231.

——— (1994) What Makes a Classical Concept Classical? In: *Niels Bohr and Contemporary Philosophy* (J. Faye and H. Folse, eds.), p. 201-229. New York: Kluwer.

——— (2004a) Who Invented the "Copenhagen Interpretation"? A Study in Mythology. *Philosophy of Science* **71**, 669-682.

——— (2004b) Einstein's Philosophy of Science. In: *Stanford Encyclopedia of Philosophy* (Edward N. Zalta, ed.). ⟨http://plato.stanford.edu⟩.

Hume, David (2004/1759) *An Enquiry concerning Human Understanding*, New York: Dover Publications. デイヴィッド・ヒューム『人間知性研究』，斎藤繁雄・一ノ瀬正樹 訳（2011 年，法政大学出版局）．

——— (2001/1739) *A Treatise of Human Nature*, New York: Oxford University Press. デイヴィッド・ヒューム『人間本性論』，木曾好能 訳（2012 年，法政大学出版局）．

Isham, Chris J. (1995) *Lectures on Quantum Theory: Mathematical and Structural Foundations*. London: Imperial College Press. アイシャム『量子論——その数学および構造の基礎』，佐藤文隆・森川雅博 訳（2003 年，吉岡書店）．

Isaacson, Walter (2007) *Einstein: His Life and Universe*. New York: Simon & Schuster. ウォルター・アイザックソン『アインシュタイン——その生涯と宇宙』（上・下），二間瀬敏史 監訳（2011 年，ランダムハウスジャパン）．

Jammer, Max (1974) *The Philosophy of Quantum Mechanics*. Hobeken: John Wiley & Sons. マックス・ヤンマー『量子力学の哲学』（上・下），井上健 訳（1983・1984，紀伊國屋書店）．

Jarrett, Jon P. (1984) On the Physical Significance of the Locality Conditions in the Bell

Arguments. *Noûs* **18**, 569-589.

Jeans, James H. (1905) On the Partition of Energy between Matter and Aether. *Philosophical Magazine* (6) **10**, 91-98.『物理学古典叢書 1』，江渕文昭 訳，127-136 頁.

Katsumori, Makoto (2011) *Niels Bohr's Complementarity: Its Sructure, History, and Intersections with Hermeneutics and Deconstruction*. Springer.

Kemble, Edwin C. (1935) The Correlation of Wave Functions with the State of Physical Systems. *Physical Review* **47**, 973-974.

Kennard, Earle H. (1927) Zur Quantenmechanik einfacher Bewegungstypen. *Zeitschrift für Physik* **44** (4-5), 326-352.

Kirchhoff, Gustav R. (1860a) Über den Zusammenhang zwichen Emission und Absorption von Licht und Wärme. *Monatsberichte der Akademie der Wissenschaften zu Berlin, Sessions of Dec*. 1859, 783-787.

——— (1860b) Über das Verhältniss dem Emissionvermögen und dem Absorptionsvermögen der Körper für Wärme und Licht. *Poggendorff's Annarlen der Physik und Chemie* **109**, 275-301.〔*Philosophical Magazine* (4) **20**, 1-21, 1860〕

Kochen Simon B. and Ernst Specker (1967) The Problem of Hidden Variables in Quantum Mechanics. *Journal of Mathematics and Mechanics* **17**, 59-87.

Kuhn, Thomas S. (1987/1978) *Black-Body Theory and the Quantum Discontinuity, 1894-1912*. Chicago: University of Chicago press.

Kumar, Manjit (2011) *Quantum: Einstein, Bohr, and the Great Debate about the Nature of Reality*, New York: W. W. Norton & Company, Inc. マンジット・クマール『量子革命——アインシュタインとボーア，偉大なる頭脳の激突』，青木薫 訳 (2013，新潮社).

Lindley, David (2001) *Boltzmann's Atom: The Great Debate That Launched a Revolution in Physics*. New York: Free Press. デイヴィッド・リンドリー『ボルツマンの原子——理論物理学の夜明け』，松浦俊輔 訳 (2003，青土社).

——— (2008) *Uncertainty: Einstein, Heisenberg, Bohr, and the Struggle for the Soul of Science*, New York: Random House. デイヴィッド・リンドリー『そして世界に不確定性がもたらされた——ハイゼンベルクの物理学革命』，阪本芳久 訳 (2007 年，早川書房).

Lord Kelvin (1900) Nineteenth Century Clouds over the Dynamical Theory of Heat and Light. *Philosophical Magazine* (6) **2**, 1-40.

Lord Rayleigh (1900) Remarks upon the Law of Complete Radiation. *Philosophical Magazine* (5) **49**, 539-540.『物理学古典叢書 1』，辻哲夫 訳，97-99 頁.

——— (1905) The Dynamical Theory of Gases and of Radiation. *Nature* **71**, 559-564.

Lorentz, Hendrick A. (1903) On the Emission and Absorption by Metals of Rays of Heat of Great Wave-Length. In: *Collected Papers*, pp. 155-176, Springer Netherlands.

Mach, Ernst (1926/1916) *The Principles of Physical Optics*, John S. Anderson and A. F. A. Young (trans.), New York: Dover Publications, Inc.

Mehra, Jagdish (1999) *Einstein, Physics and Reality*. Singapole: World Scientific

Maudlin, Tim (1995) Three Measurement Problems. *Topoi* **14**, 7-15.

Mermin, N. David (1993) Hidden Variables and the Two Theorems of John Bell, *Reviews of Modern Physics* **65**, 803-815.

Miller, Arthur I. (2010) 137: *Jung, Pauli, and the Pursuit of a Scientific Obsession*. New York: W. W. Norton & Company, Inc. アーサー・ミラー『137――物理学者パウリの錬金術・数秘術・ユング心理学をめぐる生涯』，阪本芳久 訳（2010，草思社）．

Morita, Kunihisa (2008) A Role of Models in Scientific Explanation, *An Archive for Preprints in Philosophy of Science*, 〈http://philsci-archive.pitt.edu/4899/〉

Nagaoka, Hantaro (1904) Kinetics of a System of Particles illustrating the Line and the Band Spectrum and the Phenomena of Radioactivity. *Philosophical Magazine* (6) **7**, 445-455.『物理学古典叢書 10』，八木江里 訳，31-42 頁．

Newton, Issac (1979/1704) *Opticks*. New York: Dover Publications, Inc. ニュートン『光学』，島尾永康 訳（1983，岩波書店）．

Norsen, Travis (2009) Local Causality and Completeness: Bell vs. Jarrett. *Foundations of Physics* **39**, 273-294.

Ou, Z. Y., S. F. Pereira, H. J. Kimble and K. C. Peng (1992) Realization of the Einstein-Podolsky-Rosen Paradox for Continuous Variables. *Physical Review Letters* **68**, 3663.

Ozawa, Masanao (2003a) Universally Valid Reformulation of the Heisenberg Uncertainty Principle on Noise and Disturbance in Measurement. *Physical Review A* **67**, 042105.

——— (2003b) Physical Content of Heisenberg's Uncertainty Relation: Limitation and Reformulation. *Physics Letters A* **318**, 21.

Ozawa, Masanao and Yuichiro Kitajima (2012) Reconstructing Bohr's Reply to EPR in Algebraic Quantum Theory. *Foundations of Physics* **42**(4), 475-487.

Pais, Abraham (2005/1982) *Subtle is the Lord: The Science and the Life of Albert Einstein*. New York: Oxford University Press. アブラハム・パイス『神は老獪にして…――アインシュタインの人と学問』，西島和彦 監訳（1987，産業図書）．

——— (1993/1991) *Niels Bohr's Times, in Physics, Philosophy, and Polity*. New York: Oxford University Press. アブラハム・パイス『ニールス・ボーアの時代――物理学・哲学・国家』（1・2），西尾成子・今野宏之・山口雄仁 訳（2007・2012，みすず書房）．

Pais, Abraham, Maurice Jacob, David I. Olive and Michael F. Atiyah (1998) *Paul Dirac: The Man and His Work*. Cambridge: Cambridge University Press. アブラハム・パイス『ポール・ディラック――人と業績』，藤井明彦 訳（2012，筑摩書房）．

Petersen, Aage (1985) The Philosophy of Niels Bohr. In: *Niels Bohr: A Centenary Volume*. Cambridge: Harvard University Press.

Planck, Max (1900) Zur Theorie des Gesetzes der Energieverteilung im Normalspectrum. *Verhandlungen der Deutschen Physkalischen Gesellschaft* **2**, 237-245.『物理学古典叢書 1』，辻哲夫 訳，219-227 頁.

——— (1901) Über das Gesetz der Energieverteilung im Normalspectrum. *Annalen der Physik* **4(309-3)**, 553-563.『物理学古典叢書 1』，辻哲夫 訳，231-241 頁.

——— (1948) *Scientific Autography (Wissenschaftliche Selbstbiographie)*, New York: Philosophical Library.

Price, Huw (1994) A Neglected Route to Realism about Quantum Mechanics. *Mind* **103**, 303-336.

——— (1996) *Time's Arrow and Archimedes' Point*. New York: Oxford University Press.

Przibram, k. (ed.) (1967) *Letters on Wave Mechanics*. New York: Open Road.

Redhead, Michael (1989/1987) *Incompleteness, Nonlocality, and Realism: A Prolegomenon to the Philosophy of Quantum Mechanics*. New York: Oxford University Press. マイケル・レッドヘッド『不完全性・非局所性・実在主義——量子力学の哲学序説』，石垣壽郎 訳（1997，みすず書房）.

Redner, Sidney (2005) Citation Statistics from 110 Years of *Physical Review*. *Physics Today* **58**(6), 49-54

Resch, Kevin J., Jeff S. Lundeen and Aephraim M. Steinberg (2004) Experimental Realization of the Quantum Box Problem. *Physics Letters A* **324**, 125-131.

Ritchie, J. G., J. G. Story and G. Hulet Randall (1991) Realization of a Measurement of a "Weak Value." *Physical Review Letters* **66**, 1107-1110.

Ruark, Arthur E. (1928) Hesenberg's Indetermination Principle and the Motion of Free Particles. *Physical Review* **31**, 311-312.

——— (1935) Is the Quantum-Mechanical Description of Physical Reality Complete? *Physical Review* **48**, 466-467.

Rutherford, Ernest (1911) The Scattering of α and β Particles by Matter and the Structure of the Atom. *Philosophical Magazine* (6) **21**, 669-688.『物理学古典叢書 9』，辻哲夫 訳，97-118 頁.

Sakurai, Jun J. (1967) *Advanced Quantum Mechanics*. Boston: Addison Wesley.

——— (1994) *Modern Quantum Mechanics*, revised edition. Boston: Addison Wesley.

Saunders, Simon, Jonathan Barrett, Adrian Kent and David Wallace (eds.) (2010) *Many Worlds?: Everett, Quantum Theory, and Reality*. New York: Oxford University Press.

Schrödinger, Erwin (1926a) Quantisierung als Eigenwertproblem (Erste Mitteilung). *Annalen der Physik* **79(384-4)**, 361-376.

——— (1926b) Quantisierung als Eigenwertproblem (Zweite Mitteilung). *Annalen der*

Physik **79(384-6)**, 489-527.
——— (1926c) Quantisierung als Eigenwertproblem (Drittte Mitteilung). *Annalen der Physik* **80(385-13)**, 437-490.
——— (1926d) Quantisierung als Eigenwertproblem (Vierte Mitteilung). *Annalen der Physik* **81(386-18)**, 109-139.
——— (1926e) Über das Verhältnis der Hesenberg-Born-Jordanschen Quantenmechanik zu der meinen. *Annalen der Physik* **79(384-8)**, 734-756.
——— (1927) Energieaustausch nach der Wellenmechanik. *Annalen der Physik* **83(388-15)**, 956-968.
——— (1935) Die gegenwärtige Situation in der Quantenmechanik. *Die Naturwissenschaften* **23**, 807-812; 823-828; 844-849.
Shikano, Yutaka (2012) *Time in Weak Value and Discrete Time Quantum Walk*. Lambert Academic Publishing.
Smolin, Lee (2008) *The Trouble with Physics: The Rise of String Theory, the Fall of a Science and What Comes Next*. Penguin Books.
Sommerfeld, Arnold (1923) *Atomic Structure and Spectral Lines*, London: Methuen.
Stachel, John (ed.) (2005) *Einstein's Miraculous Year*. Princeton University Press. ジョン・スタチェル編,『アインシュタイン論文選』, 青木薫 訳 (2011, ちくま学芸文庫).
Sutherland, Roderick I. (1983) Bell's Theorem and Backwards-in-Time Causality. *International Journal of Theoretical Physics* **22**, 377-384.
——— (1998) Density Formalism for Quantum Theory. *Foundations of Physics* **28**, 1157-1190.
Tollaksen, Jeff (2007) Pre- and Post-Selection, Weak Values and Contextuality. *Journal of Physics A: Mathematical and Theoretical* **40**, 9033-9066.
Thomson, Joseph J. (1897) Cathode Rays. *Philosophical Magazine* (5) **44**, 293-316.『物理学古典叢書 8』, 遠藤真二 訳, 3-28 頁.
——— (1904) On the Structure of the Atom. *Philosophical Magazine* (6) **7**, 237-265.『物理学古典叢書 10』, 後藤順子 訳, 47-76 頁.
Timpson, Chris G. and Havey R. Brown (2003) Entanglement and Relativity. 〈arXiv: quant-ph/0212140〉.
Unruh, W. G. and Opat, G. I. (1979) The Bohr-Einstein "Weighing of Energy" Debate. *American Journal of Physics* **47**, 743-744.
Vaidman, Lev (1996) Weak-Measurement Elements of Reality. *Foundations of Physics* **26**, 895-906.
——— (2002) Many-Worlds Interpretation of Quantum Mechanics. *Stanford Encyclopedia of Philosophy* (Edward N. Zalta, ed.), <http://plato.stanford.edu/>.
Van Fraassen, Bas C. (1972) A Formal Approach to the Philosophy of Science. In:

Paradigms and Paradoxes: The Philosophical Challenge of the Quantum Domain (R. Colodny ed.), pp. 303-366. Pittsburgh: University of Pittsburgh Press.

——— (1991) *Quantum Mechanics: An Empiricist View*. New York: Oxford University Press.

Wharton, Ken B. (2010) A Novel Interpretation of the Klein-Gordon Equation. *Foundations of Physics* **40**, 313-332.

Whitaker, Andrew (2011) *The New Quantum Age*. New York: Oxford University Press. アンドリュー・ウィテイカー『アインシュタインのパラドックス――EPR 問題とベルの定理』, 和田純夫 訳 (2014, 岩波書店).

Wien, Willy (1894) Temperatur und Entropie der Strahlung. *Wiedermann Annalen* **52**, 132-165.『物理学古典叢書 1』, 辻哲夫 訳, 51-83 頁.

——— (1896) Über die Energievertheilung im Emissionsspectrum eines schwarzen Korpers. *Wiedemann Annalen* **58**, 662-669.『物理学古典叢書 1』, 辻哲夫 訳, 87-93 頁.

Yokota, Kazuhiro, Takashi Yamamoto, Masato Koashi and Nobuyuki Imoto (2009) Direct Observation of Hardy's Paradox by Joint Weak Measurement with an Entangled Photon Pair. *New Journal of Physics* **11**, 033011.

Zurek, Wojciech H. (1991) Decoherence and the Transition from Quantum to Classical, *Physics Today* **44**, 36-44.

——— (2002) Decoherence and the Transition from Quantum to Classical—Revisited. *Los Alamos Science* **27**, 2-25.

付録解説

A：量子仮説からのプランクの公式の導出

B：ガンマ線顕微鏡の思考実験

C：時間とエネルギーの不確定性関係

D：可動式二重スリットの思考実験

E：光子箱の思考実験

F：ベルの定理とコッヘン＝シュペッカーの定理の直感的な導出

G：共通原因条件と分離可能条件および非局所条件

付録解説A　量子仮説からのプランクの公式の導出

いま光とエネルギーのやりとりをする「共鳴子」が N 個あり，これらが空洞内で平衡状態になっているとしよう．このとき共鳴子の平均エネルギー $U(\nu,T)$ と $\rho(\nu,T)$ の関係が，電磁気学と熱力学から

$$\rho(\nu,T)=\frac{8\pi\nu^2}{c^3}U(\nu,T) \tag{A・1}$$

となることを，古典論を使ってプランクは1899年には見いだしていた．ということは，共鳴子の平均エネルギーを求めればスペクトル分布が出てくることになる．

ちなみに，ここで等分配の法則が成り立つとして，U が kT であるとすると，レイリー＝ジーンズの式を得る．もしこれを発表していたら，レイリー＝ジーンズの式も「プランクの式」と呼ばれていたかもしれない．プランクがそのことに気づいたかどうかはわからないが，気づかないのも不自然な話なので，おそらく気づいたが，明らかに実験的データに合わないので，この時点でプランクは等分配の法則は成り立たないと結論したのではないだろうか．

では，共鳴子の平均エネルギーはどうやって求めればよいのだろうか．熱力学からエネルギーとエントロピーのあいだには，$T\mathrm{d}S=\mathrm{d}U$ という関係が成り立っていることがわかっている．それゆえ，エントロピーを求めればよいのだ．エントロピーはボルツマンの原理から

$$S=k\log W \tag{A・2}$$

であることがわかっている（この式の S は全エントロピー）．結局，状態の数 W を求めれば，そこからスペクトル分布が求まるはずだということだ．

ここでいう「状態の数」とは巨視的に同じ状態になる微視的状態の数のことである．すなわち，いま共鳴子が N 個あるとすると全エネルギーは NU となるので，NU をそれぞれの共鳴子がどのように受けもつかのパターンを数えあげればよい．

ところが，ここで問題がある．というのも，エネルギーが連続的に分布しているのだとすると，各共鳴子へのエネルギーの分配のしかたは無限にあるからだ．そこで，便宜上，エネルギーの最小単位（エネルギー量子）を ε とおき，$P\varepsilon = NU$ とした．

すると，問題は，N 個の共鳴子に P 個のエネルギー量子を振り分けるしかたの数を求めるというものになる（エネルギー量子はたがいに見分けがつかない）．これは（$P+N-1$）個から（$N-1$）個を取り出すしかたの数と同じだから，状態数 W_N は

$$W_N = \frac{(N-1+P)!}{P!(N-1)!}$$

になる．これとスターリングの公式（$\log N! \sim N\log N - N$），そして，$N \sim N-1$ であることを考慮すると，

$$\begin{aligned} S &= \frac{S_N}{N} = \frac{k}{N}\cdot\log W_N \\ &= k\left\{\left(1+\frac{P}{N}\right)\log(N+P) - \frac{P}{N}\log\frac{P}{N} - \frac{P}{N}\log N - \log N\right\} \\ &= k\left\{\left(1+\frac{U}{\varepsilon}\right)\log\left(1+\frac{U}{\varepsilon}\right) - \frac{U}{\varepsilon}\log\frac{U}{\varepsilon}\right\} \end{aligned}$$

すると，$T\mathrm{d}S = \mathrm{d}U$ だから

$$\frac{1}{T} = \frac{\mathrm{d}S}{\mathrm{d}U} = \frac{1}{\varepsilon}\log\left(1+\frac{\varepsilon}{U}\right)$$

ゆえに

$$U = \frac{\varepsilon}{e^{\varepsilon/T}-1}$$

これと（A・1）より，

$$\rho(\nu,T)\mathrm{d}\nu = \frac{8\pi\nu^2}{c^3}\frac{\varepsilon}{e^{\varepsilon/T}-1}\mathrm{d}\nu$$

となる．ヴィーンの変位則（これは実験的に正しい）から，スペクトル密度は振動数の 3 乗に比例し，また指数関数のほうは，$\frac{\nu}{T}$ になるはずだったから，

$$\varepsilon = h\nu$$

を得る．ここで，共鳴子がどのようなエネルギーでもとれるとして，$h \to 0$ という極限をとってしまうと，ふたたびレイリー＝ジーンズの式を得るので，やはり，共鳴子と電磁波は有限の単位をもつエネルギーをやりとりすることになる．

なお，途中で，$\frac{\mathrm{d}}{\mathrm{d}y}\log\{f(x)\} = \frac{f'(x)}{f(x)}$ と，$\frac{\mathrm{d}}{\mathrm{d}x}\{f(x)\cdot g(x)\} = f'(x)\cdot g(x) + f(x)\cdot g'(x)$ を使った．

付録解説B　ガンマ線顕微鏡の思考実験

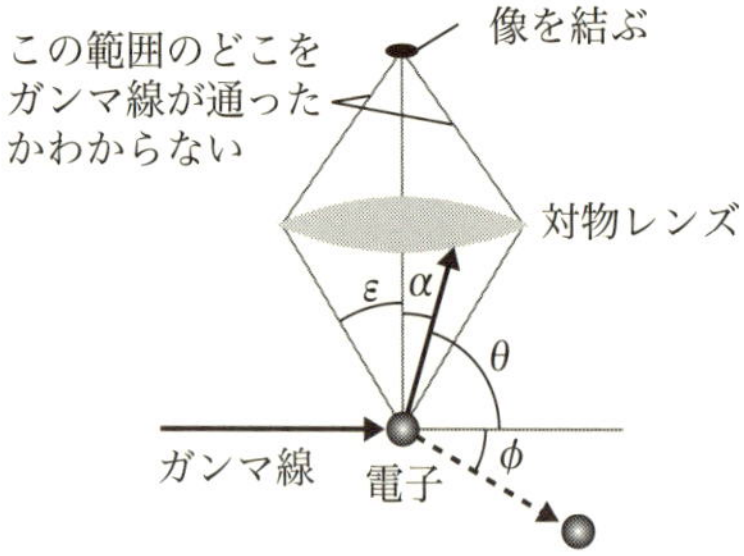

x 成分の運動量保存則

$$\Delta p \cos \phi = \frac{h}{\lambda} - \frac{h}{\lambda'} \cos \theta$$

y 成分の運動量保存則

$$\Delta p \sin \phi = \frac{h}{\lambda'} \sin \theta$$

散乱後のガンマ線の運動量の x 成分は，

$$p_x = \frac{h}{\lambda} - \frac{h}{\lambda'} \cos \varepsilon$$

であるから

$$p'_x = \frac{h}{\lambda} + \frac{h}{\lambda''} \cos \varepsilon$$

の範囲にあるので，$\lambda \sim \lambda' \sim \lambda''$ として

$$\Delta p = p'_x - p_x = 2 \frac{h}{\lambda} \sin \varepsilon$$

ゆえに

$$\Delta x \cdot \Delta p \leq h$$

を得る．

※『ボーア論文集1』の山本義隆による解説を参考にした．

付録解説 C　時間とエネルギーの不確定性関係

幅 a のスリットを通過した原子ビームを不均一場 F に通す．原子と場の相互作用エネルギーを $E(F)$ とすると，原子ビームは，ビームの進行方向に対して垂直な方向（x 方向）に大きさ

$$\partial_x E = \frac{\mathrm{d}E}{\mathrm{d}F}\partial_x F$$

の力を受ける．場を通過する時間を t，原子線方向の運動量を p とすれば，場を通過したことによる原子の x 方向へのふれの角度は

$$(\partial_x E)\frac{t}{p}$$

になる．場に対して異なる方向を向いている原子のエネルギー差を $E_2 - E_1$ として，原子のふれの角度の差は

$$\alpha = \{\partial_x(E_2 - E_1)\}\frac{t}{p}$$

これが現実に分離されるためには，粒子線のスリットの回折によるビームの広がり $\theta \approx \sin\theta = \dfrac{\lambda}{a}$ より大きくなければならないから，

$$\alpha = \{\partial_x(E_2 - E_1)\}\frac{t}{p} \geq \theta = \frac{\lambda}{a}$$

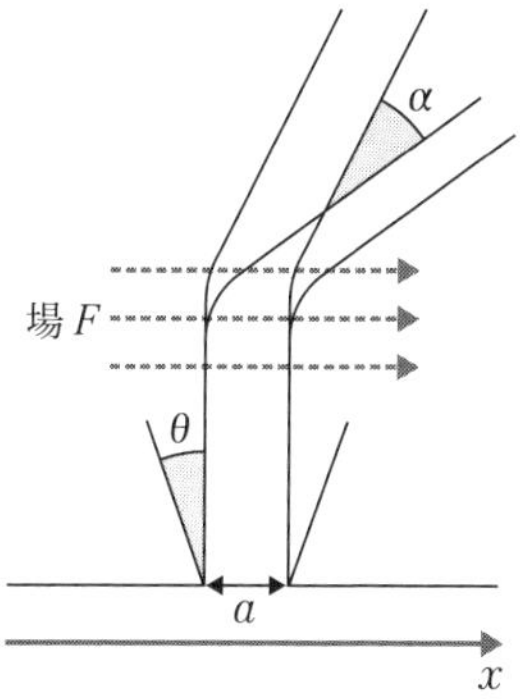

$a\{\partial_x(E_2 - E_1)\} = \Delta E$ をビーム内の原子のエネルギーの不確定性とし，上式と合わせて，

$$t\Delta E \geq p\lambda = h$$

を得る．

※『ボーア論文集 1』の山本義隆による解説を参考にした．

付録解説D　可動式二重スリットの思考実験

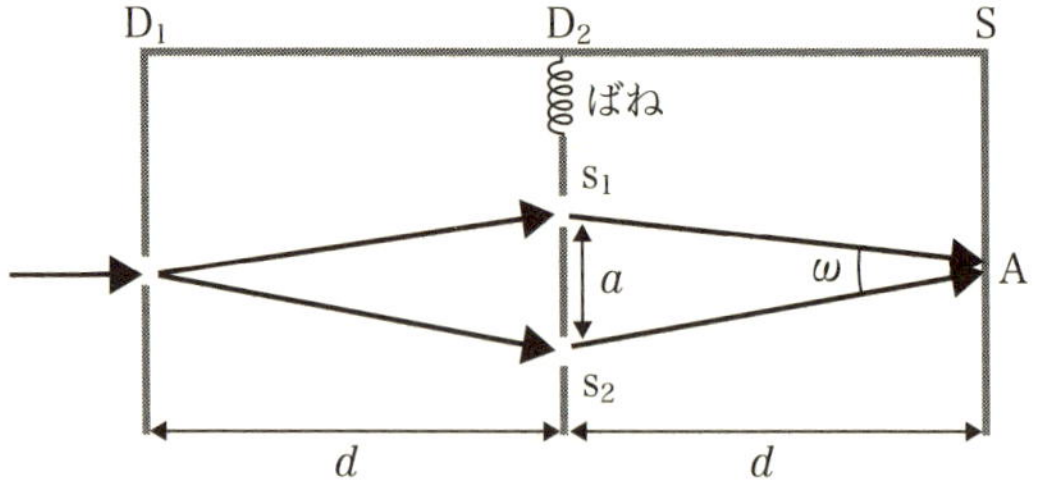

点Aに到達した電子がどちらのスリットから来たかはっきりするためには，電子の運動量の隔壁 D_2 に平行な成分の測定精度を Δp（これはそのまま運動量の標準偏差でもある），電子の運動量（隔壁にほぼ垂直）を P とおいたときに，$\dfrac{\Delta p}{P}$ が二つの電子の経路がなす角度 ω $(=\dfrac{a}{d})$ より小さくなければならない．それゆえ，$\Delta p < P\omega$ が成り立つ．

これと，位置と運動量の不確定性関係から，

$$\Delta x = \frac{\hbar}{\Delta p} > \frac{\lambda}{\omega}$$

となる．古典論的な考察から暗線の間隔は $\Delta x = \dfrac{\lambda}{\omega}$．それゆえ，**どちらのスリットから来たかわかる程度の精度で運動量を制御すれば，位置の不確定性が暗線の間隔以上になるので，干渉縞があらわれない．**

※『ボーア論文集1』の山本義隆による解説を参考にした．

付録解説 E　光子箱の思考実験

一般相対性理論によると，重力ポテンシャルが$\Delta\varphi$だけ変化すると，時間間隔は

$$\Delta t = t\cdot\frac{\Delta\varphi}{c^2} \qquad (\mathrm{E}\cdot 1)$$

だけ変化する．いま，ばねの伸びの変化がΔxの精度で測れるとする．すると，位置と運動量の不確定性関係から，箱の運動量変化は$\Delta p \simeq \frac{\hbar}{\Delta x}$だけの精度で測れる．箱がつりあうのに$T$だけかかるとすると，このあいだに質量$\Delta m$の物質へ重力場が与えた力積は$\Delta p$より大きい．それゆえ，

$$\Delta p \simeq \frac{\hbar}{\Delta x} < Tg\cdot\Delta m \qquad (\mathrm{E}\cdot 2)$$

となる．先の一般相対性理論による公式（E・1）より，$\Delta t = Tg\cdot\frac{\Delta x}{c^2}$であるから，これを式（E・2）に代入し，変形することによって，

$$\Delta t > \frac{\hbar}{c^2\Delta m} \qquad (\mathrm{E}\cdot 3)$$

となり，これが重さを測る手続きを終えた後の時計についてのわれわれの知識である．これと$E = mc^2$から，

$$\Delta t\cdot\Delta E > \hbar$$

が得られる．「したがって，光子のエネルギーを正確に測定する手段としてこの装置を使用すれば，その光子の出てゆく時刻の制御ができなくなるのである」〔Bohr(1949), p.228, ［邦訳 250 頁］〕．

付録解説F　ベルの定理とコッヘン=シュペッカーの定理の直感的な導出

[ベルの定理]

スピン版のEPR実験を考える．このとき，電子Iと電子IIで異なる軸のスピンを測定する．どの軸のスピンを測定するかは，A, B, Cの3つの軸から選ぶとする．もし，測定前から，これら3つの軸のスピンの値が決まっているとすると，表F･1のように8つのパターンがあるはずだ．

パターン	I（A，B，C）	II（A，B，C）
1	(+1，+1，+1)	(−1，−1，−1)
2	(−1，+1，+1)	(+1，−1，−1)
3	(+1，−1，+1)	(−1，+1，−1)
4	(+1，+1，−1)	(−1，−1，+1)
5	(−1，−1，+1)	(+1，+1，−1)
6	(−1，+1，−1)	(+1，−1，+1)
7	(+1，−1，−1)	(−1，+1，+1)
8	(−1，−1，−1)	(+1，+1，+1)

表F･1

では，異なる2つの軸でスピンを測定したとき，電子Iの測定値と電子IIの測定値が異なる可能性はどのくらいあるだろうか．たとえばパターン1や8の場合だと，どの2つを選んでも，100％異なるが，パターン2の場合なら，6つの組み合わせのうち，電子Iと電子IIが「BとC」か「CとB」という組み合わせのときのみ異なる測定結果になる．つまり，1/3だ．パターン3～7の場合も同じであることはすぐに確かめられるだろう．それゆえ，もし，3つの軸のスピンすべてがあらかじめ確定した値をもっているならば，電子IとIIの測定結果が異なる可能性が1/3未満になることはないことがわかる．

しかし，量子力学によると，軸のとりかたによって可能性が1/3未

満になることがある．そして，実験結果は量子力学の予測を支持しているのである．

[コッヘン＝シュペッカーの定理]

いま，2 つの電子を考える．これらは（EPR と違って）以前に相互作用をしていなくてもよい．これらの x, y, z 軸のスピンがすべてあらかじめ確定した値をもっているとしよう．これらの物理量をそれぞれ $s^1{}_x, s^1{}_y, s^1{}_z, s^2{}_x, s^2{}_y, s^2{}_z$ とおく．量子力学によると，これら 6 つの物理量は，どれもその自乗は 1 になる．また，$s_z = i\, s_x s_y$ という性質があることもわかっている．それゆえ，$s^1{}_x s^2{}_x s^1{}_x s^2{}_x = 1$，$s^2{}_y s^1{}_y s^1{}_y s^2{}_y = 1$，$(-s^1{}_x s^2{}_y)(-s^1{}_y s^2{}_x)(s^1{}_z s^2{}_z) = 1$，$s^1{}_x s^2{}_y(-s^1{}_x s^2{}_x) = -1$，$s^2{}_x s^1{}_y(-s^1{}_y s^2{}_x) = -1$，$(s^1{}_x s^2{}_x)(s^1{}_y s^2{}_y)\ (s^1{}_z s^2{}_z) = -1$ となる（図 F･2 参照）．

さて，もし，これらのスピンが，測定前から確定した値をもっているとする．すると，どのようにしても，図 F･2 の条件を満たすように値を割り振ることはできない．それゆえ，これらすべてが測定前から確定した値をもっていたと考えることはできない．図 F･2 に示した表は「マーミンの魔法陣」と呼ばれる〔Mermin (1993)〕．

$s^1{}_x$	$s^2{}_x$	$s^1{}_x s^2{}_x$	➡ +1
$s^2{}_y$	$s^1{}_y$	$s^1{}_y s^2{}_y$	➡ +1
$-s^1{}_x s^2{}_y$	$-s^1{}_y s^2{}_x$	$s^1{}_z s^2{}_z$	➡ +1
⬇ −1	⬇ −1	⬇ −1	

図 F･2

※筒井泉『量子力学の反常識と素粒子の自由意志』を参考にした．

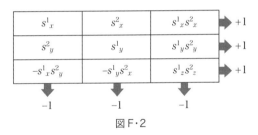

付録解説 G　共通原因条件と分離可能条件および非局所条件

第 9 章の「非局所相関の存在は相対性理論に反するか」で，太郎と次郎が電子 I と電子 II のスピンをそれぞれ測定するという EPR 実験を想定した．このとき，太郎も次郎も z-スピンを測定したとき，太郎が +1 という測定値を得たなら，必ず次郎は –1 という測定値を得る．つまり，これらのあいだには相関があるのだった．

いまの問題は，この相関が，太郎が電子 I のスピンを測定したという行為が原因で生じたものなのか，それとも量子力学にはない隠れた変数があって，じつは測定前からこれらの値は決まっていたのか——つまり，電子 I のスピン測定と電子 II の測定結果のあいだには因果作用はなく，これらの相関は共通の原因によるものか，というものである．

それを見極める一つの方法が，

$$P^{AB}{}_{\lambda}(x, y \mid i, j) = P^{A}{}_{\lambda}(x \mid i) \cdot P^{B}{}_{\lambda}(y \mid j) \qquad (G \cdot 1)$$

が成り立つかどうかを調べることである（成り立てば，共通原因がある）．これを「共通原因条件」と呼ぼう．ここで，A，B は EPR 系を構成する部分系（いまの例でいえば，電子 I の系と電子 II の系）で，i, j はそれぞれ A, B で測定する物理量(たとえば x-スピンとか z-スピン)で，x, y はそれぞれで得られた測定値であり，λ は隠れた変数である．

隠れた変数 λ がなければ，もちろん量子力学は共通原因条件を満たさない．たとえば，EPR 実験において電子 I と II の z-スピンを測定しよう．すると，電子 I で +1 を，電子 II で –1 を得る確率は 1/2 である〔$P^{AB}(x, y| i, j) = 1/2$〕．ところが，電子 I (II) だけに注目したときに，+1 (–1) を得る確率は 1/2 である〔$P^{A}(x \mid i) = 1/2$，$P^{B}(y|j) = 1/2$〕．それゆえ，

$$P^{AB}(x, y \mid i, j) = P^{A}(x \mid i) \cdot P^{B}(y \mid j) \qquad (G \cdot 2)$$

は成り立っていない（が、これは隠れた変数 λ が異なるため成り立っておらず，同じ λ のもとならば成り立つかもしれない，というのが隠

れた変数理論である).

科学哲学者のジャレットは，共通原因条件が成り立つためには，さらに二つの条件が成り立たなければならないことを指摘した．まず，一般に，

$$\mathrm{P}(a, b) = \mathrm{P}(a|b)\cdot\mathrm{P}(b)$$

なので，

$$\begin{aligned}\mathrm{P}^{AB}{}_{\lambda}(x, y|i, j) &= \mathrm{P}^{A}{}_{\lambda}(x|i, j, y)\cdot\mathrm{P}^{B}{}_{\lambda}(y|i, j)\\ \mathrm{P}^{AB}{}_{\lambda}(x, y|i, j) &= \mathrm{P}^{A}{}_{\lambda}(y|i, j, x)\cdot\mathrm{P}^{B}{}_{\lambda}(x|i, j)\end{aligned} \qquad (\mathrm{G}\cdot 3)$$

が成り立つ．これに，以下の二つの条件

$$\begin{aligned}\mathrm{P}^{A}{}_{\lambda}(x|i, j) &= \mathrm{P}^{A}{}_{\lambda}(x|i)\\ \mathrm{P}^{B}{}_{\lambda}(y|i, j) &= \mathrm{P}^{B}{}_{\lambda}(y|j)\end{aligned} \qquad (\mathrm{G}\cdot 4)$$

および

$$\begin{aligned}\mathrm{P}^{A}{}_{\lambda}(x|i, j, y) &= \mathrm{P}^{A}{}_{\lambda}(x|i, j)\\ \mathrm{P}^{B}{}_{\lambda}(y|i, j, y) &= \mathrm{P}^{B}{}_{\lambda}(y|i, j)\end{aligned} \qquad (\mathrm{G}\cdot 5)$$

を代入すると，共通原因の仮定（G・1）が導かれる．条件（G・4）は，系 A（B）での測定値の確率分布が，系 B（A）でどの物理量を測定したかに無関係であることを示し（局所性条件），条件（G・5）は，系 A（B）での測定値の確率分布が，系 B（A）でどのような測定結果を得たかと無関係であることを示している（分離可能条件）．

■著 者

森田 邦久（もりた くにひさ）

1971年兵庫県生まれ．大阪大学基礎工学研究科・文学研究科修了．博士（理学）と博士（文学）を取得．早稲田大学高等研究所准教授などを経て，2013年から九州大学基幹教育院准教授．専門は科学哲学，科学史．著書に『理系人に役立つ科学哲学』（化学同人），『量子力学の哲学』（講談社現代新書），『科学哲学講義』（ちくま新書），『量子という謎』（共著・勁草書房）などがある．

部扉写真：第六回ソルヴェイ会議後にエーレンフェスト宅で話すアインシュタインとボーア（Photo by Paul Ehrenfest, courtesy AIP Emilio Segrè Visual Archives）

アインシュタイン vs. 量子力学

ミクロ世界の実在をめぐる熾烈な知的バトル

2015年1月10日 第1刷 発行

著 者 森田 邦久

発行者 曽根 良介

発行所 （株）化学同人

〒600-8074 京都市下京区仏光寺通柳馬場西入ル

編集部 TEL 075-352-3711 FAX 075-352-0371

営業部 TEL 075-352-3373 FAX 075-351-8301

振 替 01010-7-5702

E-mail webmaster@kagakudojin.co.jp

URL http://www.kagakudojin.co.jp

印刷・製本 （株）シナノパブリッシングプレス

ISBN978-4-7598-1594-8

乱丁・落丁本は送料小社負担にてお取りかえします